O cérebro leitor

O cerebro leitor
The reading brain
Het leesbrein
El cerebro leitor
Il cervello che legge
O cerebro leitor
Ang utak sa pagbabasa
Das lesende Gehirn
O cerebro leitor
El cerebro lector
Il cervello che legge
O cerebro leitor
O cerebro leitor
O cerebro leitor
O cerebro leitor

ABDR
ASSOCIAÇÃO BRASILEIRA DE DIREITOS REPROGRÁFICOS
CÓPIA NÃO AUTORIZADA É CRIME
RESPEITE O DIREITO AUTORAL

MARYANNE
WOLF

O cérebro leitor

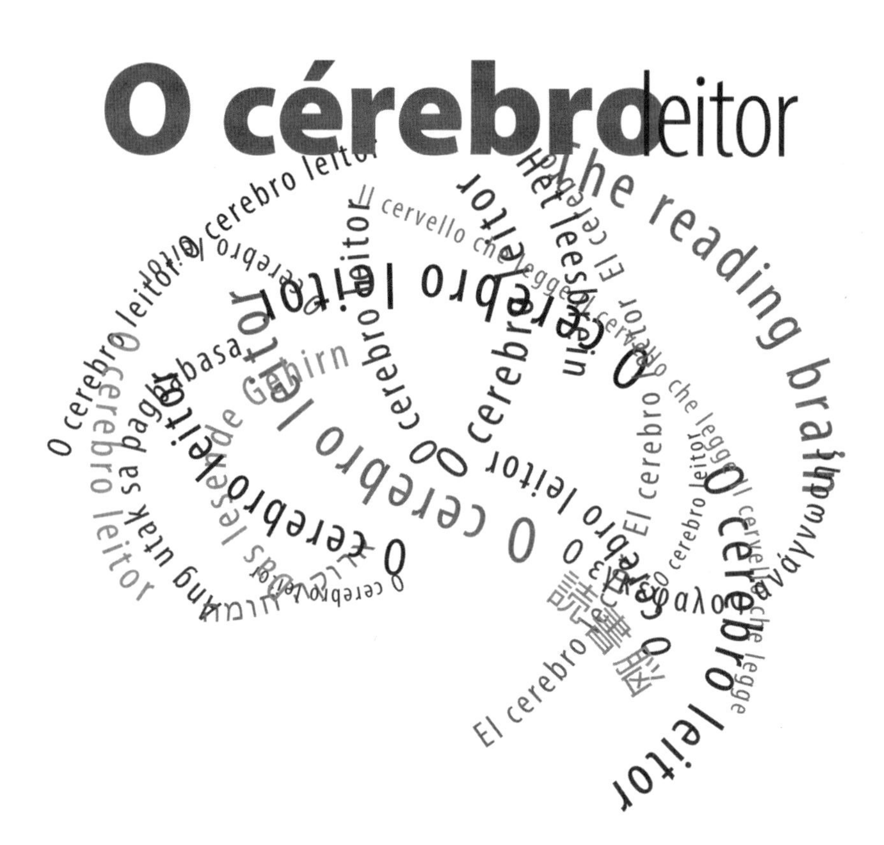

Tradução
Alcebiades Diniz Miguel

Capa
Alba Mancini

Diagramação
Gustavo S. Vilas Boas

Ilustrações
Catherine Stoodley

Coordenação de textos
Luciana Pinsky

Revisão de tradução
Mirna Pinsky

Revisão
Lilian Aquino

Dados Internacionais de Catalogação na Publicação (CIP)

Wolf, Maryanne
O cérebro leitor / Maryanne Wolf; tradução Alcebiades Diniz Miguel. – São Paulo : Contexto, 2024.
352 p. : il.

Bibliografia
ISBN 978-65-5541-480-6
Título original: Proust and the Squid: The Story and Science of the Reading Brain

1. Leitura – História 2. Cérebro – Desenvolvimento
3. Neurociências I. Título II. Miguel, Alcebiades Diniz

24-4578 CDD 612.82

Angélica Ilacqua – Bibliotecária – CRB-8/7057

Índice para catálogo sistemático:
1. Leitura : Cérebro – Desenvolvimento

2024

EDITORA CONTEXTO
Diretor editorial: *Jaime Pinsky*

Rua Dr. José Elias, 520 – Alto da Lapa
05083-030 – São Paulo – SP
PABX: (11) 3832 5838
contato@editoracontexto.com.br
www.editoracontexto.com.br

Dedico este livro a todos os membros de minha família:
do passado, do presente e os que ainda estão por vir.

SUMÁRIO

PARTE III

QUANDO O CÉREBRO NÃO CONSEGUE APRENDER A LER

APRESENTAÇÃO À EDIÇÃO BRASILEIRA

Mais de uma década e meia se passou desde que escrevi *O cérebro leitor*. Este livro foi escrito como uma apologia às extraordinárias maneiras pelas quais a leitura e a alfabetização alteraram o cérebro humano e, no processo, a trajetória do indivíduo, da sociedade e, em última análise, do desenvolvimento intelectual do ser humano. O mundo mudou inexoravelmente desde que escrevi o prefácio original dessa obra, cujas primeiras palavras são proféticas:

> Vivi toda minha vida a serviço das palavras: na busca dos esconderijos utilizados por elas, nos recônditos contorcidos do cérebro, ao estudar suas camadas de significado e forma, ensinando seus segredos aos mais jovens. Nestas páginas, convido o leitor a refletir sobre a qualidade profundamente criativa que existe no ato da leitura. Nada no nosso desenvolvimento intelectual deve ser minimizado neste momento da história, *uma vez que a transição para uma cultura digital teve seu ritmo acelerado na atualidade.*

Eu não tinha ideia de que a transição para uma cultura digital ocorreria tão rapidamente e de que haveria uma mudança radical na forma como lemos, como pensamos e como interagimos uns com os outros. Naquele momento, eu esperava, de forma não muito diferente das percepções do filósofo Walter Ong sobre a transição de uma cultura oral para uma cultura letrada, que investigássemos cuidadosamente como cada novo meio transformaria nossa consciência, na transição que enfrentaríamos de uma cultura letrada para uma cultura digital. Como será possível perceber no último capítulo deste livro, estava preocupada com a possibilidade de ignorarmos as diferenças na forma como cada meio poderia afetar nossa capacidade de processar informações, consolidá-las na memória e empregá-las com sabedoria.

As advertências que levantei inicialmente aqui são, doravante, nossa realidade. Minha principal preocupação, no passado como agora, é a seguinte: se não compreendermos as significativas contribuições e as necessidades de um cérebro que realiza leituras profundas, poderemos perdê-lo – algo que trará consequências para todos os membros de uma sociedade democrática. O requisito mais importante – e um *leitmotiv* deste livro – é o papel crítico que o tempo desempenha na forma como o cérebro leitor processa a informação, ao transformá-la em conhecimento, e na utilização desse conhecimento cumulativo como base para o discernimento e a reflexão. Sem que haja tempo suficiente alocado para cada aspecto de tal processo, os seres humanos serão limitados. No entanto, é exatamente essa exigência que falta nas nossas vidas atuais; dessa forma, em um bom exemplo, o Brasil se tornou mais um dos países saturados de telefones celulares do mundo.

Uma analogia pode ser encontrada na obra do filósofo coreano Byung-Chul Han, autor de vários livros que falam sobre a experiência do tempo em um meio digital, de como ele foi acelerando a ponto de não estarmos preparados para processar e consolidar nossas experiências, passando de um evento para outro. A consequência é que experimentamos – se é que chegamos a experimentar algo – intervalos de tempo cada vez menores entre os acontecimentos, insuficientes quer para a consolidação, quer para a reflexão a respeito daquilo que vivemos. Perdemos, nos termos de Byung-Chul Han, a capacidade de permanecer, algo muito semelhante ao que está ocorrendo, nos dias de hoje, com o cérebro leitor. Diante da infinidade de informações fornecidas diariamente por nossas telas digitais, passamos de uma explosão informativa para outra. Apenas arranhamos a superfície dessa informação. E ao fazê-lo, não conseguimos dar aos circuitos do nosso cérebro leitor tempo suficiente para se dedicar aos processos que chamo de "leitura profunda" – empatia pelos outros, pensamento crítico e inferência, além da função contemplativa.

Ao rolarmos a tela, observar palavras e navegar, ignoramos a profundidade que está abaixo da superfície das palavras e dos pensamentos. Nesse processo, encurtamos o tempo necessário para compreender a complexidade de um argumento, apreciar as perspectivas dos outros, avaliar a verdade daquilo que está escrito e perceber a beleza das tentativas dos autores de transmitir seus melhores pensamentos. Os milissegundos empregados pelo cérebro para considerar a complexidade do pensamento, o discernimento da verdade, a empatia pelas perspectivas dos outros e a reflexão pessoal podem fazer a diferença: entre uma pessoa que consegue pensar profundamente e agir com ponderação e alguém que processará informações de forma cada vez mais descuidada, movendo-se com rapidez crescente de um fragmento informacional para outro.

Neste livro, você encontrará a extraordinária beleza do processo de leitura em toda a sua complexidade, nas contribuições para a vida do indivíduo e da sociedade. Somente quando comecei esta apresentação para a edição brasileira é que percebi algo: este livro, escrito por mim anos atrás, fornece um modelo daquilo que nunca desejaríamos perder em termos de desenvolvimento humano – intelectualmente, socialmente, emocionalmente e eticamente. Meu trabalho posterior, particularmente *O cérebro no mundo digital*, fornece um alerta mais direto a respeito do que se ganha e do que se perde, nos termos da leitura, em diferentes meios de uma cultura digital. *Cérebro leitor*, por sua vez, fornece uma base para compreender o ato de ler como um exemplo do design mais complexo do cérebro humano, de como ele nos permite, nas palavras de Proust há um século, uma ultrapassagem, ir "além da sabedoria do autor, descobrir a nossa".

Se eu pudesse dar uma sugestão ao leitor, seria para ler este livro antes de *O cérebro no mundo digital*. Juntos, fornecem um panorama sobre como a leitura mudou a história da nossa espécie; sobre como alguns indivíduos, dotados de organizações cerebrais diferenciadas (como na dislexia) forneceram uma visão inesperada a respeito daquilo que a leitura exige; e como tal conhecimento cumulativo nos obriga a preservar as contribuições complexas, realizadas pelas formas mais profundas de leitura, enquanto, simultaneamente, expandimos nossas capacidades digitais. Não há pensamento binário em nenhum desses livros. Quando tempo e motivo são fornecidos, o cérebro humano nos prepara para múltiplas maneiras de pensar, se não formos surpreendidos pelas tentações dos atalhos temporais. Dessa forma, a busca histórica, essencial, pela verdade e pela sabedoria poderá prosseguir.

Espero que, com a publicação deste livro para leitores brasileiros, educadores, pais e formuladores de políticas públicas no Brasil compreendam como o conhecimento do cérebro leitor pode ajudar o professor a ensinar cada criança a se tornar plenamente alfabetizada. Meu objetivo é que a mensagem atemporal deste livro, que aborda a leitura, traga uma nova urgência para você, leitor, sobre a importância essencial da construção de leitores profundos, criticamente analíticos e empáticos para a próxima geração do Brasil, que, tal como meus descendentes, serão os novos cidadãos do nosso mundo partilhado.

PREFÁCIO

Vivi toda minha vida a serviço das palavras: na busca dos esconderijos utilizados por elas, nos recônditos contorcidos do cérebro, ao estudar suas camadas de significado e forma, ensinando seus segredos aos mais jovens. Nestas páginas, convido o leitor a refletir sobre a qualidade profundamente criativa que existe no ato da leitura. Nada no nosso desenvolvimento intelectual deve ser minimizado neste momento da história, uma vez que a transição para uma cultura digital teve seu ritmo acelerado na atualidade.

Isto é particularmente verdadeiro porque, da mesma forma, nunca houve no passado um período em que a beleza complexa do processo de leitura fosse revelada de forma tão completa, em que a magnitude da conquista desse processo fosse compreendida com tamanha nitidez pela ciência, ou em que a referida conquista corresse, aparentemente, risco considerável de ser substituída por novas formas de comunicação. Examinar o que temos e refletir sobre o que queremos preservar são os fios condutores destas páginas.

A compreensão verdadeira daquilo que realizamos quando lemos seria, como escreveu, muito tempo atrás e de forma memorável, o estudioso do *fin de siècle* Sir Edmund Huey, "o auge das realizações de um psicólogo, pois descreveria profundamente algumas das mais intrincadas funções da mente humana, bem como desvendaria os meandros da história, dessa que é a atividade específica mais notável desenvolvida pela civilização em toda a sua história".[1] Baseado em áreas de estudo tão variadas como a História Evolutiva e a Neurociência Cognitiva, o nosso conhecimento contemporâneo sobre o cérebro leitor teria deslumbrado Huey. Sabemos que, a cada novo sistema de escrita desenvolvido ao longo de milênios de história humana, foram necessárias diferentes adaptações do cérebro humano; que o desenvolvimento multifacetado da leitura se estende desde a infância até níveis cada vez mais profundos de especialização; e que a singular mistura de desafio e dádiva que temos na dislexia – condição na qual o cérebro luta para aprender a ler – proporciona percepções que estão transformando nosso entendimento da leitura. Em conjunto, essas áreas do conhecimento iluminam a capacidade quase milagrosa do cérebro de se reorganizar para aprender a ler e, no processo, formar novos pensamentos.

Espero que este livro incentive, suavemente, você a reconsiderar coisas que pode ter dado como certas por muito tempo – como o quão natural é para uma criança aprender a ler. Na evolução da capacidade de aprendizagem do nosso cérebro, o ato de ler não é natural – e isso trouxe consequências maravilhosas e trágicas para muitas pessoas, especialmente para as crianças.

Escrever este livro exigiu um conjunto de perspectivas que demandaram muitos anos de preparação. Sou professora de desenvolvimento infantil e neurociência cognitiva; pesquisadora da linguagem, da leitura e da dislexia; mãe de uma criança que você em breve conhecerá; e uma defensora da linguagem escrita. Dirijo um centro de pesquisa, o Center for Reading and Language Research, no Eliot Pearson Department of Child Development da Universidade Tufts, em Boston, onde meus colegas e eu conduzimos pesquisas com leitores de todas as idades, especialmente aqueles com dislexia. Juntos, estudamos o que significa ser disléxico em línguas de todo o mundo, desde as línguas que partilham raízes com o inglês – como o alemão, o espanhol, o grego e o holandês – até línguas menos relacionadas, como o hebraico, o japonês e o chinês. Sabemos o preço que o fato de não aprender a ler tem para as crianças, independentemente da sua língua materna, seja em problemáticas comunidades filipinas, nas reservas de nativos americanos ou nos subúrbios ricos de Boston. Muitos dos nossos esforços exploram a concepção de novas intervenções e os efeitos dessas intervenções nos comportamentos observados tanto na sala de aula quanto no cérebro. Graças às tecnologias de exames de imagem, podemos realmente "ver" como o cérebro lê antes e depois de nosso trabalho ser concluído.

A somatória destas experiências, o volume de investigação disponível e o reconhecimento de mudanças na sociedade na direção de novos modos de comunicação obrigaram-me a escrever meu primeiro livro voltado ao público em geral. Devo dizer que ainda estou me acostumando a um estilo em que não há referência imediata aos muitos estudiosos cujas pesquisas fundamentam grande parte deste livro. Sinceramente, espero que o leitor aproveite as extensas notas e referências no fim da obra, separadas por capítulo.

O livro começa celebrando a beleza, a variedade e as capacidades transformadoras nas origens da escrita; avança para as dramáticas paisagens recentes relacionadas ao desenvolvimento do cérebro leitor e as várias possibilidades para a aquisição de tal capacidade; por fim, temos questões difíceis sobre as virtudes e os perigos daquilo que se encontra adiante, no futuro.

É notável que um prefácio muitas vezes apresenta ao leitor os pensamentos finais do autor, ao terminar seu livro. E este livro não é exceção. Mas, em vez de terminar com as minhas próprias palavras, gostaria de usar as do gentil curador de *Gilead*, obra de Marilynne Robinson, quando entregou seus melhores escritos para seu jovem filho: "Escrevi quase tudo com a mais profunda esperança e convicção. Peneirando meus pensamentos e escolhendo minhas palavras. Tentei dizer o que era verdade. E vou te dizer francamente, foi algo maravilhoso".[2]

PARTE I
COMO O CÉREBRO APRENDEU A LER

As palavras e a música são os rastros da evolução humana.[1]

John S. Dunne

Saber a origem de algo geralmente é a melhor forma de conhecer seu funcionamento.[2]

Terrence Deacon

LIÇÕES DE LEITURA DE PROUST E DA LULA

Acredito que a leitura, em sua essência original, [é] um tipo de milagre fecundo da comunicação em meio à solitude.[1]

Marcel Proust

Aprender implica nutrir a natureza.[2]

Joseph LeDoux

Nós não nascemos para ler. Seres humanos inventaram a leitura há alguns milhares de anos atrás. E, com essa invenção, redimensionamos a própria organização do nosso cérebro, o que, por sua vez, expandiu as formas como conseguimos pensar; e isso representou uma alteração na evolução intelectual da nossa espécie. A leitura é uma das invenções mais notáveis que já houve: a capacidade de registrar a história é uma de suas consequências. Esse invento de nossos antepassados só foi possível por causa da extraordinária capacidade do cérebro humano de estabelecer novas ligações entre estruturas existentes, um processo que se concretizou devido à capacidade do cérebro de ser moldado pela experiência. Tal plasticidade, que está no cerne do design do cérebro, constitui o alicerce de boa parte daquilo que somos e do que podemos nos tornar.[3]

Este livro conta a história do cérebro leitor, no contexto do desenvolvimento de nossa evolução intelectual. Essa história está mudando diante dos nossos olhos, sob a ponta dos nossos dedos.

As próximas décadas testemunharão transformações na nossa capacidade de comunicação, à medida que recrutamos novas ligações no cérebro para impulsionar nosso desenvolvimento intelectual de formas novas e diferentes. O conhecimento daquilo que a leitura exige do nosso cérebro e de sua contribuição para nossa capacidade de pensar, sentir, inferir e compreender outros seres humanos é especialmente importante hoje, à medida que fazemos a transição de um cérebro leitor para um cérebro cada vez mais digital. Ao compreendermos como a leitura evoluiu historicamente, como é adquirida por uma criança e como reestruturou suas bases biológicas no cérebro, podemos lançar nova luz sobre a nossa maravilhosa complexidade como espécie letrada. É algo que coloca em destaque as possíveis implicações na evolução da inteligência humana, além das escolhas que deveremos enfrentar na definição desse futuro.

Este livro parte de abordagens em três áreas do conhecimento: a história em seus primórdios – ou seja, como nossa espécie aprendeu a ler, dos sumérios até Sócrates; o desenvolvimento do ciclo de vida dos seres humanos à medida que seu aprendizado da leitura assumiu formas cada vez mais sofisticadas ao longo do tempo; e os relatos e a ciência daquilo que acontece quando o cérebro não consegue aprender a ler. Tomado em conjunto, esse conhecimento cumulativo a respeito da leitura não apenas celebra a vastidão das nossas realizações como espécie que lê, registra e vai além do que existia antes, mas também direciona nossa atenção para o que deve ser preservado.

Essa visão histórica e evolutiva do cérebro leitor nos proporciona algo menos óbvio. Ela propicia uma abordagem ao mesmo tempo muito antiga e muito nova sobre como ensinamos os aspectos mais essenciais do processo de leitura – tanto para aqueles preparados para adquirir tal conhecimento quanto para aqueles cujos cérebros possuem sistemas que podem ser organizados de forma diferente, como no caso da deficiência de leitura conhecida como dislexia. A compreensão destes sistemas únicos – que são pré-programados, geração após geração, por instruções dos nossos genes – possibilita o avanço de nosso conhecimento das formas mais inesperadas, com implicações que apenas começamos a explorar.

Assim surge, de forma entrelaçada e ao longo das três partes deste livro, uma visão particular de como o cérebro aprende algo novo. Existem poucos exemplos mais eficazes em captar a surpreendente habilidade do cérebro humano de se reorganizar para aprender uma nova função intelectual que o ato da leitura. Subjacente à competência do cérebro em aprender a ler está sua capacidade multiforme de estabelecer novas ligações entre estruturas e circuitos originalmente dedicados a outros processos cerebrais mais básicos, que desfrutaram de uma existência mais longa na evolução humana, como a visão e a linguagem falada. Sabemos agora que grupos de neurônios criam novas conexões e caminhos entre si sempre que adquirimos uma nova habilidade. Os cientistas da computação usam o termo "arquitetura aberta" para descrever um sistema que é versátil o suficiente para ser alterado – ou reorganizado –, de forma que seja possível acomodar demandas diversas. Dentro dos limites do nosso legado genético, o nosso cérebro apresenta um belo exemplo de arquitetura aberta. Graças a esse design, chegamos ao mundo programados com a capacidade de mudar o que a natureza nos dá, para que possamos ir além. Parece que estamos, desde o início, geneticamente preparados para certos avanços.

Dessa forma, o cérebro leitor faz parte de uma dinâmica bidirecional altamente bem-sucedida. A leitura só pode ser aprendida devido à estrutura plástica do cérebro e, quando tal processo ocorre, esse cérebro individual muda para sempre, tanto fisiológica quanto intelectualmente. Por exemplo, em um nível neuronal, uma pessoa que aprende a ler em chinês utiliza um conjunto muito particular de conexões de neurônios, algo que difere significativamente dos caminhos usados na leitura em inglês. Quando leitores em chinês tentam ler pela primeira vez em inglês, seus cérebros tentam utilizar caminhos neuronais baseados no chinês. O ato de aprender a ler caracteres chineses moldou literalmente o cérebro leitor chinês.[4] Da mesma forma, muito do que pensamos, bem como a forma como isso corre, está baseado em percepções e associações geradas a partir do que lemos. Como disse Joseph Epstein: "A biografia de qualquer pessoa letrada deve abordar detidamente o que ela leu e quando, pois, em certo sentido, *somos o que lemos*".[5]

Estas duas dimensões do desenvolvimento e da evolução do cérebro leitor – pessoal-intelectual e biológica – raramente são descritas em conjunto, mas há belos e intrincados exemplos e casos a serem descobertos ao realizar esse tipo de descrição. Neste livro, utilizo o célebre romancista francês Marcel Proust como metáfora, ao lado da amplamente subestimada lula, para servir de analogia a dois aspectos muito diferentes da leitura. Proust via a leitura como uma espécie de "santuário" intelectual, no qual os seres humanos teriam acesso a miríades de realidades diferentes que, de outra forma, nunca encontrariam ou compreenderiam.[6] Cada uma dessas novas realidades seria capaz de transformar a vida intelectual dos leitores sem nunca os obrigar a deixar o conforto de suas poltronas.

Os cientistas da década de 1950[7] usaram o longo axônio central da tímida mas habilidosa lula[8] para compreender como os neurônios realizam disparos e transmissões entre eles e, em alguns casos, para ver como os neurônios procedem com reparos e compensações quando algo não vai bem. Em um nível diferente de estudo, os neurocientistas da cognição investigam, atualmente, o funcionamento de vários processos cognitivos (ou mentais) no cérebro. Nesse tipo de pesquisa o processo de leitura oferece o exemplo por excelência de uma invenção cultural recentemente adquirida que requer algo novo das estruturas existentes no cérebro. O estudo que envolve aquilo que o cérebro humano tem de fazer ao ler, suas engenhosas estratégias de adaptação quando as coisas não vão bem são análogas ao estudo da neurociência sobre a lula em uma época anterior.

O santuário de Proust e a lula do cientista representam formas complementares de compreensão das diferentes dimensões do processo de leitura. Assim, permitam-me apresentar, mais concretamente, a abordagem deste livro, solicitando a leitura o mais rápido possível de duas frases de Proust que desafiam o fôlego do leitor. Ambas foram retiradas do livro *Sobre a leitura*.

> Talvez não haja dias da nossa infância que tenhamos vivido mais plenamente que... os que passamos com um livro favorito. Tudo aquilo que parecia representar satisfação para os outros, descartávamos como um obstáculo vulgar ao *prazer divino*: a partida para a qual um amigo veio nos procurar no trecho mais interessante da leitura; a abelha ou o raio de sol que nos forçou a levantar os olhos da página ou mudar de lugar; os mantimentos e lanches que foram preparados para nossa comodidade e que deixamos ao nosso lado no banco, sem tocá-los, enquanto acima de nossa cabeça, o sol tornava-se mais suave no céu azul; o jantar para o qual tivemos que regressar, embora nossos pensamentos se concentrassem apenas em subir para terminar, o mais breve possível, o capítulo interrompido, todas as coisas com as quais a leitura nos poupou importunações, pelo contrário, gravou em nós uma lembrança tão doce (muito mais preciosa para o nosso entendimento atual, uma vez que tal leitura fora feita com tanto amor) que, se ainda hoje nos acontece folhear esses livros de outrora, já não será com outra função que perscrutar os únicos registros que guardamos de tempos passados, com a esperança de ver refletidas nas suas páginas os locais e as lagoas que já não mais existem.*

Considere, em primeiro lugar, aquilo em que você pensava ao ler tal passagem e depois tente analisar quais foram suas ações ao lê-la, inclusive como realizou a conexão entre Proust e outros

* N.T.: Para esta citação, optei por traduzir a fonte original, citada pela autora, diretamente do francês. Cf. PROUST, Marcel. *Sur la Lecture*. Paris: Librio, 2000, p. 7-8. Na edição utilizada pela autora, *On Reading*, usada para outras citações mencionadas neste livro, tal trecho está na página 3.

pensamentos. Se seu caso for como o meu, Proust evocou suas lembranças, há muito armazenadas, de seus livros: os lugares secretos que você encontrava para ler longe das interrupções de irmãos e amigos; as sensações emocionantes provocadas por Jane Austen, Charlotte Brontë e Mark Twain; o facho abafado da lanterna que, esperava-se, os pais não notariam debaixo dos lençóis. Este é o santuário da leitura de Proust, e também o nosso. Foi onde aprendemos a vagar sem rumo pela Terra Média, Lilliput e Nárnia. Foi o lugar onde experimentámos pela primeira vez as experiências daqueles que nunca conheceríamos: príncipes e indigentes, dragões e donzelas, guerreiros *!Kung* e uma garota judia-alemã escondida em um sótão holandês dos soldados nazistas.

Diz-se que Maquiavel, por vezes, se preparava para ler trajando-se ao estilo do período em que vivera o escritor a ser lido, e em seguida montava uma mesa para ele e o autor. Este era o sinal, da parte de Maquiavel, de respeito pela capacidade de tal autor,[9] e talvez a compreensão tácita do sentido de encontro que Proust descreveu.[10] Durante a leitura, podemos sair da nossa própria consciência e passar para a consciência de outra pessoa, de outra época, de outra cultura. "Passagem", um termo usado pelo teólogo John Dunne,[11] descreve o processo através do qual a leitura nos permite experimentar, identificar-se e, finalmente, adentrar, por um breve período de tempo no interior da perspectiva, completamente distinta, da consciência de outra pessoa. Quando efetuamos essa passagem para o modo como um cavaleiro pensava, como um escravo se sentia, como uma heroína se comportaria, como um malfeitor poderia arrepender-se ou negar seus erros, nunca mais voltamos a ser os mesmos; por vezes, ficamos inspirados, mas há momentos em que tal processo nos deixa entristecidos, embora sempre enriquecidos, ao final. Através dessa experiência, compreendemos tanto a semelhança quanto a singularidade dos nossos próprios pensamentos – ou seja, que somos indivíduos, mas não estamos sozinhos.

No momento em que isso acontece, não estamos mais restringidos pelos limites do nosso próprio pensamento. Onde quer que tenham sido estabelecidos, os nossos limites originais são desafiados, provocados e gradualmente deslocados para novo lugar. Um sentido crescente de "outro" muda quem somos e, o que é mais importante para as crianças, o que imaginamos que podemos ser.

Voltemos ao que você fez quando solicitei que desviasse sua atenção deste livro para a passagem de Proust, que deveria ser lida o mais rápido possível, sem perder os significados evocados pelo autor. Em resposta a esse pedido, você acionou uma série de operações mentais e cognitivas: atenção, memória, além de processos visuais, auditivos e linguísticos. Imediatamente, os sistemas atencional e executivo do seu cérebro começaram a planejar como ler Proust rapidamente e ainda assim entendê-lo. Em seguida, seu sistema visual entrou em ação, mergulhando rapidamente pela página, encaminhando informações sobre formatos de letras, formas de palavras e frases comuns para sistemas linguísticos que aguardavam tais informações. Esses sistemas conectaram velozmente símbolos visuais dotados de sutis diferenças com informações essenciais sobre os sons contidos nas palavras. Sem um único momento de percepção consciente, houve a aplicação de regras bastante automatizadas a respeito dos sons das letras no sistema de escrita em língua inglesa e o uso de inúmeros processos linguísticos para tanto. Tal é a essência do chamado princípio alfabético, que depende da incrível capacidade do seu cérebro para perceber como conectar e integrar em alta velocidade o que é visto e ouvido ao conhecimento disponível.

Ao aplicar todas essas regras ao material impresso diante de seus olhos, ativa-se uma bateria de processos relevantes de linguagem e compreensão, tudo isso com uma rapidez que ainda surpreende os pesquisadores. Para dar um exemplo no domínio da linguagem, ao ler as 215 palavras na passagem de Proust, os sistemas relacionados ao significado das palavras, ou à sua semântica, contribuem com todos os significados possíveis de cada palavra lida e incorporam o significado exato e correto para todas elas em seu contexto específico. Este é um processo muito mais complexo e intrigante do que se imagina. Anos atrás, o cientista cognitivo David Swinney[12] ajudou a descobrir o fato de que, ao lermos uma palavra simples como "inseto", ativamos não apenas o significado mais comum (criatura rastejante de seis patas), mas também as associações menos frequentes do inseto – espionagem, carros da Volkswagen e falhas de software*. Swinney descobriu que o cérebro não encontra apenas um significado simples para dada palavra: em vez disso, é estimulado um verdadeiro acervo de conhecimento sobre essa palavra e as muitas palavras relacionadas a ela. A exuberância de tal dimensão semântica da leitura depende das riquezas que já armazenamos, um fato com implicações de desenvolvimento importantes e por vezes devastadoras para nossos filhos. Crianças com um rico repertório de palavras e suas associações vivenciarão qualquer texto ou qualquer conversa de maneiras substancialmente diferentes em comparação aos que não dispõem das mesmas palavras e conceitos armazenados.

Pense nas implicações da descoberta de Swinney para textos tão simples como *Oh, The Places You'll Go!* ("Oh! Os lugares para onde vou"), do Dr. Seuss, ou tão semanticamente complexo quanto *Ulisses*, de James Joyce. As crianças que nunca saíram dos limites estreitos da sua vizinhança, seja figurativa ou literalmente, podem compreender esse livro de maneiras totalmente diferentes de outras. Utilizamos nosso acervo de significados para tudo o que lemos – ou não. Se aplicarmos essa descoberta à passagem de Proust que você leu, isso significa que seu sistema executivo de planejamento direcionou muitas atividades para garantir a compreensão

* N.T.: Aqui, a autora apresenta outros significados de "*bug*" em inglês. Assim, tal termo também evocaria mecanismos de gravação e espionagem secretos; o Fusca da Volkswagen, chamado em inglês "*beetle*" (besouro); e falhas de software, em geral denominadas "bugs de software".

do exposto na citação, recuperando todas as possíveis associações pessoais com o texto. Seu sistema gramatical teve de trabalhar horas extras para evitar tropeços nas construções inusitadas de Proust – como o uso de orações longas, unidas por muitas vírgulas e por ponto e vírgula antes do predicado. Para conseguir tudo isso sem esquecer que por volta de 50 palavras já foram lidas, os sistemas semântico e gramatical tiveram que funcionar em estreita colaboração com sua memória de trabalho.[13] (Pense neste tipo de memória como uma espécie de "lousa cognitiva", que armazena temporariamente informações para você usar a curto prazo.) As informações gramaticais inusitadamente sequenciadas de Proust tiveram de ser conectadas aos significados de palavras individuais, sem a perda do controle das proposições gerais e do contexto da passagem.

Ao vincular todas essas informações linguísticas e conceituais, você gerou inferências exclusivas e hipóteses com base no seu conhecimento e envolvimento prévios. Caso tais informações cumulativas não fizessem sentido, seria possível reler algumas partes para garantir que se enquadrassem no contexto determinado. Assim, depois de integrar todas essas informações visuais, conceituais e linguísticas ao conhecimento prévio e inferências, foi possível chegar à compreensão daquilo que Proust estava descrevendo: um dia glorioso na infância, tornado atemporal pelo "prazer divino" que é a leitura!

Neste ponto, alguns leitores fizeram uma pausa ao final da citação de Proust e foram além do fornecido pelo texto. Mas antes de abordar esse ponto mais filosófico, voltemos à dimensão biológica e observemos o que há imediatamente abaixo da superfície do ato comportamental de leitura. Todos os comportamentos humanos repousam sobre diversas camadas de abundantes atividades subjacentes. Assim, solicitei à neurocientista e artista Catherine Stoodley, de Oxford, que desenhasse uma pirâmide para ilustrar como estes vários níveis funcionam em conjunto quando lemos uma única palavra (Figura 1). Na camada superior dessa pirâmide, a leitura da palavra *bear* (urso) surge como comportamento superficial; logo abaixo, está o nível cognitivo, que consiste em todos os processos básicos relacionados à atenção, percepção, conceituação, além de questões linguísticas e motoras que já mencionamos. Esses processos cognitivos, para os quais muitos psicólogos dedicam uma vida inteira de estudo, baseiam-se em estruturas neurológicas tangíveis que são constituídas por neurônios, construídos e guiados pela interação entre os genes e o meio ambiente. Em outras palavras, todos os *comportamentos* humanos são baseados em múltiplos processos *cognitivos*, que se baseiam na rápida integração de informações provenientes de *estruturas neurológicas* muito específicas, dependentes de bilhões de *neurônios* capazes de realizar trilhões de conexões possíveis, por sua vez programados, em grande parte, por *genes*. No caso da compreensão do trabalho em conjunto, necessário para desempenhar as funções humanas mais básicas, os neurônios precisam de instruções dos genes sobre como formar *circuitos* ou *caminhos* eficientes entre as estruturas neurológicas.

Essa pirâmide funciona como um mapa tridimensional para compreender o processo de qualquer comportamento geneticamente programado, sendo a visão um bom exemplo. Não explica, contudo, como poderia ser a aplicação em um circuito de leitura, porque não existem genes específicos para a leitura na base da pirâmide. Ao contrário de seus componentes, como a visão e a fala, que *são* geneticamente organizadas, a leitura não tem um programa genético direto que a transmita às gerações futuras. Assim, as quatro camadas subsequentes exigem aprender a formar, mais uma vez, os caminhos necessários para a leitura cada vez que for requerida por um cérebro individual. Isso é parte do que torna a leitura – e qualquer inovação cultural – diferente de outros processos, e a razão pela qual não é tão natural para nossas crianças como a visão ou a linguagem falada, que são pré-programadas.

Figura 1 – Pirâmide de leitura

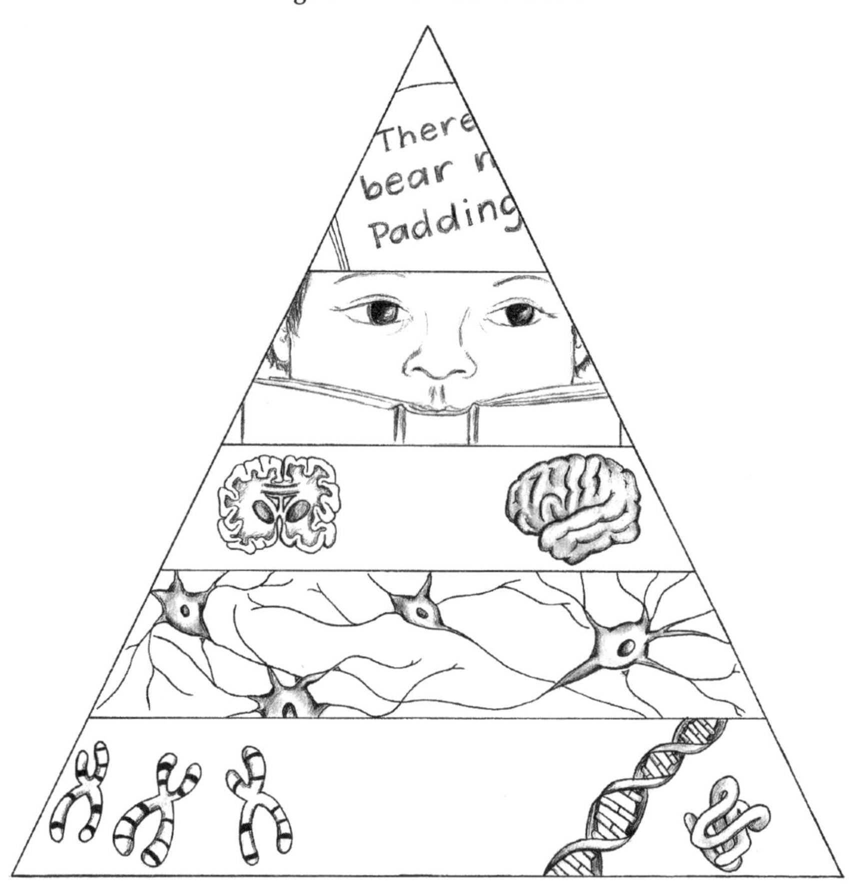

Como foi, então, que isso ocorreu pela primeira vez? O neurocientista francês Stanislas Dehaene afirma que os primeiros humanos, inventores da escrita e da habilidade aritmética, foram capazes de tais realizações através daquilo que chama de "reciclagem neuronal".[14] Assim, em seu trabalho com primatas, Dehaene mostrou que, ao colocar dois pratos de bananas na frente de um macaco – um deles com duas bananas, enquanto no outro havia quatro –, uma área no córtex posterior daquele animal foi ativada pouco antes da ação subsequente, que é agarrar o prato com um número maior de bananas. Essa mesma área geral é uma das regiões do cérebro usada por nós, humanos, para realizar certas operações matemáticas.[15] Seguindo uma lógica semelhante, Dehaene e seus colegas argumentaram que a nossa capacidade de reconhecer palavras na leitura utiliza os circuitos evolutivamente mais antigos da espécie, especializados no reconhecimento de objetos.[16] Além disso, tal como a capacidade de nossos antepassados em distinguir predador e presa num breve relance de baseou na capacidade inata de especialização visual, nossa capacidade de reconhecer letras e palavras desenvolveu-se até se tornar um tipo de capacidade ainda mais integrada, permitindo assim a "especialização dentro de outra especialização".[17]

Se expandirmos um pouco a visão de Dehaene, torna-se bastante provável a possibilidade de o cérebro leitor explorar caminhos neuronais mais antigos, originalmente concebidos não apenas para a visão, mas também para a conexão da visão com funções conceituais e linguísticas; por exemplo, conectando o veloz reconhecimento de uma forma com a rápida inferência de que era uma pegada e que poderia sinalizar perigo; ou a conexão de uma ferramenta, predador ou inimigo reconhecido com a identificação de uma palavra. Quando confrontado, portanto, com a tarefa de inventar funções como a alfabetização e o cálculo, o nosso cérebro teve à sua disposição três princípios de design engenhosos: a capacidade de realizar novas ligações entre estruturas antigas; a capacidade de formar áreas de especialização extremamente precisas para reconhecer padrões na informação; e a capacidade de aprender a arregimentar e conectar informações dessas áreas automaticamente. De uma forma ou de outra, esses três princípios de organização cerebral são a base de toda evolução, desenvolvimento e fracasso da leitura.

As propriedades elegantes do sistema visual fornecem um excelente exemplo de como a reciclagem dos circuitos visuais existentes tornou possível o desenvolvimento da leitura. As células visuais possuem a capacidade de se tornarem altamente especializadas e específicas, de criar novos circuitos entre estruturas preexistentes. Isso permite que os bebês venham ao mundo com olhos quase prontos para serem utilizados, exemplos excepcionais de design e precisão. Logo após o nascimento, cada neurônio dedicado à retina do olho[18] ganha correspondência com um conjunto específico de células nos lobos occipitais. Devido a essa característica do nosso sistema visual, denominada organização retinotópica, cada linha, diagonal, círculo ou arco visto pela retina ativa uma localização específica e especializada nos lobos occipitais em uma fração de segundo (Figura 2).

Figura 2 – Sistemas visuais

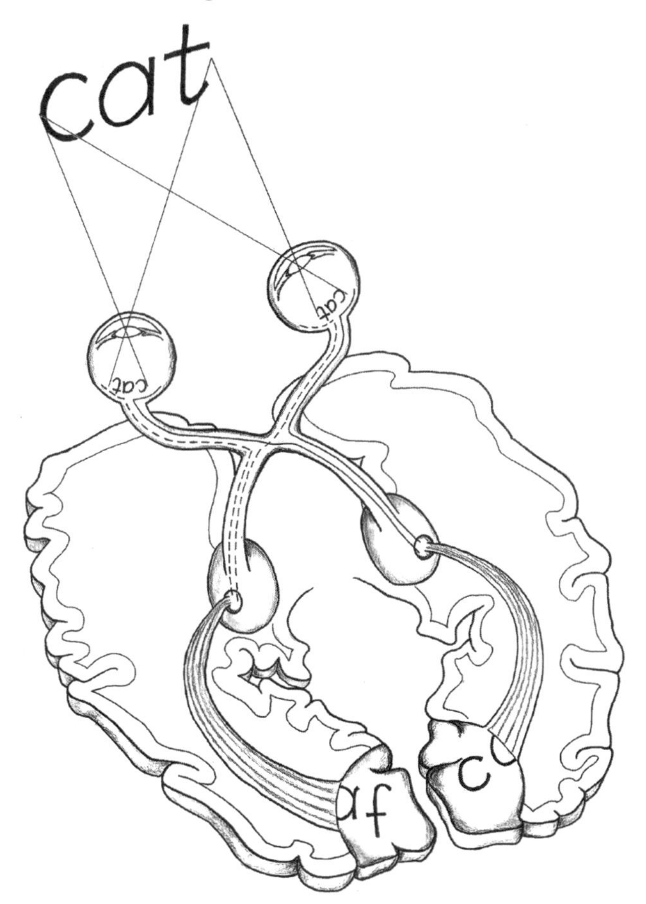

Esta qualidade do sistema visual é um tanto diferente da capacidade de nossos antepassados Cro-Magnon de identificar animais no horizonte distante, pois muitos de nós conseguem identificar o modelo de um carro a quatrocentos metros de distância e observadores de pássaros são capazes de identificar uma andorinha-do-mar que outras pessoas nem sequer vejam. Dehaene sugere que as áreas visuais do cérebro de nossos antepassados, responsáveis pelo reconhecimento de objetos, foram utilizadas para decifrar os primeiros símbolos e letras da linguagem escrita, adaptando seu sistema integrado para esse tipo de reconhecimento. De forma crítica, a combinação de várias capacidades inatas – adaptativas, relacionadas às especializações e ao estabelecimento de novas conexões – permitiu ao nosso cérebro criar novos caminhos entre áreas visuais e áreas que servem a processos cognitivos e linguísticos essenciais para a linguagem escrita.

O terceiro princípio explorado pela leitura – a capacidade dos circuitos neuronais se tornarem praticamente automáticos –[19] incorpora os outros dois. Foi essa capacidade que permitiu ao leitor atravessar o trecho de Proust e entender aquilo que foi lido. Tornar-se quase automático não é algo que acontece da noite para o dia, não é uma característica nem do observador de pássaros novato nem do jovem leitor inexperiente. Tais circuitos e caminhos são criados através de centenas ou – no caso de algumas crianças com dificuldades de leitura, como a dislexia – milhares de exposições a letras e palavras. Os caminhos neuronais para o reconhecimento de letras, dos padrões das letras e de palavras tornam-se automatizados graças à organização retinotópica, às capacidades de reconhecimento de objetos e a outra dimensão extremamente importante da organização cerebral: nossa capacidade de *representar* padrões de informação consideravelmente assimilados em nossas regiões especializadas. Por exemplo, à medida que as redes de células responsáveis pelo reconhecimento de letras e padrões de letras compreendem a possibilidade de "disparar em conjunto",[20] criam representações da sua informação visual que podem ser recuperadas rapidamente.[21]

De maneira fascinante, as redes de células que compreenderam o funcionamento do trabalho em conjunto durante muito tempo produzem representações de informação visual, mesmo quando esta informação não está diante de nós. Em um experimento esclarecedor realizado por Stephen Kosslyn,[22] cientista cognitivo de Harvard, solicitou-se a leitores adultos que, em um scanner cerebral, fechassem os olhos e imaginassem certas letras. Quando eram solicitadas as letras maiúsculas, regiões específicas responsáveis por uma parte do campo visual no córtex visual respondiam ao estímulo; letras minúsculas, por sua vez, acionavam outras áreas específicas. Assim, apenas imaginar letras resulta na ativação de neurônios específicos em nosso córtex visual. Para o cérebro proficiente em leitura, conforme a informação entra pela retina, todas as propriedades físicas das letras são processadas por uma série de neurônios especializados, que distribuem automaticamente informações a outras áreas, ainda mais profundas, do processamento visual. São parte integrante do automatismo existente no cérebro leitor, no qual todas as suas representações e, até mesmo, todos os seus processos individuais – não apenas os visuais – tornam-se rápidos e não exigem esforço.

O que acontece entre a nossa primeira exposição às letras e à leitura especializada é muito importante para os cientistas, pois oferece uma oportunidade única de observar o desenvolvimento ordenado de um processo cognitivo. Os vários traços que caracterizam o sistema visual – arregimentar estruturas anteriores geneticamente programadas, reconhecer padrões, criar grupos de trabalho a partir de neurônios especializados para representações específicas, fazer conexões de circuitos com grande versatilidade, alcançar fluência através da prática – são semelhantes nos principais sistemas cognitivo e linguístico envolvidos na leitura. Falarei mais sobre isso em outro momento, mas primeiro quero destacar uma analogia maravilhosa (que dificilmente poderia ser vista como coincidência) entre o que acontece no cérebro e o que acontece nos pensamentos íntimos de cada leitor.

Da mesma forma que a leitura reflete a capacidade do cérebro de ir além do projeto original de suas estruturas, também reflete a capacidade do leitor de ir além daquilo que é fornecido pelo texto e pelo autor. À medida que os sistemas de seu cérebro integraram todas as informações visuais, auditivas, semânticas, sintáticas e inferenciais do trecho de Proust sobre um único dia da infância, acompanhado de um livro querido, o leitor, automaticamente, passou a conectar o que Proust escreveu com seus pensamentos e percepções pessoais.

É claro que não posso descrever para onde foram os pensamentos do meu leitor, mas posso descrever a trajetória dos meus. Como eu tinha acabado de visitar uma exposição no Museu de Belas Artes de Boston sobre Monet e o impressionismo, minha conexão se deu entre o procedimento de Proust, ao escrever sobre um único dia em sua infância, com o de Monet, ao pintar *Impressão, nascer do Sol.*[23] Tanto Proust quanto Monet usaram informações para produzir uma composição que causou certa impressão, em ambos os casos, mais vívida do que se tivessem criado uma reprodução perfeita. Ao fazê-lo, tanto o artista como o romancista se enquadraram na enigmática afirmação de Emily Dickinson, "dizer toda a verdade, mas contá-la de forma oblíqua –/ O sucesso se aloja no circuito".[24]

Emily Dickinson nunca imaginou circuitos neuronais quando escreveu essas linhas, mas a verdade é que ela era tão perspicaz em termos de fisiologia quanto em poesia. Ao utilizarem abordagens indiretas, Proust e Monet forçaram seus leitores e espectadores a contribuirem ativamente com as construções elaboradas de ambos e, no processo, experimentá-las mais diretamente. Ler é um ato neuronal e intelectualmente tortuoso, enriquecido tanto pelas imprevisibilidades indiretas das inferências e pensamentos do leitor, quanto pela mensagem direta do texto aos olhos.

Esse aspecto único da leitura se tornou um imenso incômodo ao considerar o universo centrado no Google dos meus filhos. Será que esse componente construtivo, que está no cerne da leitura, começará a mudar e, potencialmente, a atrofiar-se conforme passamos para o texto apresentado por computador, no qual enormes quantidades de informação aparecem instantaneamente? Em outras palavras: quando informações visuais aparentemente completas são fornecidas quase simultaneamente, como acontece em muitas apresentações digitais, há tempo ou motivação suficientes para processar a informação de forma inferencial, analítica e crítica? O ato de ler é dramaticamente diferente em tais contextos? Os processos visuais e linguísticos básicos podem até ser idênticos, mas e os aspectos de compreensão mais complexos, relacionados à prova, análise e criatividade – seriam reduzidos? Ou será que a informação acrescentada em potencial, através de textos por *hiperlink*, contribuiria para o desenvolvimento do pensamento das crianças? Poderemos preservar a dimensão construtiva da leitura nas nossas crianças, juntamente com suas capacidades cada vez mais efetivas para realização de múltiplas tarefas e integração de quantidades cada vez maiores de informação? Deveríamos fornecer instruções explícitas para a leitura de múltiplas modalidades de texto,[25] conforme são apresentados, para garantir que nossos filhos possam aprender múltiplas formas de processar informações?

Costumo divagar por essas questões. Mas, na verdade, muitas vezes divagamos quando lemos. Longe de ser negativa, tal dimensão associativa faz parte da qualidade generativa que está na essência da leitura. Há 150 anos, Charles Darwin viu na criação um princípio semelhante, pois um conjunto "infinito" de formas evoluiu a partir de princípios finitos: "De um princípio simples, formas infinitas, tão belas e maravilhosas, desenvolveram-se e estão em desenvolvimento".[26] O mesmo acontece com a linguagem escrita. Biológica e intelectualmente, a leitura permite à espécie ir "além da informação fornecida",[27] para criar infinitos pensamentos, tão belos quanto maravilhosos. Não devemos perder essa qualidade essencial no momento atual, em que passamos por uma transição histórica para novas formas de adquirir, processar e compreender informação.

Certamente, a relação entre leitores e texto difere entre culturas e através da história. Milhares de vidas foram alteradas ou perdidas, dependendo da forma como um texto sagrado – a Bíblia, por exemplo – foi lido: de maneira concreta e literal ou generativa e interpretativa. A atitude de Martinho Lutero de traduzir a Bíblia latina para a língua alemã permitiu que pessoas comuns lessem e interpretassem por si mesmas o texto sagrado, influenciando significativamente a história da religião. Na verdade, como observam alguns historiadores, a mudança na relação dos leitores com o texto ao longo do tempo pode ser vista como um índice da história do pensamento.[28]

A essência deste livro, contudo, será mais biológica e cognitiva do que histórico-cultural.[29] Nesse contexto, a capacidade generativa da leitura é paralela à plasticidade fundamental presente no circuito de nosso cérebro: ambas nos permitem ultrapassar as particularidades dos dados. As ricas associações, inferências e intuições que emergem dessa capacidade permitem, e na verdade nos convidam, a ir além do conteúdo específico do que lemos para formar novos pensamentos. Nesse sentido, a leitura reflete e reencena a capacidade do cérebro para avanços cognitivos.

Proust disse a maior parte disso, ainda que de forma mais oblíqua, ao descrever o poder da leitura em estimular nosso pensamento.

> Parece-nos perfeitamente certo o fato de que nossa sabedoria comece onde termina a do autor, pois gostaríamos que ele nos desse respostas, quando tudo o que pode fazer é fornecer a nós desejos. E esses desejos podem ser despertados em nós somente ao nos permitir a contemplação da beleza suprema que os esforços mais extremos de sua arte permitiram alcançar. Mas por uma lei... que talvez signifique a impossibilidade de receber a verdade de quem quer que seja, devemos criá-la nós mesmos, sendo que o término da sabedoria dele vale para nós como o começo da nossa.[30]

A compreensão de Proust sobre a natureza generativa da leitura contém um paradoxo: o objetivo da leitura é ir além das ideias do autor, até pensamentos que sejam cada vez mais autônomos, transformadores e, em última análise, independentes do texto escrito. Desde as primeiras tentativas hesitantes da criança de decifrar letras, a experiência da leitura não é tanto um fim em si mesma, mas o nosso melhor veículo para a mente transformada e, literal e figurativamente, para um cérebro transformado.

Em última análise, as transformações biológicas e intelectuais provocadas pela leitura fornecem uma notável placa de Petri* para examinar a forma como pensamos. Tal exame requer múltiplas perspectivas – desde a Linguística antiga até a moderna, além de Arqueologia, História, Literatura, estudos da Educação, Psicologia e Neurociência. O objetivo deste livro é integrar essas áreas para apresentar novas perspectivas sobre três aspectos da linguagem escrita: a evolução do cérebro leitor (como o cérebro humano aprendeu a ler), seu desenvolvimento (como o cérebro jovem aprende a ler e como a leitura nos transforma) e suas variações (quando o cérebro não consegue aprender a ler).

COMO O CÉREBRO APRENDEU A LER

Começaremos na Suméria, no Egito e em Creta, onde os primórdios ainda misteriosos da linguagem escrita foram encontrados, situados entre o cuneiforme sumério, os hieróglifos egípcios e algumas escritas protoalfabéticas recentemente descobertas. Cada um desses tipos de escrita, invenções de nossos antepassados, exigia algo um pouco diferente do cérebro, e talvez isso explique terem se passado mais de 2 mil anos entre os primeiros sistemas de escrita conhecidos e o notável, quase perfeito, alfabeto desenvolvido pelos antigos gregos. Em seu alicerce, o princípio alfabético representa a profunda percepção de que cada palavra na linguagem falada consiste num grupo finito de sons únicos que podem ser representados

* N. T.: A placa de Petri é um recipiente cilíndrico e achatado, em geral de vidro ou plástico, utilizado por profissionais de laboratório para as mais diversas finalidades de pesquisa científica.

por um grupo finito de letras únicas. Esse princípio, que pode parecer inocente, foi consideravelmente revolucionário quando surgiu no decorrer da história, pois criou a capacidade de cada palavra falada – em todas as línguas – ser traduzida para a escrita.

A razão pela qual Sócrates direcionou todas as suas lendárias habilidades retóricas para se opor ao alfabeto grego e à alfabetização é um dos principais relatos, em grande parte não explicitado, da história da leitura. Empregando palavras que soam, nos dias de hoje, infalivelmente premonitórias, Sócrates descreveu o que seria perdido para os seres humanos na transição da cultura oral para a cultura escrita. Os protestos de Sócrates – e a rebelião silenciosa de Platão, enquanto registrava cada palavra – são notavelmente relevantes na atualidade, enquanto nós e os nossos filhos negociamos a nossa própria transição de uma cultura escrita para uma que é, a cada dia, mais e mais impulsionada por imagens visuais e fluxos massivos de informação digital.

COMO O CÉREBRO JOVEM APRENDE A LER E COMO A LEITURA NOS TRANSFORMA AO LONGO DA VIDA

São diversas as instigantes ligações que aproximam a história da escrita em nossa espécie ao desenvolvimento da leitura na fase infantil. A primeira é o fato de que, embora a nossa espécie tenha demorado cerca de 2 mil anos para realizar os avanços cognitivos necessários ao aprendizado da leitura empregando um alfabeto, na atualidade nossas crianças têm de alcançar esses mesmos conhecimentos em cerca de 2 mil dias. A segunda diz respeito às implicações, evolutivas e educacionais, desse cérebro necessariamente "reorganizado" para aprender a ler. Se não existem genes específicos, dedicados para leitura, e se é necessário que nosso cérebro faça a conexão de estruturas mais antigas relacionadas à visão e à linguagem para aprender essa nova habilidade, será exigido de cada criança, em cada geração, um esforço considerável. Como observou, de forma eloquente, o cientista cognitivo Steven Pinker: "As crianças estão preparadas para o som, mas a leitura é um acessório opcional que deve ser cuidadosamente acoplado".[31] Para adquirir esse processo não natural, as crianças necessitam de ambientes educacionais que forneçam suporte a todas as partes do circuito que precisam ser acopladas ao cérebro, possibilitando a leitura. Tal perspectiva afasta-se dos métodos de ensino atuais, que se concentram em grande parte apenas em um ou dois componentes principais exigidos pela leitura. A compreensão do período de desenvolvimento que se estende desde a infância até os primeiros anos da idade adulta exige a compreensão de toda uma gama de partes do circuito no cérebro leitor e de seu desenvolvimento. E é algo que também envolve a história, por exemplo, de duas crianças que deveriam adquirir centenas e centenas de palavras, milhares de conceitos e dezenas de milhares de percepções auditivas e visuais. Estas são as matérias-primas para desenvolver os principais componentes da leitura. Contudo, devido em grande parte ao ambiente em que vivem, uma dessas crianças adquirirá tais elementos essenciais e a outra não. Não por culpa própria, pois as necessidades de milhares de crianças não são satisfeitas todos os dias.

O aprendizado da leitura começa desde a primeira vez que um bebê é segurado no colo e alguém lê para ele uma história. A frequência com que isso acontece ou deixa de acontecer, nos primeiros cinco anos da infância, termina por ser um dos melhores indicadores da forma como será, posteriormente, sua capacidade de leitura.[32] Um sistema de classes pouco discutido divide, de forma invisível, nossa sociedade em famílias que proporcionam aos filhos ambientes ricos em oportunidades de linguagem oral e escrita e aquelas que não podem ou não querem fazer o mesmo. Um importante estudo descobriu que, na educação infantil, uma lacuna de 32 milhões de palavras separava crianças de 5 anos de lares linguisticamente empobrecidos dos seus pares, que recebiam uma quantidade maior de estímulos.[33] Ou seja, uma criança da classe média ouve em torno de 32 milhões de palavras a mais em seu ambiente do que a criança desfavorecida.

Crianças que chegam à educação infantil após ouvirem e usarem milhares de palavras, cujos significados já compreendem, classificam e armazenam em seus jovens cérebros, têm vantagem no campo lúdico da educação. Crianças que nunca tiveram uma história lida para elas, que nunca ouviram palavras que rimam, que nunca se imaginaram lutando com dragões ou se casando com um príncipe, enfrentam todas as probabilidades contrárias possíveis.[34]

O conhecimento sobre os precursores da leitura pode ajudar a mudar essa situação. Graças a notáveis tecnologias recentes, é possível observar tudo o que acontece, caso tudo corra bem na aquisição da leitura, nos estágios pelos quais uma criança passa, partindo da decodificação de uma palavra como "gato" até a compreensão fluente e aparentemente sem esforço de "uma criatura felina chamada Mefistófeles". Encontramos uma série de fases previsíveis pelas quais um ser humano passa ao longo da vida, ilustrando quão diferentes são os circuitos e as exigências do cérebro de um novo leitor se comparados aos de um leitor experiente, que navega pelos mundos emaranhados de *MobyDick* e *Guerra e Paz*, ou de textos sobre economia. Nosso crescente entendimento sobre como o cérebro aprende a ler ao longo do tempo pode ser útil para prever, melhorar e evitar certas formas desnecessárias que são, de fato, falhas no processo de leitura. Na atualidade, temos conhecimento suficiente sobre os componentes da leitura para sermos capazes não só de diagnosticar quase todas as crianças da educação infantil que podem enfrentar dificuldades de aprendizagem, mas também para ensinar a maioria das crianças a ler. Esse mesmo conhecimento destaca o que não desejamos perder na conquista do cérebro leitor, uma vez que a era digital começa a impor novas e diferentes exigências para esse cérebro.

QUANDO O CÉREBRO NÃO CONSEGUE APRENDER A LER

O conhecimento sobre o fracasso na leitura oferece um ângulo diferente da base desse conhecimento, com algumas surpresas para os pesquisadores. Do ponto de vista da ciência, as pesquisas em torno da dislexia são mais ou menos como estudar uma lula jovem que não sabe nadar muito rápido. A estrutura neuronal diferente dessa lula pode nos ensinar tanto sobre o que é necessário para nadar quanto sobre as habilidades únicas que essa lula deve ter para ser capaz de sobreviver e se desenvolver sem nadar como todas as outras lulas. Meus colegas e eu usamos uma ampla variedade de ferramentas – de nomear letras até o uso de neuroimagens, tudo isso para compreender por que tantas crianças com dislexia, incluindo meu filho mais velho, encontram dificuldades não apenas com a leitura, mas também com mecanismos linguísticos aparentemente simples, como distinguir sons individuais ou fonemas dentro de palavras, bem como recuperar com rapidez o nome de uma cor. Ao rastrear a atividade cerebral enquanto o cérebro desempenha esses vários procedimentos no desenvolvimento normal e na dislexia, estamos construindo mapas vivos da paisagem neuronal.

As descobertas que surgem nesta paisagem são diariamente ampliadas. Avanços recentes na pesquisa de neuroimagem começam a pintar um quadro do cérebro de uma pessoa com dislexia diferente do usual, algo que pode ter enormes implicações em pesquisas futuras e, particularmente, nas intervenções. Compreender tais avanços pode fazer a diferença entre ter um número considerável de futuros cidadãos preparados para contribuir com a sociedade e ter um número bem grande daqueles que não poderão contribuir, embora isso fosse possível. A conexão entre o que sabemos sobre o desenvolvimento típico da criança com o que conhecemos a respeito dos obstáculos na aquisição da leitura poderá auxiliar na recuperação do potencial perdido de milhões de crianças, muitas das quais dispõem de habilidades que poderiam iluminar nossas existências.

Acontece que também estamos nos desafiadores estágios iniciais de compreensão dos benefícios ainda pouco estudados que envolvem o desenvolvimento cerebral de algumas pessoas com dislexia. Não é mais possível reduzir à coincidência o fato de que tantos inventores, artistas, arquitetos, designers de sistemas, radiologistas e financistas tenham um histórico de dislexia na infância. Os inventores Thomas Edison e Alexander Graham Bell, os empresários Charles Schwab e David Neeleman, os artistas Leonardo da Vinci e Auguste Rodin e o cientista ganhador do Prêmio Nobel Baruj Benacerraf, todos eles indivíduos extraordinariamente bem-sucedidos tiveram histórico de dislexia ou distúrbios de leitura a ela associados. O que haveria no cérebro disléxico que parece estar ligado, em algumas pessoas, a uma criatividade sem paralelo em suas atividades, que muitas vezes envolvem design, competências espaciais e o reconhecimento de padrões? Seria o cérebro de uma pessoa com dislexia, cuja organização é diferente, mais adequado às exigências do passado pré-letrado, com ênfase na construção e na exploração? Será que os indivíduos com dislexia estarão mais bem adaptados ao futuro visual, dominado pela tecnologia? Estariam as pesquisas genéticas e de imagem mais atualizadas nos fornecendo os contornos de uma organização cerebral muito incomum, em algumas pessoas com dislexia, algo que poderia, em última análise, auxiliar na explicação das fraquezas conhecidas dessa condição e na compreensão cada vez maior dos seus pontos fortes?

Questões sobre o cérebro de uma pessoa com dislexia levam-nos a olhar tanto para trás, para o nosso passado evolutivo, como para o desenvolvimento simbólico adiante, em nosso futuro. O que foi perdido e o que poderá ser adquirido para tantos jovens que substituíram, em grande parte, os livros pela cultura multidimensional de "atenção parcial contínua" da internet?[35] Quais são as implicações do acesso a informações aparentemente ilimitadas para a evolução do cérebro leitor e para nós como espécie? Será que a apresentação rápida e quase instantânea de muitas informações ameaça a formação de conhecimento aprofundado, que exige mais tempo? Recentemente, Edward Tenner, que escreve sobre tecnologia, perguntou se o Google promove uma forma de analfabetismo informacional e se pode haver consequências negativas não intencionais dessa forma de aprendizagem: "Seria uma pena se uma tecnologia brilhante acabasse por ameaçar o tipo do intelecto que a produziu".[36]

A reflexão sobre essas questões ressalta o valor das competências intelectuais facilitadas pela alfabetização, que não temos nenhuma intenção de perder, justamente quando parecemos potencialmente preparados para substituí-las por outras competências. Este livro é composto por dois terços de ciência, mais um terço de observação pessoal e o máximo de verdade que posso encontrar para falar sobre o quão ferozmente devemos trabalhar, como sociedade, para preservar o desenvolvimento de aspectos específicos da leitura, tanto para esta geração como para gerações futuras. Argumentarei que, ao contrário de Platão – que, com profunda ambivalência, se equilibrava entre a linguagem oral e a escrita –, não precisamos escolher entre dois modos de comunicação; em vez disso, devemos estar vigilantes para não perder a profunda capacidade generativa do cérebro leitor, à medida que acrescentamos novas dimensões ao nosso repertório intelectual.

Tal como Proust, contudo, só posso conduzir o leitor até certo ponto no domínio do conhecimento estabelecido ou dado. Meu capítulo final será a ultrapassagem dos limites das informações que conhecemos, alcançando áreas para as quais temos apenas a intuição e a especulação para nos guiar. Ao final desta exploração do cérebro leitor, caberá aos que se dedicaram à leitura deste livro preservar e ir além daquilo que conhecemos a respeito do profundo milagre cognitivo que ocorre toda vez que um ser humano aprende a ler.

COMO O CÉREBRO SE ADAPTOU PARA A LEITURA: OS PRIMEIROS SISTEMAS DE ESCRITA

E assim, passo ambiciosamente da minha história de leitor para a história do ato de ler. Ou melhor, para uma história da leitura, uma vez que qualquer história desse tipo – composta de instituições particulares e circunstâncias privadas – deve ser uma entre muitas.[1]

Alberto Manguel

A invenção da escrita – que ocorreu de forma independente, em partes distantes do mundo e em diversas épocas, ocasionalmente até mesmo na era moderna – deve figurar entre as mais elevadas realizações intelectuais da humanidade. Sem escrita, a cultura humana tal como a conhecemos hoje seria inconcebível.[2]

O. Tzeng e W. Wang

Pequenos símbolos em invólucros de argila endurecida, intrincados nós tingidos em um cordão no *quipo* inventado pelos incas (ver Figura 1), graciosos desenhos traçados nos cascos de tartarugas: as origens da escrita adquiriram, em todo o mundo, formas e formatos maravilhosamente variados ao longo dos últimos 10 mil anos. Linhas hachuradas em pedras que se acredita terem 77 mil anos de idade foram encontradas recentemente debaixo de muitas camadas de terra na caverna de Blomos, África do Sul, descoberta que pode revelar sinais ainda mais antigos dos primeiros esforços humanos de "leitura".[3]

Figura 1 – Exemplo do quipo inca

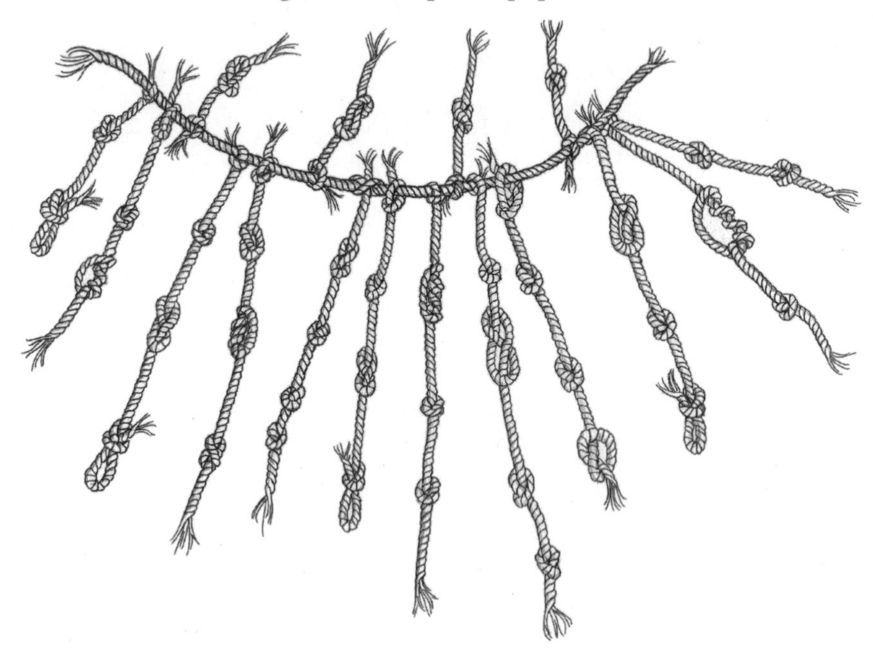

Em todos os lugares nos quais ocorreu, a leitura nunca foi algo que "simplesmente aconteceu". A história da leitura reflete a soma de uma série de avanços cognitivos e linguísticos que surgiram paralelamente a importantes mudanças culturais. Sua história empolgante e descontínua ajuda a revelar o que nosso cérebro teve de aprender: um novo processo e uma nova percepção a cada vez. Trata-se da história não só de como aprendemos a ler, mas também de como diferentes formas de escrita exigiram diferentes adaptações das estruturas originais do cérebro e, no processo, ajudaram a mudar a maneira como pensamos. De uma perspectiva contemporânea, aquela em que se situam as nossas mudanças na comunicação, a história da leitura oferece documentação única sobre como cada inovação nos sistemas de escrita contribuiu com algo especial para o desenvolvimento intelectual da nossa espécie.

Como em todos os sistemas conhecidos, a escrita começou com um conjunto de duas ou mais epifanias. Primeiro veio uma nova forma de *representação simbólica* – um nível de abstração superior àquele representado pelos desenhos primordiais: a surpreendente descoberta de que simples linhas marcadas em tabuletas de argila, pedras ou cascos de tartaruga poderiam representar algo concreto no mundo natural, como uma ovelha; ou algo abstrato, como um número ou a resposta de um oráculo. Com a segunda descoberta, chegou-se à conclusão de que um sistema de símbolos poderia ser usado para comunicação através do tempo e do espaço, preservando as palavras e os pensamentos de um indivíduo ou de uma cultura inteira. A terceira epifania, a mais abstrata linguisticamente, não aconteceu em todos os cantos – a *correspondência som-símbolo* representa uma espantosa constatação: todas as palavras são, na realidade, compostas por minúsculos sons individuais e que os símbolos podem significar fisicamente cada um destes sons para cada palavra. O exame de como vários de nossos ancestrais deram tais saltos para esses primeiros procedimentos de escrita fornece uma visão especial sobre nós mesmos. Compreender as origens de um novo processo ajuda-nos a ver, como disse o neurocientista Terry Deacon, "como funciona".[4] Compreender como funciona, por sua vez, é útil para saber o que possuímos e o que precisamos preservar.

INICIALMENTE, ALGUMAS PALAVRAS A RESPEITO DE "INÍCIOS"

Podemos encontrar nada menos que três exemplos registrados dos esforços de vários monarcas para descobrir qual foi a primeira língua falada na Terra. Heródoto nos conta[5] que o rei egípcio Psamético I (664-610 a.e.c.) ordenou que dois recém-nascidos fossem isolados na cabana de um pastor, sem contato com outros seres humanos além do pastor, que levava leite e comida diariamente, e sem qualquer exposição à linguagem humana. Psamético acreditava que as primeiras palavras proferidas por essas crianças corresponderiam à linguagem original da espécie humana – uma suposição inteligente, embora falsa. Por fim, uma criança gritou *bekos*, palavra frígia para "pão". Essa, a única palavra dita em todo o experimento, bastou para inspirar a antiga crença de que o frígio, falado no noroeste da Anatólia, era a *Ursprache*, ou língua original da humanidade.

Séculos mais tarde, Jaime IV da Escócia conduziu um experimento semelhante, mas com resultados diferentes e muito interessantes: as crianças escocesas envolvidas "falavam muito bem o hebraico". No continente europeu, Frederico II, do Sacro Império Romano-Germânico, iniciou outra experiência – infelizmente ainda mais rigorosa – com mais duas crianças, contudo ambas morreram sem nada falar.

Talvez não seja possível afirmar, com autoridade, qual língua oral veio primeiro; pois há ainda mais dúvidas sobre qual linguagem escrita surgiu em primeiro lugar. Podemos, no entanto, responder mais facilmente a questões sobre se a escrita foi inventada apenas uma vez ou várias vezes.[6] Neste capítulo, esboçaremos alguns sistemas de escrita especialmente selecionados, além de rastrear como os seres humanos aprenderam a ler tanto material produzido, de pequenas fichas até "ossos de dragão", no período que se estende do oitavo milênio ao primeiro milênio a.e.c. Subjacente a esta curiosa história, será possível perceber um relato histórico menos visível, de adaptação e mudança cerebral. Com cada um dos novos sistemas de escrita, com suas exigências diferentes e cada vez mais sofisticadas, os circuitos do cérebro reorganizaram-se, fazendo com que o nosso repertório de capacidades intelectuais crescesse e se transformasse em imensos e maravilhosos saltos de pensamento.

PRIMEIRA *EUREKA* DA ESCRITA: A REPRESENTAÇÃO SIMBÓLICA

O simples fato de contemplarmos essas tábuas resulta no prolongamento de uma memória que temos desde o início dos tempos, na preservação de um pensamento para um período muito posterior àquele em que o pensador cessou de pensar, e nos tornamos participantes de um ato de criação que permanece aberto enquanto as imagens inscritas forem vistas, decifradas, lidas.[7]

Alberto Manguel

A descoberta casual de pequenas peças de argila, de apenas poucos centímetros, marcou o nascimento dos esforços contemporâneos para a compreensão da história da escrita. Chamadas de tabuletas, algumas dessas peças estavam envoltas em invólucros de argila (ver Figura 2) que traziam marcas representando seu conteúdo. Sabemos, atualmente, que essas peças, datadas de um período entre 8 mil e 4 mil a.e.c., formavam uma espécie de sistema de contagem utilizado em muitas partes do Mundo Antigo. As tabuletas registravam, principalmente, o número de mercadorias compradas ou vendidas, como ovelhas, cabras e garrafas de vinho. Uma bela ironia do crescimento cognitivo da nossa espécie é que o mundo das letras pode ter começado como um invólucro para o mundo dos números.[8]

Simultaneamente, o desenvolvimento dos números e das letras promoveu tanto as economias antigas como as capacidades intelectuais dos nossos antepassados. Pela primeira vez na história, o "estoque" pôde ser contado sem necessidade da presença de ovelhas, cabras ou vinho. Surgida como precursora do armazenamento de dados, essa forma de registro permanente foi acompanhada de novas capacidades cognitivas. Por exemplo, juntamente com desenhos rupestres, como os existentes em França e Espanha, os símbolos refletiam a emergência de uma nova capacidade humana: a utilização de uma forma de representação simbólica, em que os objetos podiam ser simbolizados por marcas direcionadas aos olhos. "Ler" um símbolo exigia dois conjuntos de novas conexões: uma delas era de natureza cognitivo-linguística enquanto a outra seria de ordem cerebral. Entre os circuitos cerebrais há muito estabelecidos para visão, linguagem e conceptualização, desenvolveram-se novas ligações e novos caminhos retinotópicos – entre o olho e as áreas visuais especializadas – que foram atribuídos às minúsculas marcas simbólicas.

Figura 2 – Tabuletas

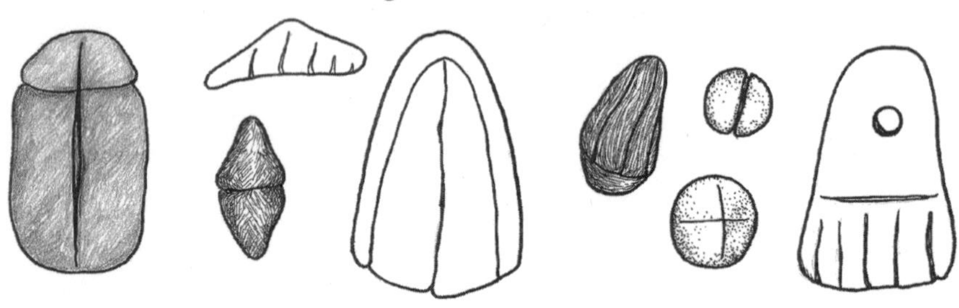

Nunca teremos uma tomografia cerebral dos nossos antepassados enquanto liam suas tabuletas de argila, mas, utilizando o conhecimento atual da função cerebral, podemos extrapolar os dados disponíveis para obter um palpite decente sobre o que se passava nos cérebros deles. Os neurocientistas Michael Posner e Marcus Raichle, em conjunto com o grupo de pesquisa de Raichle na Universidade de Washington, conduziram uma série pioneira de estudos de imagens cerebrais[9] para observar o que o cérebro faz quando olhamos para um continuum de caracteres semelhantes a símbolos, que tenham ou não significado. No conjunto de testes empregado por esses pesquisadores, estavam inclusos símbolos sem sentido, símbolos dotados de significado que constituíam letras reais, palavras sem sentido e palavras com significado. Embora claramente concebidos para outros fins, tais estudos fornecem uma visão notável do que acontece quando o cérebro se depara com sistemas de escrita cada vez mais abstratos e exigentes – milênios atrás e nos dias de hoje.

O grupo de Raichle descobriu que quando os humanos olham para linhas que não transmitem nenhum significado, ativamos apenas áreas visuais limitadas, localizadas nos lobos occipitais, na parte posterior do cérebro. Tal achado exemplifica alguns aspectos da organização retinotópica, mencionados no primeiro capítulo. As células da retina ativam um grupo de células específicas nas regiões occipitais que correspondem a traços visuais distintos, como linhas e círculos.

Contudo, quando observamos esses mesmos círculos e linhas e os interpretamos como símbolos significativos, precisamos de novos caminhos. Como demonstrado no trabalho de Raichle, a presença do *status* da palavra real e de seu significado duplica ou triplica a atividade neuronal do cérebro. Familiarizar-se com os caminhos básicos usados por um cérebro durante a leitura das tabuletas é uma excelente base para entender o que acontece em cérebros leitores mais complexos. Nossos ancestrais podiam ler as tabuletas porque seus cérebros eram capazes de conectar regiões visuais básicas a regiões adjacentes, dedicadas ao processamento visual e conceitual mais sofisticado. Essas regiões adjacentes são encontradas em outra área occipital e nas áreas cerebrais próximas, a temporal e parietal. Os lobos temporais estão envolvidos em uma variedade impressionante de processos auditivos e de linguagem, que auxiliam diretamente em nossa capacidade de compreender o significado das palavras. Da mesma forma, os lobos parietais participam de uma ampla gama de processos relacionados à linguagem, bem como de funções espaciais e computacionais. Quando um símbolo visual, como uma tabuleta, está carregado de significado, nosso cérebro realiza a conexão das áreas visuais básicas ao sistema de linguagem e ao sistema conceitual nos lobos temporal e parietal, resgatando também regiões de especialização visual e auditiva chamadas "áreas de associação".

A simbolização, portanto, mesmo para a pequena tabuleta, explora e expande duas das características mais importantes do cérebro humano – nossa capacidade de especialização e de fazer novas ligações entre áreas de associação. Uma grande diferença entre o cérebro humano e o cérebro de qualquer outro primata é a proporção do nosso cérebro dedicada a essas áreas de associação. Essenciais para a leitura de símbolos, essas áreas são responsáveis tanto pelo processamento sensorial mais complexo quanto por realizar representações mentais[10] de informações para uso futuro (o foco aqui está em "representações"). Tal capacidade de criar representações é de considerável importância para o uso de símbolos e para grande parte da nossa vida intelectual. Ela ajuda os seres humanos a lembrar e recuperar representações armazenadas de todos os tipos, desde imagens visualizáveis, como pegadas, até pistas auditivas, como palavras e o rosnado de um tigre. Além disso, tal capacidade representacional foi útil na preparação do alicerce para tornar nossa capacidade evolutiva praticamente automática no reconhecimento de padrões de informação ao nosso redor. Trata-se de algo que nos permite adquirir o *status* de especialista na identificação de diversas informações sensoriais – sejam rastros dos mamutes de pelagem densa ou tabuletas referentes às cabras. É tudo uma continuidade.

Figura 3 – O primeiro "cérebro leitor de tabuletas"

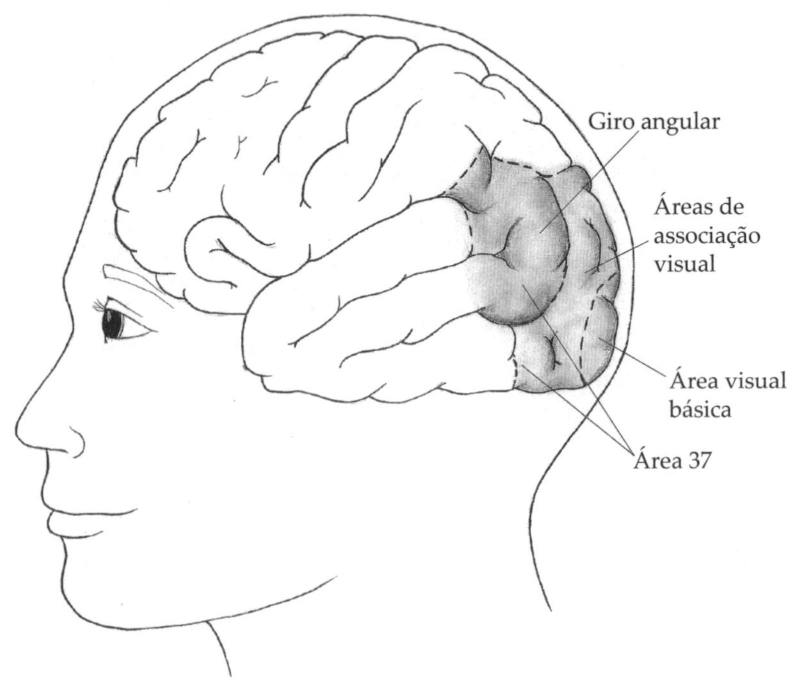

A leitura de símbolos exigia bem mais que certa especialização visual de nossos ancestrais. Vincular representações visuais a informações linguísticas e conceituais foi fundamental. Localizada na junção dos três lobos posteriores do cérebro, a área do *giro angular*,[11] descrita como a "área de associação das áreas de associação" pelo grande neurologista comportamental Norman Geschwind, está localizada de forma ideal para conectar diferentes tipos de informação sensorial. Joseph-Jules Déjerine,[12] neurologista francês do século XIX, observou que lesões na região do giro angular produziam perdas em termos de leitura e escrita. Recentemente, os neurocientistas John Gabrieli e Russ Poldrack, em seus grupos no MIT e na UCLA, constataram, por exames de imagens, que os caminhos de entrada e saída da região do giro angular são intensamente utilizados durante o desenvolvimento da leitura.[13]

A partir do trabalho de Raichle, Poldrack e Gabrieli, tornou-se possível inferir que a provável base fisiológica da primeira leitura de tabuletas, realizada por nossos ancestrais, foi um minúsculo circuito novo, conectando a região do giro angular a algumas áreas visuais próximas; nesse caso, se Dehaene estiver correto, tal conexão também incluía certas áreas parietais, relacionadas à habilidade aritmética, além de áreas occipital-temporal, envolvidas no reconhecimento de objetos (ou seja, a área 37) (Figura 3). Por mais rudimentar que seja, essa nova forma de conectividade se iniciou pelo uso das tabuletas, e ela veio acompanhada pelo primeiro avanço cognitivo da nossa espécie em termos de leitura. Ao instruir as novas gerações na utilização de um repertório crescente de símbolos, nossos antepassados, em essência, transmitiram conhecimentos sobre a capacidade do cérebro para adaptação e mudança. Nosso cérebro estava se preparando para a leitura.

DA BOCA DE REIS E RAINHAS: NOS SISTEMAS DE ESCRITA CUNEIFORME E HIEROGLÍFICA, O SEGUNDO AVANÇO

> *Percebeu como a letra Y é pitoresca, como são numerosos seus significados? A árvore é um Y, a junção de duas estradas forma um Y, dois rios convergentes, a cabeça de um burro e de um boi, a taça e sua haste, o lírio em seu caule e o mendigo levantando os braços são um Y. Esta observação poderia ser ampliada a todos os elementos que constituem as diversas letras inventadas pelo homem.*[14]
>
> Victor Hugo

Próximo ao final do quarto milênio a.e.c., (3300-3200 a.e.c.), um segundo avanço significativo ocorreu: as inscrições individuais dos sumérios desenvolveram-se para se transformar no sistema cuneiforme,[15] enquanto os símbolos egípcios se tornaram aquilo que seria conhecido como sistema hieroglífico. Se os sumérios ou os egípcios são os inventores da escrita, trata-se de um tema bastante debatido. Contudo, não há dúvida de que os sumérios inventaram um dos primeiros e mais reverenciados sistemas de escrita, cuja influência continuou por meio do importante sistema acadiano[16] em toda a Mesopotâmia. A palavra "cuneiforme" deriva do latim *cuneus*, "prego", e se refere à aparência em forma de cunha dessa escrita. Usando um estilete de cana pontiagudo em argila macia, nossos ancestrais criaram uma escrita que se parece bastante, aos olhos leigos, com pegadas de pássaros (Figura 4).

Figura 4 – Exemplos da escrita cuneiforme

A descoberta desses símbolos de aparência estranha é comparativamente recente, um testemunho do quão longe alguns linguistas intrépidos chegaram para compreender as origens da linguagem. Os pesquisadores contemporâneos da linguagem gostam de relembrar como o estudioso e soldado do século XIX, Henry Raulinson, arriscou a vida e a integridade física para examinar a escrita antiga no local em que, na atualidade, localiza-se o Irã. Raulinson pendurou-se em uma corda a 90 metros de altura[17] para copiar alguns dos primeiros exemplos da escrita suméria esculpidos na encosta de um penhasco.

Felizmente, as 5 mil tabuletas sumérias existentes são muito mais acessíveis. Encontradas em palácios, templos e armazéns sumérios, tal escrita foi originalmente inventada e empregada tendo em vista administração e contabilidade. Aqueles que habitavam o delta do Tigre e do Eufrates em tempos antigos tinham, eles mesmos, uma noção muito mais romântica de como surgira sua escrita. Em uma narrativa épica, um mensageiro do senhor de Kulab alcançou distante reino, exausto demais para transmitir sua importante mensagem de forma oral. Para não ficar frustrado com alguma falha de qualquer tipo,[18] o senhor de Kulab igualmente "separou um pouco de argila e anotou as palavras como se estivessem em uma tábua... e de fato foi assim". E assim teriam surgido as primeiras palavras escritas, embora os sumérios evitassem uma questão embaraçosa: quem era capaz de ler as palavras do senhor de Kulab?

Menos incerto é a posição do sistema de escrita sumério como um marco na evolução da escrita. Tratava-se de um verdadeiro sistema, com tudo o que isso implica para as habilidades cognitivas emergentes ao escritor, leitor e professor. Embora muito mais abrangentes do que as tabuletas, os primeiros signos em cuneiforme sumério exigiam apenas um pouco mais de abstração, pois eram, em geral, pictográficos (imagens que se assemelham visualmente ao objeto representado). Os caracteres pictográficos eram facilmente reconhecidos pelo sistema visual, que exigiria apenas uma correspondência adicional com o nome de um objeto na língua falada. Stanislas Dehaene observou que muitos dos símbolos e letras usados na escrita e nos sistemas numéricos em todo o mundo incorporam formas e características visuais bastante frequentes, que correspondem a objetos presentes na natureza e em nosso mundo.[19]

O romancista francês Victor Hugo, já citado, percebeu algo semelhante na virada do século XIX. Hugo propôs que todas as letras eram originárias dos hieróglifos egípcios, que, por sua vez, provinham de imagens do nosso mundo, como rios, cobras e caules de lírios. Tais ideias, que aproximam romancistas e neurocientistas, permanecem conjecturais, mas realçam a questão de como o cérebro aprendeu a reconhecer letras e palavras com tanto entusiasmo. Nos termos evolutivos de Dehaene, os primeiros símbolos pictográficos, que utilizavam formas conhecidas do mundo externo, "reciclaram" os circuitos cerebrais usados para reconhecimento e nomeação de objetos.

Este estado de coisas mais simples não durou muito, contudo. Logo após sua origem, o sistema cuneiforme sumério, misteriosa e surpreendentemente, tornou-se sofisticado. Os símbolos rapidamente se afastaram de sua natureza pictográfica, aproximando-se muito mais de um aspecto logográfico e abstrato. Um sistema de escrita logográfica transmite diretamente os conceitos da linguagem oral, em vez dos sons das palavras. Com o tempo, muitos dos caracteres sumérios também começaram a representar algumas das sílabas do sumério oral. Essa dupla função, em um sistema de escrita, é classificada pelos linguistas como *logossilabário* e exige muito mais do cérebro.

Na verdade, para cumprir essas funções duplas, os circuitos do cérebro leitor sumério provavelmente possibilitaram o cruzamento entre ambas. Em primeiro lugar, seria necessário um número consideravelmente maior de caminhos nas regiões visual e de associação visual para decodificar aquilo que, ao final, se tornaria um conjunto de caracteres cuneiformes, centenas deles. Realizar tais adequações nas áreas visuais equivale, basicamente, a adicionar memória ao nosso disco rígido. Em segundo lugar, as exigências conceituais de um logossilabário envolveriam inevitavelmente uma quantidade maior de sistemas cognitivos, o que, por sua vez, exigiria mais conexões com áreas visuais nos lobos occipitais, com áreas de linguagem nos lobos temporais e com os lobos frontais. Os lobos frontais foram envolvidos devido ao seu papel nas "habilidades executivas", como análise, planejamento e atenção concentrada, todas necessárias para processar as minúsculas sílabas e sons dentro das palavras e as muitas categorias semânticas como humano, planta, templo.

Prestar atenção aos padrões sonoros individuais dentro das palavras deve ter representado novidade para nossos ancestrais, pois foi algo que surgiu por conta de uma solução extremamente inteligente. Conforme passaram à incorporação de novas palavras, os sumérios adicionaram aquilo que é chamado de *princípio rébus* em sua escrita. Isto ocorre quando um símbolo (por exemplo, "pássaro") representa não o seu significado, mas sim o seu som, que em sumério era a primeira sílaba da palavra. Dessa forma, o símbolo para "pássaro" poderia cumprir uma função dupla – como significado ou som da fala. A eliminação da ambiguidade dessas duas possibilidades exigiu, evidentemente, mais algumas funções novas, incluindo marcadores específicos tanto para sons como para categorias comuns de significado. Tais marcadores fonéticos e semânticos, por sua vez, exigiram circuitos cerebrais mais elaborados.

Para imaginar como seria a aparência do cérebro sumério, podemos fazer duas coisas complicadas. Em primeiro lugar, podemos voltar às descobertas do grupo de Raichle,[20] ao analisar o que acontece quando o significado é adicionado às palavras. Por exemplo, o estudo deles a respeito de como o cérebro lê pseudopalavras como "mbroem" e palavras reais como "membro", ambas com as mesmas letras, mas apenas uma combinação delas possuindo significado. Nos dois casos, as mesmas áreas visuais foram inicialmente ativadas, mas as pseudopalavras estimularam pouca atividade além da sua identificação nas regiões de associação visual. Para palavras reais, porém, o cérebro tornou-se uma colmeia em plena atividade. É como se uma rede de processos passasse a funcionar: as áreas visual e de associação visual respondem a padrões (ou representações) visuais; as áreas frontal, temporal e parietal fornecem informações sobre os menores sons das palavras, chamados fonemas; e, finalmente, áreas nos lobos temporal e parietal processaram significados, funções e conexões com outras palavras reais. A diferença entre os dois arranjos das mesmas letras – das quais apenas um constituía palavra real – foi de quase meio córtex.

Ao encontrar palavras escritas em cuneiformes e hieróglifos, os primeiros leitores – tanto os sumérios quanto os egípcios –, sem dúvida, usaram partes dessas mesmas regiões ao começarem a criar os dois primeiros sistemas de escrita.

Como mais uma prova desse cenário, temos um segundo truque escondido na manga. Para ter acesso a outra visão do antigo cérebro leitor sumério, podemos realizar uma extrapolação a partir de um sistema de escrita em atividade, dinâmico e construído de forma semelhante (ou seja, o logossilabário). Uma língua, nos dias de hoje, que possui história semelhante em termos de mudanças dos símbolos pictográficos para símbolos logográficos, que utiliza marcadores fonéticos e semânticos como forma de auxílio na tarefa de evitar a ambiguidade em seus símbolos e que dispõem de numerosas imagens cerebrais: o chinês. John DeFrancis,[21] estudioso de línguas antigas e do chinês, classifica tanto o chinês como o sumério como sistemas de escrita logossilábica, com muitos elementos semelhantes, embora, evidentemente, com certas diferenças.

Assim, o cérebro leitor chinês (Figura 5) oferece uma aproximação contemporânea, bastante razoável, com os cérebros dos primeiros leitores sumérios. Um circuito amplamente expandido substituiu o pequeno sistema de circuito do leitor de tabuletas. Essa nova adaptação do cérebro requer muito mais área de superfície nas regiões visual e de associação visual, em ambos os hemisférios. Ao contrário de outros sistemas de escrita (como os alfabéticos), os sistemas sumério e chinês mostram um envolvimento considerável das áreas do hemisfério direito, conhecidas por contribuir para os muitos requisitos de análise espacial em símbolos logográficos e também para tipos de processamento mais globais. Os numerosos e visualmente complexos caracteres logográficos requerem muito de ambas as áreas visuais, bem como de uma importante região occipital-temporal chamada área 37, que está envolvida no reconhecimento de objetos e que Deheane supõe ser a principal sede da "reciclagem neuronal" na leitura.[22]

Figura 5 – Logossilabário – Cérebro leitor

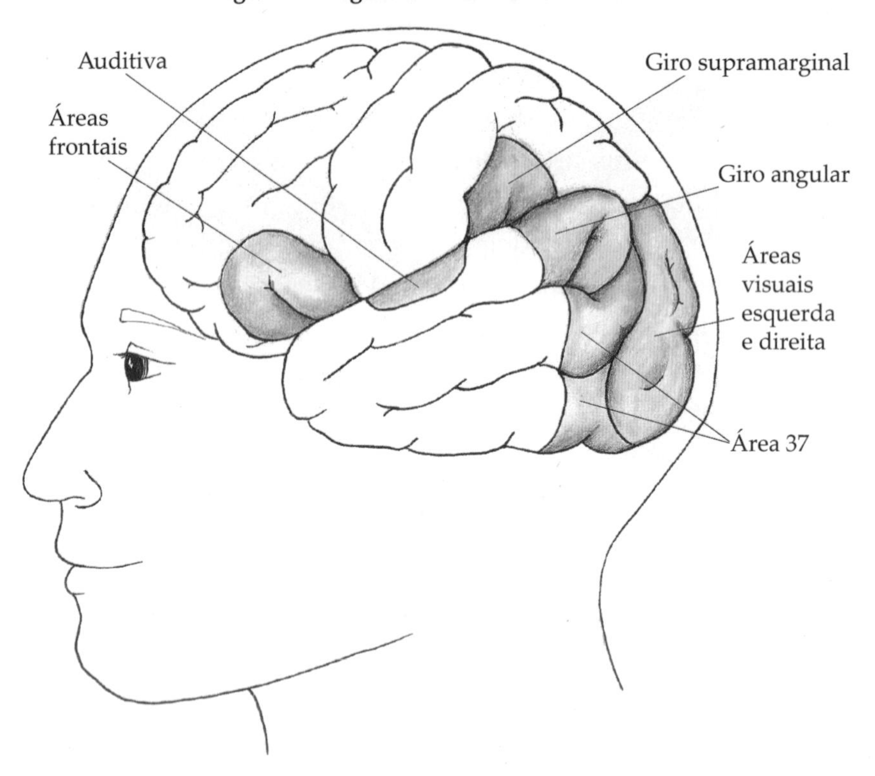

Embora toda a atividade de leitura faça uso de algumas porções dos lobos frontal e temporal, para planejar e analisar sons e significados em palavras, os sistemas logográficos parecem ativar partes muito distintas das áreas frontal e temporal, particularmente regiões envolvidas nas habilidades de memória motora. Os neurocientistas cognitivos Li-Hai Tan, Charles Perfetti e seu grupo de pesquisa da Universidade de Pittsburgh salientam que essas áreas da memória motora são muito mais ativadas na leitura de chinês do que na leitura de outras línguas, porque é assim que os símbolos chineses são apreendidos pelos jovens leitores –[23] pela repetitiva atividade escrita. Os caracteres sumérios foram assimilados da mesma maneira – em pequenas tabuletas de argila voltadas ao aprendizado, marcadas repetidas vezes por inscrições: "verdadeiramente foi assim".

HISTÓRIA DENTRO DA HISTÓRIA: COMO OS SUMÉRIOS ENSINAVAM SUAS CRIANÇAS A LER

Os sumérios ensinavam os novos alunos a ler através de listas de palavras em pequenas tabuletas de argila. Esse fato tão discreto não parece constituir um acontecimento importante na história intelectual do *Homo sapiens*, mas foi. O ato de ensinar requer não apenas conhecimento sólido de determinado assunto, mas também leva o professor a analisar o que acontece durante a aprendizagem desses conteúdos em particular. Além disso, um bom ensino torna visíveis as múltiplas dimensões da matéria a ser ensinada – neste caso, a natureza complexa da linguagem na sua forma escrita. O processo gradual de aprender a ensinar os sistemas de escrita iniciais forçou os primeiros professores de leitura do mundo a se tornarem também os primeiros linguistas de que se tem notícia.

Registros antigos recentemente analisados pelo assiriologista Yori Cohen, da Universidade de Tel Aviv, indicam quanto tempo demorava para os alunos sumérios aprenderem a ler e escrever – eram praticamente anos de estudo nas suas escolas *e-dubba*, ou "casas de tabuletas".[24] Este nome refere-se a uma parte essencial dos métodos de ensino sumérios: os professores escreviam os símbolos cuneiformes em um lado de uma tabuleta de argila e os alunos copiavam os símbolos no verso. Novos leitores aprendiam a ler textos que incluíam informações logográficas e fonéticas – por vezes, na mesma palavra. Para fazer isso, os jovens leitores precisavam ter um rico conhecimento contextual, habilidades automáticas bem aperfeiçoadas e de considerável flexibilidade cognitiva para decidir que valor dar a um determinado sinal escrito – logográfico, fonético-silábico ou semântico –, caso pretendessem compreender os textos com fluência. Isso exigia anos de prática. Não é de admirar que as tabuletas para aprendizado, recém-descobertas, apresentem alunos infelizes, ano após ano, com seus professores, com suas reclamações seguidas por uma frase, frequentemente repetida: "E então ele me deu uma surra".

Mas espancamentos frequentes não são, de fato, a grande surpresa. Esses professores de leitura pioneiros utilizavam princípios linguísticos bastante analíticos para o ensino – que poderiam ser úteis em qualquer época. Desde o início de sua pesquisa, Cohen observou que os leitores novatos aprendiam listas de palavras, tendo por base um dos diversos princípios linguísticos específicos. Algumas listas trabalhavam com o aprendizado a partir de categorias *semânticas*, ou baseadas em significado, estando cada categoria identificada por marcadores específicos. Conforme o sistema de escrita sumério passou a incorporar símbolos para sílabas, um segundo conjunto de listas de palavras foi agrupado, utilizando como base os sons compartilhados. Isso significava que os sumérios estavam analisando o sistema baseado em sons ou *fonológico* – que é a base da maioria dos sistemas de leitura nos dias de hoje. Em outras palavras, muito antes de os educadores do século XX debaterem se é melhor ensinar a leitura através da fonética ou de métodos globais, os sumérios já incorporavam elementos de ambos em sua ancestral metodologia de ensino.

Uma grande contribuição dessa escrita suméria antiga foi a maneira como os métodos de ensino promoveram o desenvolvimento conceitual. Exigir que os alunos sumérios ou qualquer criança aprendesse palavras com relações semânticas e fonéticas foi útil no processo de recordação das palavras, realizado com mais eficiência, resultando em aumento do vocabulário e do conhecimento conceitual. Em termos atuais, os sumérios usaram a primeira estratégia metacognitiva conhecida no ensino da leitura.[25] Ou seja, os professores sumérios deram aos seus alunos ferramentas que *explicitavam* tanto como aprender algo quanto como se lembrar disso.

Com o tempo, os leitores sumérios novatos também passaram a aprender palavras que ilustravam as propriedades *morfológicas* comuns da linguagem (por exemplo, como duas unidades simbólicas podem se unir para formar uma nova palavra relacionada). Morfologia é um sistema de regras para a formação de palavras a partir das menores partes significativas de uma língua, chamadas morfemas. Por exemplo, em inglês, a palavra "*bears*" é composta por dois morfemas: a raiz "*bear*" e "s", que indica um substantivo no plural ou o presente do verbo "*to bear*"*. Sem essa capacidade, de importância crucial,[26] relacionada à combinação na linguagem, nosso vocabulário e possibilidades conceituais seriam severamente reduzidos, com implicações dramáticas para a nossa evolução intelectual e para as diferenças cognitivas entre os nossos primos primatas e nós próprios.

O sistema de chamada dos macacos-de-nariz-branco da Nigéria, um dos nossos parentes primatas, ilustra a importância desse tipo de capacidade combinatória na linguagem. O macaco-de-nariz-branco, assim como o macaco-vervet, tem dois chamados de alerta separados para seus principais predadores. "*Pyow*" significa que um leopardo está próximo enquanto outro som, "*hack*", indica a aproximação de uma águia.** Recentemente, dois zoólogos escoceses observaram que os macacos combinaram os dois sons para criar um novo chamado,[27] indicando aos jovens macacos que é hora de "deixar o local". Tal inovação entre os macacos-de-nariz-branco é análoga ao nosso uso de morfemas para criar novas palavras, algo que os sumérios faziam frequentemente em seu sistema de escrita.

O que é historicamente admirável na escrita e na pedagogia sumérias não é a compreensão dos princípios morfológicos, mas a percepção de que o ensino da leitura deve começar concentrando seu foco explicitamente nas principais características da linguagem oral. Isso é exatamente o que acontece, na atualidade, nos

* N.T.: Em inglês, "bears" pode ser traduzido tanto como "ursos" quanto como o verbo "suportar" conjugado na terceira pessoal do singular no tempo presente ("suporta").

** N.T.: "Pyow" e "hack" são expressões que não costumam ser traduzidas, pois são reproduções miméticas dos sons produzidos pelos macacos-de-nariz-branco, convencionadas na literatura especializada.

programas curriculares supostamente "de ponta"[28] do nosso laboratório, onde incorporamos todos os principais aspectos da linguagem para o ensino de leitura. Faz todo o sentido, de fato. Se você acreditasse ser o primeiro leitor do mundo, e não existissem métodos anteriores para direcionar o ensino, o caminho seria descobrir todas as características de sua linguagem oral para criar uma versão escrita. Para os primeiros professores sumérios, isso resultou em um conjunto duradouro de princípios linguísticos que facilitaram o ensino e a aprendizagem, além de acelerar o desenvolvimento de competências cognitivas e linguísticas em sumérios letrados. Assim, com as contribuições dos sumérios para ensinar a nossa espécie a ler e escrever, começou a história de como o cérebro leitor mudou a forma de todos nós pensarmos.

Todos nós. Um dos aspectos menos conhecidos – mas mais afortunados – do legado sumério tem a ver com a descoberta de que as mulheres das casas reais aprendiam a ler. As mulheres possuíam seu próprio dialeto, chamado *emesal* ou "língua delicada",[29] distinto do dialeto padrão *emegir*, a "língua principesca". O dialeto feminino diferia na pronúncia de muitas de suas palavras isoladas. Só podemos imaginar a complexidade cognitiva exigida dos alunos, que precisavam alternar dialetos entre passagens em que as deusas falavam a "língua delicada" e quando os deuses usavam sua língua "principesca". É um belo testemunho desta cultura antiga que algumas das primeiras canções de amor registradas no mundo tenham sido compostas pelas suas mulheres (isso, aliás, também vale para as canções de ninar):

Venha sono, venha agora
Ter com meu filho
Depressa alcance meu filho
Descansa seus inquietos olhos
Ponha tuas mãos em seus olhos cintilantes
E quanto à língua balbuciante dele,
Não permita que seja um estorvo ao sono.[30]

DO SUMÉRIO AO ACADIANO

Também é um legado do sistema de escrita sumério o fato de que pelo menos 15 povos, incluindo os primeiros persas e hititas, terem adotado a escrita cuneiforme suméria e os métodos de ensino relacionados a ela muito depois de o sumério não ser mais empregado.[31] Da mesma forma que as culturas, as línguas também morrem. No início do segundo milênio a.e.c., o sumério estava desaparecendo como língua falada, de modo que novos leitores começaram a aprender "listas bilíngues" de palavras em acadiano, que se tornava cada vez mais dominante. Por volta de 1.600 a.e.c., não restava nenhum falante do sumério. Ainda mais impressionante, portanto, foi o fato de que o sistema de escrita acadiano e seus métodos de ensino preservaram muitos símbolos e métodos de escrita do sumério. Os métodos de aprendizagem sumérios contribuíram para o processo educacional por toda a história da Mesopotâmia. Na verdade, há cenas memoráveis que datam de 700 a.e.c., mostrando dois escribas trabalhando intensamente lado a lado,[32] um deles utilizando uma tabuleta de argila e outro, um papiro – cada um com uma escrita diferente, tanto a forma antiga quanto a nova.

Foi somente por volta de 600 a.e.c. que a escrita suméria desapareceu. Mesmo assim, seu impacto permaneceu, fosse no caso de certos caracteres ou nos métodos do acadiano, a língua franca do terceiro ao primeiro milênio a.e.c. O acadiano tornou-se a língua usada e adaptada pela maioria dos povos da Mesopotâmia, cujo uso é notável em alguns dos documentos antigos mais importantes da história registrada – a começar pelas descrições atemporais da condição humana na *Epopeia de Gilgamés* (ou *Gilgamesh*), obra escrita em acadiano:

> *Por quem dos meus, [...] fatigaram-se meus braços,*
> *Por quem meu, esgotou-se o sangue de meu coração?*
> *Não obtive nenhum bem para mim mesmo [...]**

* N.T.: Para este trecho, utilizamos a tradução (versificada) em português: cf. SIN-LÉQI-UNNÍNNI. *Ele que o abismo viu: epopeia de Gilgamesh*. Tradução de Jacyntho Lins Brandão. Belo Horizonte: Autêntica, 2019, p. 129 (Tabuinha 11, linhas 310-314). A referência da autora foi a seguinte: *Gilgamesh*. Traduzido por J. Maier e J. Gardner. New York: Vintage, 1981, Livro 11.

Descoberta em 12 tábuas de pedra na biblioteca de Nínive, pertencente a Assurbanipal, rei da Assíria entre 668 e 627 a.e.c., a *Epopeia de Gilgamés* leva o nome de Shineq-unninni, um dos primeiros autores conhecidos da história humana. Nesse épico, que sem dúvida recebeu temas advindos de lendas orais muito anteriores, o herói Gilgamés luta contra inimigos terríveis, supera obstáculos árduos, perde seu querido amigo e compreende que ninguém, inclusive ele mesmo, consegue escapar do maior inimigo de todos os humanos: a mortalidade.

Gilgamés e a enxurrada de escritos acadianos que se seguiram exemplificam várias mudanças importantes na história da escrita. O grande volume de material escrito e o florescimento dos gêneros literários contribuíram imensamente para a base de conhecimento do segundo milênio a.e.c. Os títulos dessas obras contam sua própria história – desde textos didáticos e tocantes, como *Conselhos de um pai para seu filho* e obras de natureza religiosa, como *Diálogo de um homem com seu Deus*, chegando até lendas míticas como *Enlil e Nilil*. O impulso de codificação levou ao que, provavelmente, deve ser a primeira enciclopédia da história, singelamente intitulada *Tudo o que é conhecido sobre o Universo*. Da mesma forma, o *Código de Hamurabi*, em 1.800 a.e.c., deu ao mundo uma brilhante codificação das leis da sociedade governada por tal célebre governante, enquanto o *Tratado de diagnóstico e prognóstico médico* classificou todos os escritos médicos conhecidos. O nível de desenvolvimento conceitual, de organização, abstração e criatividade na escrita acadiana inevitavelmente alterou o foco anterior do que era exigido por um sistema de escrita individual para certos aspectos do desenvolvimento cognitivo com potencial de avanço.

Alguns recursos do acadiano tornaram-no um pouco mais fácil de usar, com uma ressalva. Línguas antigas, como o acadiano – e, da mesma forma, o japonês e o cherokee –, têm uma estrutura silábica bastante simples e organizada. Essas línguas orais prestam-se bem ao tipo de sistema de escrita conhecido como silabário, no qual cada sílaba, e não cada som, é denotada por um símbolo. (Por exemplo, quando o líder nativo americano sequoya decidiu inventar um sistema de escrita,[33] utilizou um silabário, um sistema bastante adequado para as 86 sílabas do cherokee). Um silabário "puro" para o acadiano, perfeitamente reproduzido desde a língua oral, entretanto, teria significado abandonar os antigos logogramas sumérios e seus laços com o passado – algo inaceitável para os acadianos. Com o tempo, surgiu um compromisso linguístico frequentemente utilizado em outras línguas. O sistema de escrita acadiano manteve alguns dos antigos logogramas sumérios para palavras comuns e importantes, como "rei", mas traduziu outras para seu silabário. Dessa forma, a antiga língua e cultura sumérias sobreviveram – um motivo de grande orgulho para a cultura acadiana –, embora o sistema de escrita resultante tenha se tornado mais complexo. Subjacente aos sistemas de escrita mais complexos em todo o mundo, é possível encontrar o desejo de determinada cultura em preservar uma cultura ou língua anterior, importante por moldar sua forma.

A língua inglesa tem semelhante mistura histórica de homenagem e pragmatismo. Houve a inclusão do grego, do latim, do francês, do inglês antigo e de muitas outras raízes idiomáticas, tudo isso ao custo bem conhecido por todos os alunos do primeiro e do segundo ano. Os linguistas classificam o inglês como um sistema de escrita *morfofonêmico*, uma vez que representa tanto morfemas (unidades de significado) quanto fonemas (unidades de som) na sua ortografia, uma grande fonte de perplexidade para muitos novos leitores, caso não compreendam as razões históricas. Para ilustrar o princípio morfofonêmico em inglês, os linguistas Noam Chomsky e Carol Chomsky[34] empregam exemplos como "*muscle*" (músculo) para demonstrar como nossas palavras carregam uma história inteira dentro delas – nada que seja muito diferente das raízes sumérias no interior das palavras acadianas*. Por exemplo, o "c" silencioso em "*muscle*" pode parecer desnecessário, mas na verdade liga visivelmente a palavra à sua origem, a raiz latina *musculus*, da qual temos palavras afins, como "*muscular*" (muscular) e "*musculature*" (musculatura). Nessas duas últimas palavras, o "c" é pronunciado e representa o aspecto *fonêmico* do alfabeto. O "c" silencioso de "muscle", portanto, transmite visualmente o aspecto *morfêmico* do inglês. Em essência, existe no inglês um "equilíbrio"[35] entre representar os sons individuais da língua oral e mostrar as raízes de suas palavras.

Assim, os jovens leitores do antigo acadiano eram confrontados por um sistema de escrita intelectual e fisiologicamente exigente, devido a compromissos semelhantes. Não surpreende que o sistema de escrita acadiano, como o sistema sumério anterior, levasse entre seis e sete anos para ser completamente assimilado. Esse período de tempo e fatores políticos relevantes restringiram o letramento a um grupo pequeno e seleto de pessoas do templo e da corte – aqueles que podiam dar-se ao luxo de levar anos para aprender alguma coisa. Mas, em nenhum outro lugar, tais forças políticas se manifestaram de forma mais clara ou desastrosa do que na história paralela de um outro "primeiro" sistema de escrita: os hieróglifos egípcios, que alguns estudos recentes indicam antecederem o sistema sumério talvez em um século ou mais.

OUTRO "PRIMEIRO"? A INVENÇÃO DA ESCRITA HIEROGLÍFICA

Durante muitos anos, a maioria dos pesquisadores presumiu que os sumérios inventaram o primeiro sistema de registro da linguagem e que a escrita egípcia derivava parcialmente do sistema

* N.T.: Compreensivelmente, a autora utiliza exemplos do inglês em sua exposição. Assim, essas palavras foram traduzidas entre parênteses, mas mantidas no fluxo do texto, para melhor compreensão do leitor.

de escrita sumério. Novas evidências linguísticas, porém, sugerem que a invenção da escrita no Egito ocorreu de forma totalmente independente por volta de 3.100 a.e.c. – ou, com base em evidências ainda controversas de egiptólogos alemães que trabalharam em Abidos, já em 3.400 a.e.c.;[36] ou seja, antes da escrita suméria. Se esta descoberta estiver correta, os hieróglifos seriam a primeira grande adaptação evolutiva do cérebro leitor.

Como a evidência ainda não é certa, quero apresentar o sistema hieroglífico egípcio (Figura 6) como uma adaptação avulsa. Quase sempre logográficos e esteticamente belos, os primeiros hieróglifos eram visualmente muito diferentes do estilo sumério de pés de pássaro. Qualquer pessoa que tenha se aplicado a decifrar alguns desses primeiros escritos logo se apaixona por seu elaborado senso estético. Ambas as escritas empregavam o princípio algo inusual do rébus e ambas eram consideradas dádivas dos deuses.[37]

Figura 6 – Hieróglifos egípcios de pássaro, casa e templo

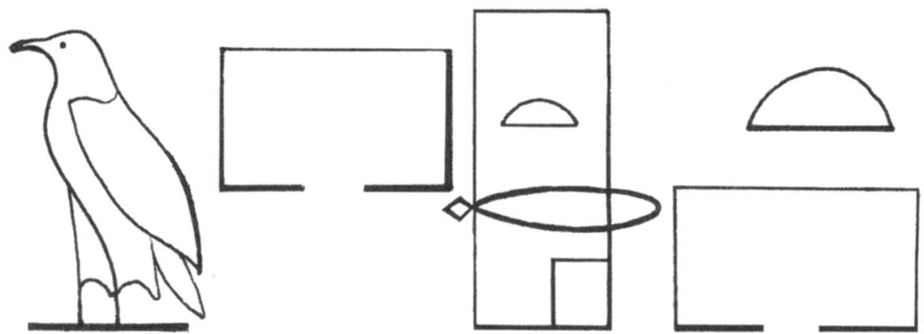

Com o tempo, a escrita hieroglífica evoluiu para um sistema misto, que empregava signos logográficos para um núcleo relacionado aos significados das palavras e signos especiais para sons consonantais (chamados fonogramas). Por exemplo, o signo hieroglífico para "casa" se parece muito com uma casa vista de cima – como se pensava que os deuses veriam tal construção. Esse signo poderia ser usado como um logograma simples e imagético, cujo significado seria "casa", ou como a combinação consonantal "pr".

Ou, ainda, poderia ser colocado após outros logogramas para garantir que esses sinais fossem pronunciados com "pr". Este era o *marcador fonético* ou *complemento*, também visto no sistema sumério. Outra opção: o signo poderia ser empregado com palavras relacionadas e semanticamente semelhantes, como "templo" e "palácio", para garantir que o leitor soubesse a classificação da palavra (ver acima).

No que diz respeito às exigências cognitivas, o sistema egípcio, tal como o sumério, deve ter representado formidável desafio ao leitor novato. Os primeiros leitores tiveram que descobrir a forma exata como um determinado signo seria usado. Mais uma vez, a variedade de estratégias exigidas por tais empregos tão distintos, combinada ao julgamento cognitivo e flexibilidade envolvidos na decisão de quando e o que usar, contribuiu para um cérebro extremamente ativo. O reconhecimento de um logograma exigia conexões visual-conceituais; já para os signos consonantais, eram necessárias conexões entre os sistemas visual, auditivo e fonológico; enquanto para reconhecer marcadores fonéticos e semânticos, capacidades adicionais de abstração e classificação eram exigidas – tudo isso somado à análise fonológica e semântica.

Além disso, a escrita egípcia antiga aparentemente não contava com pontuação, nem tinha uma forma consistente de organização, seja da esquerda para a direita ou da direita para a esquerda. Os sistemas egípcios e alguns outros sistemas antigos foram escritos no estilo *bustrófedon* (expressão grega para "a volta do boi"), no qual o deslocamento se dá por linhas que se movem da esquerda para a direita e depois da direita para a esquerda, da mesma forma que os bois aram o campo. Em vez de percorrer uma direção linear, como fazemos hoje, o olho apenas desce um entalhe no final da linha e prossegue com a leitura na outra direção. Os egípcios também escreviam de cima para baixo ou vice-versa, dependendo da arquitetura do local em que estavam as inscrições. O resultado é que o leitor de hieróglifos tinha que possuir um considerável espectro de habilidades, que incluíam: memória visual altamente desenvolvida, análise auditiva e fonêmica, boa flexibilidade cognitiva e espacial.

Ao longo dos séculos, da mesma maneira que o sistema sumério e a maior parte das ortografias antigas importantes, o sistema egípcio adicionou muitos signos novos e alguns recursos inovadores. Ao contrário de outros sistemas, porém, a escrita egípcia passou por duas grandes transformações. A primeira, para aqueles encarregados de escrever e copiar, o sistema hieroglífico evoluiu para incluir duas formas cursivas de escrita. Essa primeira transformação agregou eficiência ao ato de escrever e copiar textos, algo que deve ter encantado os escribas. Tais antigos escribas, porém, provavelmente ficaram ainda mais satisfeitos com a segunda transformação.

Os egípcios, essencialmente, descobriram o equivalente ao fonema. É provável que tal descoberta não tenha sido festejada nas ruas, mas para os escribas, essa invenção foi de fato muito importante. Ela constituiu enorme ajuda para designar mais facilmente novos nomes de cidades e membros da família real, e também para soletrar palavras e nomes estrangeiros. O sagaz princípio do rébus conduziu a tarefa até certo ponto. Um fenômeno semelhante pode ser observado em período bastante posterior, nos dois sistemas de escrita japoneses – seu antigo sistema logográfico, baseado no chinês, denominado *kanji*; e no sistema silábico posterior, o *kana*. (Como no alfabeto parcial egípcio, o silabário *kana* foi concebido na forma de um suplemento ao *kanji*, permitindo à língua escrita registrar novas palavras, palavras estrangeiras e nomes).

Sabemos que tal descoberta linguística ocorreu na escrita egípcia antiga por um motivo: a incorporação de restrito subconjunto de caracteres, cuja tarefa seria representar as consoantes presentes na língua oral dos egípcios. Como descreveu o linguista Peter

Daniels, trata-se de um prodígio na história da escrita – o nascimento de um "*alfabeto* parcial dedicado às consoantes".[38] Este novo grupo de caracteres egípcios marcou o surgimento dos primeiros vislumbres daquilo que, mais tarde, se tornaria o terceiro avanço cognitivo na história da escrita: um sistema de escrita baseado na estrutura interna e sonora das palavras. Contudo, tal como Moisés não foi capaz de viver na Terra Prometida, os próprios egípcios nunca explorariam plenamente esse precursor alfabético. Por razões culturais, políticas e religiosas, o sistema hieroglífico nunca evoluiu em direções mais eficientes, apesar das possibilidades que lhe foram dadas pelo alfabeto parcial. Diante de aproximadamente 700 signos padrão existentes no período do Médio Império egípcio,[39] o número de hieróglifos cresceu ao longo do milênio seguinte para vários milhares, alguns dos quais estavam sobrecarregados por camadas e camadas de significados religiosamente encriptados, compreendidos por um número cada vez menor de pessoas. Essas mudanças fizeram com que a leitura hieroglífica se tornasse mais, e não menos, conceitualmente meticulosa, restrita a um número gradativamente mais seleto de leitores.

Sabemos – por meio dos milhões de leitores chineses os quais, diariamente, adquirem fluência de leitura fazendo uso também de milhares de caracteres – que o declínio e posterior queda do sistema de escrita egípcio não poderiam ser explicados apenas pelas exigências quantitativas de memória visual. No primeiro milênio a.e.c., o cérebro de um escriba provavelmente exigia muito mais ativação cortical de recursos cognitivos para lidar com significados cifrados que o necessário para a maioria dos sistemas de escrita em toda a história. Paradoxalmente, o sistema consonantal parcial egípcio – cuja origem se deve à complexidade dos hieróglifos – é tido hoje como a contribuição mais importante para a evolução do alfabeto na história inicial dos sistemas de escrita.

OSSOS DE DRAGÃO, CASCOS DE TARTARUGA E NÓS: SIGNOS CURIOSOS DE OUTROS SISTEMAS DE ESCRITA ANTIGOS

As histórias, tão diferentes, dos sistemas egípcio e sumério não permitem determinar, com certeza, se cada escrita foi criada separadamente por ambas culturas ou se partes de um sistema teriam sido transferidas para o outro. Evidências cumulativas em todo o mundo[40] sugerem que a escrita foi criada pelo menos três vezes na última parte do quarto milênio a.e.c. – e, ao menos, três vezes adicionais posteriormente, em diferentes partes do mundo. Além dos sistemas egípcio e sumério, o sistema de escrita da civilização do Vale do Indo se desenvolveu a partir das marcas empregadas pelos oleiros, cerca de 3.300 a.e.c., para uma escrita completa em torno de 2.500 a.e.c. Tal escrita ainda não foi decifrada e persiste em desafiar os enérgicos esforços para sua decodificação.[41]

O primeiro dos sistemas de escrita posteriores aos citados anteriormente apareceu em Creta, no segundo milênio a.e.c. É possível presumir que esse sistema tenha sido influenciado pelos egípcios, pois dispunha de uma escrita hieroglífica, de natureza pictográfica, denominada Linear A, e da célebre escrita Linear B[42] (ver o capítulo "O nascimento de um alfabeto e os protestos de Sócrates", em que o sistema grego será abordado). Um sistema de logossilabário, bastante rico e muito diferente dos sistemas usuais, foi criado originalmente pelos zapotecas e utilizado por eles mesmos, pelos maias e pelos olmecas, em toda a Mesoamérica. Durante décadas, o impressionante sistema de escrita maia, como o Linear B grego, desafiou todas as tentativas de decifrá-lo. Tempos depois, de forma bastante notável, um acadêmico relativamente isolado na Rússia stalinista, com pouco acesso à maior parte dos materiais relevantes, conseguiu quebrar aquele código aparentemente indecifrável.[43] Contada com excelentes detalhes por Michael Coe em seu livro *Breaking the Maya Code* (Quebrando o código maia), a história pouco conhecida da descoberta de Yuri Valentinovich Knorosov é uma das mais fascinantes e intelectualmente estimulantes narrativas policiais* do século XX. Knorosov descobriu que os antigos maias aplicavam, brilhantemente, princípios linguísticos, tais como marcadores fonéticos e semânticos, que eram semelhantes aos empregados pelos sumérios e egípcios e ainda mais parecidos com o processo empregado no japonês para combinar seus dois tipos de sistemas: logográfico e silabário.

Outro grande mistério mesoamericano, porém, ainda está no horizonte. Recentemente, Gary Urton, antropólogo da Universidade de Harvard, e seu colega Jeffrey Quilter sugeriram uma nova maneira de compreender os belos e misteriosos quipos, os antigos fios e cordas tingidos e moldados em padrões com sistemas extremamente intrincados de nós, fios centrais e adjacentes[44] (consulte a Figura 1 do segundo capítulo). Urton surpreendeu linguistas e estudiosos da civilização inca com sua hipótese de que os cerca de 600 quipos ainda existentes representariam um sistema de escrita e linguagem dos incas ainda não decifrado. Cada tipo de nó, cada direção do nó e cada cor podem denotar informações linguísticas, assim como ocorre com cada um dos nós no talit ou xale judaico. Até então, pensava-se que os quipos funcionassem da mesma forma que os ábacos, embora alguns registros de historiadores espanhóis do século XVI mencionassem afirmações dos incas aos missionários de que culturas inteiras estavam registradas neles. (Os missionários prontamente queimaram todos os quipos que encontraram, para livrar os incas de seus laços com deuses do passado!) Atualmente, Urton e seus colegas tentam utilizar os quipos restantes para decifrar o que pode muito bem ser o equivalente a outro complexo sistema de escrita ancestral.

E há ao menos mais um mistério, encontrado no antigo sistema de escrita chinês. Embora seu início seja, geralmente, datado do período

---

* N.T.: No original, a autora empregou o termo *whodunit* (literalmente, "Who done it?", ou "Quem fez isso?"), um subgênero da narrativa policial centrado na busca de um criminoso em uma cena do crime incomum, desafiadora. O mecanismo narrativo central desse subgênero é, igualmente, usual em tramas diversas, fora do policial.

Shang (1500-1200 a.e.c.), alguns estudiosos acreditam que o sistema de escrita chinês surgiu muito antes disso. Um bom exemplo de acaso feliz, nesse sentido, foi a descoberta da escrita chinesa antiga, dentre todos os locais possíveis, nas farmácias do século XIX. Nessa época, muita gente desejava comprar "ossos de dragão", que se acreditava possuírem certas propriedades de cura, cuja natureza seria mágica; alguém, contudo, notou um sistema de marcas nesses ossos antigos e cascos das tartarugas. Atualmente, especula-se que questionamentos dirigidos às divindades, em uma antiga escrita chinesa, eram inscritos nos cascos de tartaruga e nos ossos dos ombros de vacas; em seguida, os cascos eram estilhaçados com um atiçador quente para revelar as respostas dos deuses, fornecidas pelos padrões de rachaduras que surgiam no interior das conchas. Uma inscrição completa do oráculo no osso comportaria a pergunta, forneceria a data, descreveria a resposta dos deuses e apresentaria a situação. Por exemplo: uma inscrição de 3 mil anos, da dinastia Shang, relata que o rei Wu Ding realizou uma consulta ao oráculo pois desejava saber se a gravidez da sua esposa seria um "acontecimento afortunado". Consta, na resposta dos deuses, que só haveria felicidade se a esposa, Hao, desse à luz em determinadas datas. Mas isso não ocorreu. A última inscrição confirmava o prognóstico das divindades: "O nascimento não foi um acontecimento afortunado. Tratava-se de uma menina."[45]

Caracteres primorosamente compostos, ocultos durante séculos em cascos de tartaruga, são uma metáfora adequada para muitos caracteres chineses, que contêm histórias completas em si mesmos. Da mesma forma como foi visto no caso do sumério, o sistema chinês era um logossilabário misto, que incorporou muito do seu passado em seus caracteres. Como resultado, era exigido aos novos leitores que desenvolvessem um volume prodigioso de memória visual-espacial, algo cujo aprimoramento se dava pelo ato de escrever, repetidamente, tais caracteres. Assim como nos complementos fonéticos no sumério e no egípcio, um pequeno marcador acompanhava muitos dos caracteres mais comuns, fornecendo informações sobre a pronúncia de determinada sílaba. Esse recurso, baseado em som, ajudava a distinguir alguns dos caracteres cujas características visuais eram provavelmente difíceis de compreender e diferenciar.

Contudo, existem diversas formas pelas quais o chinês difere de outros sistemas de escrita antigos. Em primeiro lugar, ele ainda existe: o sistema de escrita chinês é uma dádiva do passado para a atualidade do presente, algo claramente consagrado por seus leitores. Quando Gish Jen, a célebre romancista sino-americana, viajou até a China para uma longa estadia, notou um homem muito velho que todos os dias visitava o parque local, carregando uma vara comprida.[46] Lentamente, ao longo de uma tarde inteira, ele desenhava enormes caracteres chineses no solo seco, cada um deles perfeitamente reproduzido. Esses caracteres logo seriam apagados pelo vento, mas não antes de serem alvos da admiração das pessoas que estavam no parque. Esta cena capta os vigorosos aspectos através dos quais a ortografia chinesa incorporou não apenas um sistema de comunicação, mas também um meio artístico e, talvez para aquele idoso chinês do parque, também uma expressão de espiritualidade.

Em minha própria aula de pós-graduação, aliás, descobri outra área em que havia diferenças entre as outras ortografias antigas e o chinês. Quando perguntei aos meus alunos chineses da Universidade Tufts como tinham aprendido tantos caracteres, e tão jovens, eles deram risada e disseram que dispunham de um "sistema secreto" – o pinyin. Leitores iniciantes aprendem o pinyin como auxílio na compreensão do conceito de leitura e escrita, um tipo de preparo conceitual para a necessidade de aprender 2 mil caracteres até o quinto ano. Qual é o segredo do pinyin? Trata-se de um pequeno alfabeto. Ao proporcionar aos jovens leitores uma sensação de domínio sobre pequeno subconjunto de caracteres, tal alfabeto chinês serve de preparação tanto da assimilação do sentido de leitura quanto como preparação para aquilo que os espera.

Essa não é a única surpresa do sistema chinês. Uma das ironias mais adoráveis nessa imensa mistura de sistemas de escrita pelo mundo envolve um sistema de escrita chinês bastante antigo, usado apenas por mulheres. Ao contrário do restante da escrita chinesa, de tipo logográfica, esse sistema baseava-se totalmente em traduções fonéticas dos sons das palavras chinesas. A estranha e maravilhosa história da escrita *nu shu* – "escrita feminina" – é retratada de forma pungente no romance *Snow Flower and the Secret Fan* (Flor de neve e o leque secreto), de Lisa See. *Nu shu* era delineado em leques delicadamente pintados ou costurado em belíssimos tecidos em letras rituais. Durante séculos, esse notável sistema de escrita ajudou um pequeno grupo de mulheres a suportar – e, possivelmente, a transcender – as restrições de suas vidas,[47] simbolizadas pelos seus pés, pequenos e enfaixados. O último orador e leitor de *nu shu, Yang Ituanyi,* morreu recentemente, aos 96 anos. *Nu shu*, assim, é um lembrete comovente do poderoso papel da escrita em vidas que, de outra forma, teriam ficado isoladas.

O *nu shu* também fornece um exemplo da maravilhosa diversidade dos sistemas de escrita em todo o mundo, além de uma introdução aos sistemas silabários e alfabetos, mais fundamentados em fonética. Assim como o chinês, os sistemas de escrita alfabética carregam muitos mistérios, questões e surpresas. É como se, ao tentar descobrir quantos de nós nos tornamos leitores de alfabetos, procurássemos aprender algo que nos faltava, algo que sempre soubemos em parte, mas que permanecia fora de nosso alcance. Para Sócrates teria sido melhor se nenhum de nós tivesse aprendido isso, por razões que nos farão parar para pensar dois milênios e meio depois.[48]

O NASCIMENTO DE UM ALFABETO E OS PROTESTOS DE SÓCRATES

*Há uma terra, Creta, no meio do mar vinoso, / bela e fértil, banhada por correntes; nela há muitos / homens, sem fim, e noventa cidades. / Todas falam outras línguas, mescladas [...].**

Homero, em *Odisseia*

Aqueles que podem ler enxergam duas vezes melhor.

Menandro, século IV a.e.c.

Uma das descobertas recentes mais intrigantes na história da linguagem escrita ocorreu no Egito, em Wadi el-Hol – nome que se traduz, de forma ameaçadora, como "a ravina do terror". Neste lugar desolado, onde o calor constante e impiedoso queima a terra, os egiptólogos John e Deborah Darnell[1] encontraram estranhas inscrições que antecedem em vários séculos o alfabeto mais antigo conhecido. A escrita trazia todas as marcas de ser um "elo perdido" entre o breve sistema precursor empregado pelos egípcios e a bela escrita ugarítica que se desenvolveu

* N.T.: Utilizamos para este trecho a seguinte tradução (versificada) em português: HOMERO. *Odisseia*. Tradução de Christian Werner. São Paulo: Cosac Naify, 2014, p. 497 (canto 19, linhas 170-175). A referência da autora foi a seguinte: HOMER. *Odyssey*. Livro 19. Tradução de R. Eagles. New York: Penguin, 1990, linhas 194–199.

posteriormente, classificada por muitos estudiosos como alfabética. Para o casal Darnell, os escribas e trabalhadores semitas que viviam no Egito no período dos hicsos – por volta de 1900-1800 a.e.c. – desenvolveram essa escrita que parece ter explorado as possibilidades do incipiente sistema consonantal egípcio (o que seria de se esperar), e terem seu interior certos elementos da escrita semítica ugarítica posterior (o que não seria, de certa forma, esperado).

Ao examinar a escrita de Wadi el-Hol, o renomado pesquisador Frank Moore-Cross, da Universidade de Harvard, concluiu que esse sistema era"claramente, o mais antigo de escrita alfabética".[2] Ele encontrara muitos símbolos semelhantes ou idênticos ao que posteriormente seriam letras, sugerindo, então, que "pertenceriam a um único processo de evolução do alfabeto". A misteriosa escrita de Wadi el-Hol é importante porque chama a nossa atenção para a primeira de duas questões multidimensionais a respeito de uma nova adaptação do cérebro para a leitura. Em primeiro lugar, o que constitui um alfabeto e o que o separa dos vestígios de um silabário ou logossilabário anterior? As respostas a essa pergunta nos preparam para explorar a segunda questão, mais ampla: existiriam recursos intelectuais significativos, exclusivos de um cérebro leitor de alfabetos?

A escrita antiga de Wadi el-Hol pode ser um elo linguístico perdido, ligando dois tipos de sistemas de escrita – o silábico e o alfabético –, mas a escassez de documentos disponíveis nesta escrita torna difícil uma análise completa. O sistema ugarítico, um pouco mais tardio, é um candidato mais conhecido para o primeiro alfabeto e também já foi classificado tanto como um silabário quanto como um alfabeto. O sistema ugarítico originou-se no rico e diversificado reino costeiro de Ugarite (localizado no que seria a costa norte da Síria), área movimentada pelo comércio de navios e caravanas terrestres,[3] que necessitavam da manutenção de registros. Em Ugarite, diferentes povos falavam pelo menos dez línguas[4] e outras cinco escritas podiam ser encontradas, além dessas. Mais importante ainda, o povo de Ugarite deixou um *corpus* significativo de escritos notáveis, com contribuições importantes de um sistema alfabético. Uma dessas contribuições foi a economia, decorrente da redução de símbolos em sua escrita.

Embora o cuneiforme acadiano tenha sido o ímpeto original para a escrita ugarítica, nenhum escriba acadiano poderia ter decifrado o novo sistema ugarítico de 30 sinais, 27 dos quais foram empregados em textos religiosos. Nesse sistema incomum de tipo cuneiforme, signos consonantais independentes eram combinados com signos consonantais que distinguiam vogais adjacentes.[5] De acordo com a classificação dos sistemas de escrita proposto pelo linguista Peter Daniels, o sistema ugarítico seria considerado um *abjad*,[6] ou um tipo particular de alfabeto, mas tal definição ainda é questão a ser debatida.

Embora menos conhecido, o sistema de escrita ugarítico representa uma conquista impressionante. Seu uso atravessou vários gêneros, de documentos administrativos até hinos, mitos e poemas, com especial destaque aos textos religiosos. Uma das questões mais instigantes, nesse sentido, diz respeito ao quanto da língua ugarítica, tanto na forma oral quanto escrita, influenciou a escrita da Bíblia hebraica.[7] Alguns estudiosos dos textos bíblicos, incluindo James Kugel,[8] de Harvard, sublinham numerosas semelhanças com o Antigo Testamento em temas, imagens e nas formulações de frase, por vezes líricas.

Outra descoberta surpreendente a respeito da escrita ugarítica envolve o uso de um "abecedário", como os linguistas chamam qualquer sistema que liste as letras de uma escrita em ordem fixa. Um elemento curioso na história da escrita é que a mesma sequência no abecedário ugarítico caracterizou certa escrita do segundo milênio a.e.c., protocanaanita, que viria a se tornar o sistema consonantal fenício, a base para o alfabeto grego – ou aquilo que veio a ser amplamente conhecido como alfabeto grego. Assim, o abecedário tornou-se uma prova da existência de alguma ligação entre estes dois candidatos aos primeiros alfabetos, além de sugerir algum sistema de escolarização precoce, responsável pela padronização da aprendizagem das letras em uma ordem fixa. Tal como o uso de listas pelos sumérios, essa ordenação forneceu aos leitores novatos uma estratégia cognitiva para se lembrarem mais facilmente dos caracteres de sua escrita. Mas o uso dessa fascinante escrita terminou quando invasores destruíram Ugarite por volta de 1200 a.e.c. Devido ao desaparecimento de Ugarite, muitas questões permanecem sem resposta sobre sua antiga e bela linguagem escrita, que provavelmente auxiliou na construção da linguagem evocativa da Bíblia e pode ter sido um dos primeiros sistemas alfabéticos funcionais.

Há um interessante conto de inspiração bíblica escrito por Thomas Mann, sobre a criação do alfabeto.[9] Nessa narrativa, "A Lei", Deus pediu para Moisés que esculpisse duas tábuas de pedra, com cinco leis por tábua, pois deveriam ser compreendidas por todas as pessoas. Mas como, preocupa-se Moisés, deveria escrever as palavras ali? Moisés conhecia as letras exóticas do Egito. Também teve contato com as escritas dos povos mediterrâneos, com signos que lembravam olhos, besouros, chifres e cruzes. Outro tipo de escrita que conhecera: aquela, de natureza silábica, das tribos do deserto. Mas nenhum desses signos representados por palavras e coisas poderia comunicar as dez leis de Deus a todos. Em uma súbita inspiração, Moisés percebeu que deveria forjar um sistema universal, permitindo às pessoas, falantes de qualquer língua, ler as palavras que conheciam. E assim ele inventou uma forma de escrita em que cada som poderia ter seu próprio símbolo e que todos os povos poderiam usar para a leitura das suas próprias línguas: o alfabeto. Usando esta nova invenção, Moisés anotou as palavras ditadas por Deus e esculpiu tudo em pedra no Monte Sinai, não muito longe de Wadi el-Hol.

Embora Mann não fosse linguista ou arqueólogo, ele descreveu essencialmente algumas das contribuições revolucionárias do alfabeto e os princípios fundamentais do terceiro avanço cognitivo na história da escrita: o desenvolvimento de um sistema de escrita que requer apenas um número limitado de signos para transmitir todo o repertório de sons de uma língua. Através dessa redução dos signos introduzidos nos seus sistemas de escrita, tanto a escrita Wadi el-Hol como a escrita ugarítica obtiveram as vantagens decorrentes da eficiência cognitiva e da utilização mais econômica da memória e do esforço na leitura e na escrita.

A eficiência cognitiva depende da terceira grande característica do cérebro: a capacidade de suas regiões especializadas atingirem uma velocidade próxima ao automático. As implicações do automatismo cognitivo para o desenvolvimento intelectual humano são potencialmente surpreendentes. Se pudermos reconhecer símbolos em velocidades quase automáticas, poderemos dedicar mais tempo aos processos mentais que se expandem continuamente quando lemos e escrevemos. O cérebro leitor eficiente, que levou anos para ser desenvolvido pelos alunos sumérios, acadianos e egípcios, obteve literalmente mais tempo para pensar.

As questões sugeridas por tais sistemas pioneiros, semelhantes a alfabetos, são complexas: a redução dos sinais conduziria a uma forma única de eficiência cortical? Haveria capacidades cognitivas especiais liberadas ao cérebro leitor de alfabeto? Quais são as implicações se tais recursos potenciais surgirem no início do desenvolvimento do leitor novato? O caminho para as respostas começa com o ato de confrontar novamente uma questão básica.

O QUE FAZ UM ALFABETO?

Pesquisadores de diversas áreas continuam a discutir as principais condições para que haja um "alfabeto verdadeiro", com base nas definições em seus próprios campos. Muito antes da descoberta da escrita de Wadi el-Hol, Eric Havelock, especialista em cultura clássica, estipulou três critérios: número limitado de letras ou caracteres (o intervalo ideal seria entre 20 e 30), conjunto abrangente de caracteres capazes de transmitir o mínimo em termos de unidades sonoras da língua, correspondência completa entre cada fonema da língua e cada signo visual ou letra.[10]

Partindo desse princípio, especialistas em cultura clássica defendem que nenhum dos sistemas semelhantes aos alfabéticos, anteriores ao alfabeto grego, conseguem satisfazer tais condições. As escritas semíticas não representavam vogais; na verdade, as marcas para vogais, em hebraico, só apareceram milênios depois, quando as línguas faladas na vida cotidiana (como o aramaico e o grego) tornaram a representação explícita das vogais algo de grande importância. Para tais especialistas, como era o caso de Havelock, o alfabeto representava o ápice de toda escrita; e o grego (750 a.e.c.) foi o primeiro a satisfazer todas as condições para um sistema alfabético verdadeiro,[11] o primeiro a permitir os enormes saltos na capacidade de pensamento humano.

Muitos linguistas e estudiosos de línguas antigas, contudo, discordam dramaticamente desta visão. O assiriologista Yori Cohen[12] enfatizou algo não discutido por Havelock, que entendia a escrita alfabética como um sistema que utilizaria o mínimo de notações necessárias para expressar uma língua falada de forma inequívoca aos seus falantes nativos. Para Cohen, qualquer sistema que possa representar os menores segmentos de sons analisáveis pelo ouvido humano numa língua oral – em oposição a segmentos maiores, como sílabas ou palavras inteiras – poderia ser considerado alfabético. De acordo com essa visão, a escrita ugarítica e possivelmente um exemplo ainda anterior, a escrita de Wadi el-Hol, seriam classificadas como os primeiros sistemas ancestrais de alfabetos.

Não consigo tirar nenhum coelho da cartola para resolver essa questão. Não existe nenhum acordo universal sobre tal importantíssimo "primeiro" na história humana. Contudo, o recente surgimento de novas informações sobre escritas antigas pode dar aos leitores do século XXI uma visão diferente – uma metavisão, de fato. Ao rastrear as mudanças sistemáticas das habilidades cognitivas e linguísticas ao longo da história dos diferentes sistemas ancestrais que levariam ao alfabeto grego, podemos obter uma nova visão da lenta transição do mundo oral de Homero, Hesíodo e Odisseu, às margens da Cefalônia, de Ítaca e de Creta, até os mundos atenienses em mudança de Sócrates, Platão e Aristóteles. As transformações ocorreram não apenas no espaço e no tempo, mas também na memória e no próprio cérebro humano. A próxima grande adaptação do cérebro leitor estava prestes a surgir.

Os misteriosos escritos de Creta e a idade das trevas da Grécia

Na ilha de Creta, há mitos que podem ser encontrados debaixo de cada pedra, mas a simples verdade é fascinante por si mesma. Por exemplo, as próprias pedras podem ter feito parte dos edifícios de uma antiga civilização minoica – talvez, os restos de um dos requintados palácios reais decorados por afrescos, nos quais as primeiras formas de canalização e de ar condicionado eram usuais. Quatro milênios antes, os minoicos construíram monumentos e fizeram arte e joias de beleza incomparável, e também criaram sistemas de escrita que continuam a frustrar os nossos melhores esforços de decifração.

Em 1900, Arthur Evans, um arqueólogo britânico, desenterrou o antigo centro da cultura minoica: a grande cidade de Homero, Cnossos. Esse era o lendário local em que se encontrava o palácio do rei Minos, com seus intrépidos saltadores de touros e seu terrível labirinto, habitado pelo Minotauro. Durante tal escavação, Evans realizou uma descoberta extraordinária que se tornaria sua obsessão para toda a vida: 7 mil tábuas de argila, cobertas com uma escrita indecifrável. Não se assemelhando nem aos hieróglifos egípcios, nem ao cuneiforme acadiano, tinha características de uma escrita cretense anterior, chamada Linear A, embora parecesse não ter relação com o alfabeto grego posterior. Evans batizou essa escrita de Linear B, iniciando 40 anos de frustrantes tentativas para decifrá-la.

Em 1936, um adolescente chamado Michael Ventris, igualmente dedicado a tais estudos, conheceu Evans e tornou-se mais um obcecado pela estranha escrita. Em 1952, Ventris finalmente decifrou aquela aparentemente tão enigmática escrita. Apesar de ter deixado os estudiosos perplexos durante meio século, a Linear B revelou-se tudo, menos misteriosa; era, simplesmente, uma versão grosseira do grego falado à época. Para a mente treinada de forma clássica de Ventris, a descoberta anticlimática provavelmente foi semelhante a decifrar o código de uma versão antiga do WhatsApp. Ventris jamais imaginou que decifrava o grego coloquial,[13] mas, nas palavras do estimado especialista em cultura clássica Steve Hirsh, da Universidade Tufts, essa decifração do Linear B "revolucionou nosso conhecimento da Grécia antiga".

Ainda sabemos muito pouco sobre o Linear B, além do seu início, no século XV a.e.c. em Creta, na Grécia continental, e em Chipre, e do seu desaparecimento, entre os séculos XII e VIII a.e.c. Durante esse período, chamado de idade das trevas da Grécia, invasões destruíram a maioria dos palácios – os repositórios da cultura letrada –, de forma que poucos registros sobreviveram. Mesmo assim, nesse período supostamente sombrio, uma cultura oral altamente desenvolvida prosperou, capturada para sempre na obra de Homero no século VIII a.e.c. Se Homero foi o bardo cego do mito (e há novas razões para acreditar nisso), ou vários poetas, ou mesmo a memória cumulativa de certa cultura oral – trata-se de um enigma que permanece sem solução. O que é indiscutível: o conhecimento enciclopédico e a mitologia que surgem na *Ilíada* e na *Odisseia,* obras de Homero, contribuíram fortemente para o desenvolvimento formativo de cada cidadão grego. De acordo com o historiador grego

Tucídides, um cidadão grego instruído guardava na memória[14] enormes passagens daquela história épica, suas comoventes histórias de deuses, deusas, heróis e heroínas da Grécia.

Certamente, como argumentou o importante pesquisador desse período Walter Ong, muitos aspectos da poesia épica se prestavam à memorização: a métrica condutora e a rica qualidade melódica dos versos homéricos, extremamente rítmicos; as imagens vívidas e frequentemente repetidas (como "Aurora dedos-róseos"*); os temas mesmos da *Ilíada* e da *Odisseia*, com suas histórias atemporais de amor, guerra, virtude e fragilidade. O estudioso Millman Parry,[15] por exemplo, descobriu como as múltiplas e bem conhecidas fórmulas que descrevem vários feitos e eventos diversos foram reunidas pelos bardos, geração após geração. Combinadas com outras "mnemotécnicas" conhecidas dos oradores gregos, tais fórmulas permitiram aos gregos antigos memorizar e recitar enormes quantidades de material que intimidariam a maioria de nós na atualidade.[16] Uma dessas lendárias técnicas de memória exigia que a pessoa associasse espaços físicos – como os interiores de bibliotecas e templos imaginários – aos elementos que deveriam ser lembrados.

O poeta Simônides fornece um exemplo concreto e surpreendente da lendária capacidade de memorização dos gregos. Certa vez, quando um terremoto destruiu um prédio onde estava havendo uma festa, ele se lembrou dos nomes de todas as pessoas que compareceram e descobriu exatamente onde estavam soterradas nos escombros.

Como foi possível a Simônides e outros gregos alcançar tais poderes de rememoração? Durante os últimos 40 mil anos, aproximadamente, todos os seres humanos partilharam a mesma

---

* N.T.: Em inglês, o termo empregado foi "*rose-fingered dawn*" (em grego, "ῥοδοδάκτυλος Ἠώς"). Trata-se de um dos muitos epítetos homéricos, uma das estratégias empregadas pelo célebre aedo para compor/memorizar seus poemas. Aqui, empregamos a opção utilizada por Christian Werner em sua tradução, já citada anteriormente – HOMERO, *Odisseia*, p. 577 (canto 23, linha 241).

estrutura cerebral básica, pelo que há poucas razões para pensar que existiam diferenças estruturais entre nós e os nossos antepassados gregos no hipocampo, na amígdala, nos lobos frontais ou em outras regiões utilizadas pela memória. A distinção entre nós e nossos antepassados na Grécia antiga surge no grande valor que os gregos atribuíam à cultura oral e à memória. Tal como Sócrates sondava a compreensão dos seus alunos diálogo após diálogo, os gregos instruídos aperfeiçoaram as suas habilidades retóricas e oratórias, valorizando acima de quase tudo a capacidade de manejar palavras faladas com conhecimento e habilidade. As surpreendentes capacidades de memória dos nossos antepassados gregos são um dos resultados disso. Servem como recordação dos efeitos significativos da cultura[17] no desenvolvimento de processos cognitivos presumivelmente inatos, como a memória.

No interior de uma cultura oral altamente desenvolvida, o alfabeto grego escrito tropeçou e caiu de cabeça. Diversos pesquisadores sugerem que o alfabeto grego escrito surgiu, em grande parte, porque os gregos queriam preservar as tradições orais de Homero –[18] isto é, o alfabeto tinha um papel subserviente à linguagem oral. Seja qual for o caso, os antigos gregos ficariam espantados ao saber que os estudiosos de hoje, 2.700 anos depois, continuam maravilhados com a sua conquista – uma conquista que diminuiria silenciosamente o uso tanto de sua valiosa memória quanto de suas capacidades retóricas, desencadeando novas e diferentes formas de memória, além de recursos cognitivos que seguem responsáveis por nos moldar mesmo na atualidade.

A "invenção" do alfabeto grego: filho ou irmão dos fenícios?

Se perguntassem aos gregos antigos qual a procedência de seu alfabeto, eles provavelmente responderiam que foi apenas um empréstimo. Eles chamavam seu alfabeto de "letras fenícias", reforçando a crença de que o ancestral mais direto de seu sistema teria sido a escrita fenícia, baseada em consoantes. Os fenícios, por sua vez, basearam suas letras em escritas cananeias mais antigas.[19] (E, de fato, os fenícios se referiam a si mesmos como cananeus). As letras gregas *alfa* e *beta* procedem do fenício *aleph* e *bet,*[20] mais uma evidência de raízes fenícias. Estudos recentes, no entanto, não encontram uma linhagem tão nítida. Pode-se dizer que exista, ao menos, uma guerra silenciosa, travada a respeito das diferentes construções pelas quais o alfabeto grego pôde se desenvolver.[21]

A primeira construção é aquela que o pesquisador alemão Joseph Tropper batizou de "teoria padrão"[22] das origens do alfabeto: o alfabeto grego derivaria do fenício, que, por sua vez, derivaria de uma escrita ugarítica ou protocanaanita anterior, derivada possivelmente do pequeno conjunto de caracteres baseados em consoantes egípcios. Contudo, outro estudioso alemão, Karl-Thomas Zauzich, postula veementemente uma interpretação diferente de tais evidências: "A escrita grega não é filha da escrita fenícia, mas irmã! Estes dois sistemas de escrita devem ter tido uma mãe semítica compartilhada, da qual ainda não localizamos testemunhos."[23] Zauzich argumenta que a escrita grega se assemelha muito mais à escrita cursiva egípcia original do que à fenícia. A partir desta e de outras evidências, concluiu que o alfabeto grego não seria de forma alguma uma ramificação fenícia, mas sim um descendente co-igual de um sistema anterior compartilhado – uma irmã, como ele mesmo afirma.

A mitologia é uma fonte material de uso difícil. Dito isso, de acordo com um grande número de mitos, o alfabeto chegou à Grécia através de Cadmo (em grego romanizado, "Kádmos"), o lendário fundador de Tebas, cujo nome significa "leste" em protossemítico. Isto poderia ser a indicação de que alguns gregos estavam cientes das origens semíticas do seu alfabeto. Seja qual for a intenção, os mitos gregos sobre como os deuses forneceram as letras ao mortal Cadmo rivalizam com os contos dos irmãos Grimm em termos de violência sanguinária; ao término de pelo menos uma versão, Cadmo espalha dentes ensanguentados (letras metafóricas) no solo para que crescessem e se propagassem.[24]

Tal como no caso desses dentes alegóricos, o drama do alfabeto grego está abaixo da superfície. O relato dos manuais, bastante semelhante à "teoria padrão", é o seguinte: entre 800 a.e.c. e 750 a.e.c., os gregos projetaram seu alfabeto e o divulgaram nas colônias comerciais gregas em Creta, Tira, Minia e Rodes. Para tanto, os gregos analisaram sistematicamente cada um dos fonemas das línguas fenícia e grega. A partir daí, usando como base o sistema fenício apoiado em consoantes, criaram seus próprios símbolos para vogais, aperfeiçoando obstinadamente a correspondência entre letras e todos os sons conhecidos. Desta base, o alfabeto grego tornou-se o progenitor da maioria dos alfabetos e sistemas indo-europeus, do etrusco ao turco. Por debaixo desses detalhes, encontra-se uma série de mistérios para cientistas cognitivos e linguistas, começando com a segunda questão abrangente deste capítulo.

UM ALFABETO CONSTRUIRIA CÉREBROS DIFERENTES?

Sempre que pessoas ou criaturas humanas se reúnem (ver o conto do Dr. Seuss, *The Sneetches*), algum grupo em algum momento reivindicará superioridade. O mesmo acontece com a escrita. Vários estudiosos importantes, ao longo do século XX, argumentaram que o alfabeto representaria o ápice de toda a escrita e que, consequentemente, os leitores do alfabeto "pensam de forma diferente".[25] No contexto da nossa história cognitiva, três afirmações sobre contribuições supostamente únicas do alfabeto prestam-se agora à análise que propomos: (1) a maior eficiência do sistema alfabético em relação a outros sistemas;[26] (2) a facilitação, através do alfabeto, da produção de pensamentos novos,[27] nunca antes articulados; e (3) a simplicidade para os leitores novatos em assimilar um sistema alfabético, por conta de sua maior consciência dos sons da fala. (Essa capacidade permitiria que as crianças ouvissem e analisassem fonemas; portanto, facilitaria a aprendizagem da leitura e ajudaria a difundir o letramento.).

Afirmação 1: O alfabeto é mais eficiente que todos os outros sistemas de escrita

Eficiência é a capacidade de um sistema de escrita ser lido rapidamente e com compreensão fluente. O sistema alfabético atinge seu elevado nível de eficiência através da economia de caracteres – apenas 26 letras em muitos alfabetos, em comparação com 900 caracteres cuneiformes e milhares de hieróglifos. Tal número reduzido de símbolos diminui o tempo e a atenção necessários para um reconhecimento rápido; e, portanto, é preciso menos recursos perceptivos e de memória.

Na história da escrita que leva ao alfabeto, no entanto, o estudo do cérebro pode nos ajudar a analisar essa afirmação. A notável rapidez e eficiência alcançadas pelos chineses, cujo idioma exige a leitura de milhares de caracteres, estão patentes nas imagens cerebrais dos leitores contemporâneos do chinês[28] (ver Figura 1). São imagens que demostram a vasta capacidade do cérebro para especialização visual quando ambos os hemisférios são recrutados para a leitura de uma quantidade imensa de caracteres. A fluência do leitor chinês é uma prova de que a eficiência não está reservada apenas aos leitores de alfabetos. O cérebro do leitor de silabários é outra prova. Juntos, esses dois exemplos ilustram um fato: mais de uma adaptação pode levar à mesma eficiência. Contudo, esses mesmos exemplos não definem se a leitura fluente em cada tipo de sistema é igualmente alcançável pela maioria dos leitores.

Podemos ver formas diversas de eficiência entre as línguas se observarmos as ilustrações de três cérebros leitores representados na Figura 1. O cérebro leitor de alfabetos difere substancialmente daquele do leitor de logossilabários, procedimento mais ancestral, pela exigência reduzida de espaço cortical em certas áreas. De maneira mais específica, o aprendizado do leitor de alfabeto baseia-se mais na parte posterior do hemisfério esquerdo, em regiões especializadas com menos ativação do bi-hemisfério em tais regiões visuais. Por outro lado, os chineses (e sumérios) alcançaram eficiência ao recrutar muitas áreas para processamento especializado e automático em ambos os hemisférios.

Tal uso diferenciado dos hemisférios[29] torna-se claro em um fascinante estudo de caso pioneiro sobre bilinguismo, escrito por três neurologistas chineses no final da década de 1930. Ao apresentar o relato de uma pessoa bilíngue que desenvolveu repentinamente alexia (ou seja, perdeu a capacidade de ler), tal estudo descreveu o caso de um empresário, proficiente em chinês e inglês, que sofreu um grave derrame nas áreas posteriores do cérebro. O mais surpreendente para todos à época foi que esse paciente havia perdido a capacidade de ler chinês, mas ainda conseguia ler inglês.[30]

Figura 1 – Três cérebros leitores

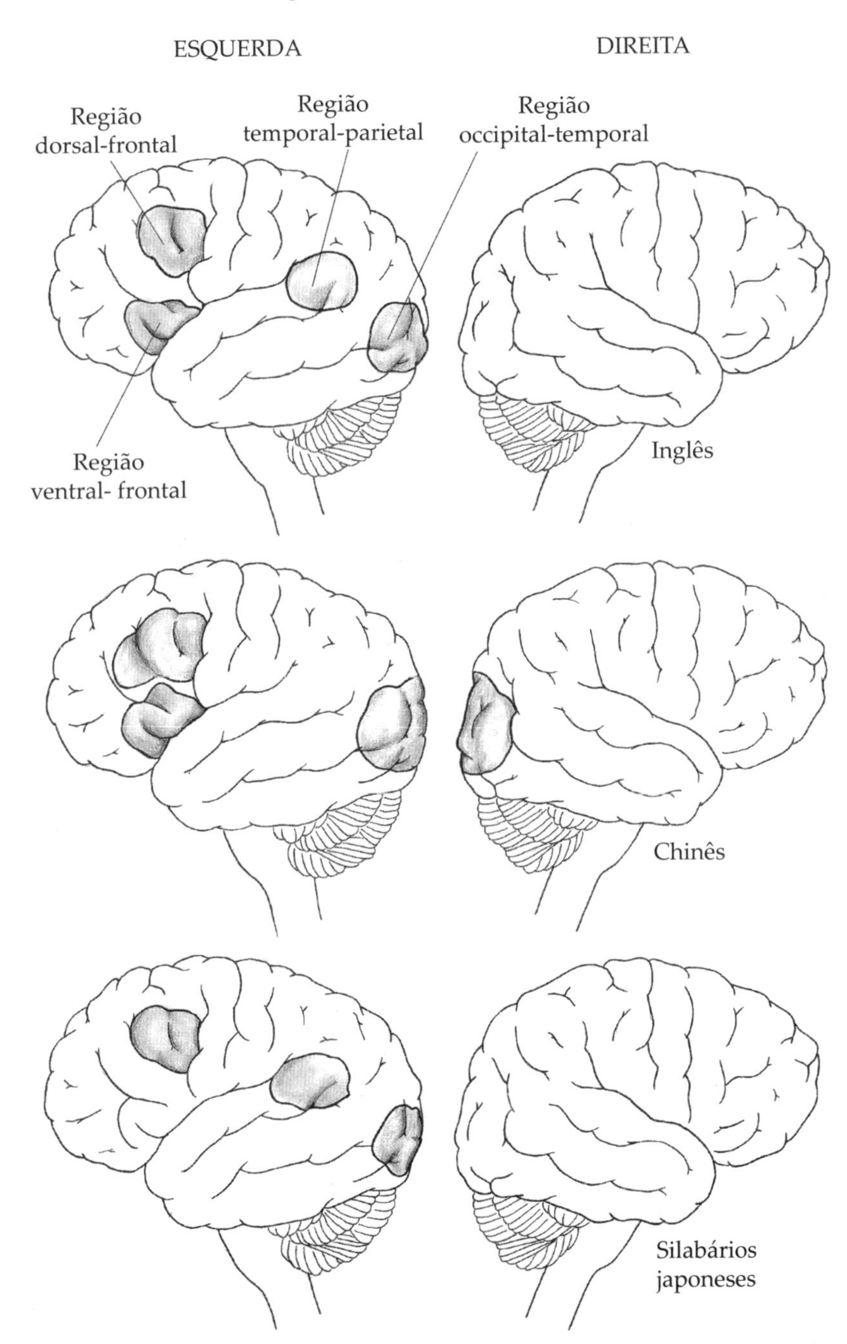

Hoje, esse exemplo já não parece estranho, porque as imagens cerebrais atuais mostram-nos que o cérebro costuma ser organizado de forma diferente, tendo em vista diferentes sistemas de escrita. Leitores do japonês oferecem um exemplo particularmente interessante, pois o cérebro de cada leitor deve aprender dois sistemas de escrita muito diferentes: um silábico muito eficiente (*kana*), usado especialmente para palavras estrangeiras, nomes de cidades, nomes de pessoas e palavras mais recentes em japonês; e o segundo, uma escrita logográfica (*kanji*) mais antiga, de influência chinesa. Ao ler o *kanji*, leitores japoneses usam caminhos semelhantes aos dos leitores do chinês;[31] ao ler *kana*, empregam caminhos muito semelhantes aos leitores do alfabeto. Em outras palavras, os caminhos empregados pelos leitores de chinês e inglês são diferentes, e além disso rotas diferenciadas podem ser usadas dentro do mesmo cérebro para ler diferentes tipos de escritas. E graças à prodigiosa capacidade do cérebro de adaptar seu design, o leitor pode tornar-se eficiente em idiomas diversos. E, também, a eficiência em si não é uma operação binária do tipo "um ou outro". Pesquisadores japoneses descobriram que as mesmas palavras escritas em *kana*,[32] seu sistema silábico, são lidas mais rapidamente do que em *kanji*. Portanto, podemos ver que a eficiência pode ser mais bem conceituada como um continuum, não como a conquista exclusiva de um alfabeto.

Assim sendo, se pudéssemos observar todas as formas como o cérebro aprendeu a ler nos primórdios de sua história, encontraríamos algumas áreas de grande semelhança e algumas características verdadeiramente únicas em cada língua escrita. Em inovadora meta-análise, que utilizou 25 estudos de imagem realizados em nativos de diferentes línguas, cientistas cognitivos da Universidade de Pittsburgh[33] descobriram três grandes regiões comuns, utilizadas de formas diversas nos sistemas de escrita. A primeira, na área occipital-temporal (que inclui o hipotético lócus de "reciclagem neuronal", voltado ao letramento), nós nos tornamos especialistas visuais, proficientes em qualquer escrita que busquemos ler. A segunda, por sua vez, fica na região frontal, em torno da área de Broca, e através dela nos especializamos em duas estruturas diferentes – os fonemas das palavras e seus significados. Já na terceira, a região multifuncional que abrange os lobos temporais superiores e os lobos parietais adjacentes inferiores, localizam-se áreas adicionais, arregimentadas por nós para auxiliar no processamento de múltiplos elementos relacionados a sons e significados, particularmente importantes tanto para sistemas baseados em alfabetos quanto em silabários. Vistas lado a lado, tais regiões cerebrais fornecem um quadro geral daquilo que o cientista cognitivo Charles Perfetti e seus colegas, da Universidade de Pittsburgh, chamaram de "sistema de leitura universal".[34] Esse sistema conecta regiões nos lobos frontal, temporal-parietal e occipital – em outras palavras, seleciona áreas de todos os quatro lobos do cérebro.

Examinar essas imagens coletivas auxilia na percepção de duas conclusões importantes sobre a evolução da escrita: primeiro, a leitura em qualquer idioma reorganiza o comprimento e a largura do cérebro; segundo, existem múltiplos caminhos para a compreensão fluente, com o continuum de eficiência assumindo formas variadas entre os diversos sistemas de escrita. Fatores como o número de símbolos,[35] a estrutura sonora da linguagem oral, o grau de regularidade da linguagem escrita, o grau de abstração e a extensão do envolvimento motor na aprendizagem de determinada escrita terão influência tanto na eficácia atingida quanto nos circuitos específicos desse sistema de escrita. Juntos, tais fatores contribuem para a facilidade com que o leitor iniciante adquire a capacidade de leitura. Na verdade, não apenas as palavras do silabário *kana* são lidas mais rapidamente do que o *kanji* logográfico; crianças cujo aprendizado envolve alfabetos regulares, como é o caso do grego e do alemão, adquirem fluência e eficiência mais rapidamente em comparação a crianças que aprenderam alfabetos menos regulares, como o inglês.

Filósofos, incluindo Benjamin Whorf[36] e Walter Benjamin,[37] levantaram questões a respeito da possibilidade de diferentes línguas influenciarem as mentes de seus leitores individuais, de maneiras específicas. As três afirmações sobre o alfabeto abordadas aqui são bem mais delimitadas, mas há diferenças a serem consideradas. Como observou a neurocientista Guinevere Eden,[38] de Georgetown, diferentes sistemas de escrita estabelecem distintas redes cerebrais no desenvolvimento da leitura. Nesse contexto restrito, o alfabeto não constrói um cérebro "melhor", mas sim um cérebro diferente do cérebro que aprendeu outros sistemas de escrita, em termos da forma particular da eficiência de desenvolvimento alcançada.

De modo mais específico, as "redes cerebrais distintas" se desenvolveram pioneiramente e de forma bem mais eficaz nos jovens leitores do alfabeto grego, em comparação aos leitores jovens do sumério ou do egípcio. Isso não quer dizer que a eficiência do desenvolvimento seja exclusiva dos sistemas alfabéticos. Quando a língua oral se apresenta bem, representada por um silabário – por exemplo, no japonês e no cherokee –, esse meio torna-se igualmente eficiente, tanto em termos de tempo de aquisição como de espaço cortical. A eficiência cortical obtida a partir de um número menor de símbolos – seja do alfabeto ou do silabário – e a consequente efetividade em termos de desenvolvimento, obtida durante a aquisição de tais sistemas, marcam uma das grandes transições na história da escrita. Se a eficiência cortical e a efetividade de desenvolvimento têm contribuições mais amplas do que apenas o aumento da velocidade, isso nos leva à segunda grande afirmação sobre o alfabeto – o pensamento inovador.

Afirmação 2:
O alfabeto estimula com mais eficácia o pensamento inovador

O especialista em cultura clássica Eric Havelock[39] e o psicólogo David Olson[40] postularam a hipótese instigante de que a eficiência do alfabeto grego levou a uma transformação sem paralelo no conteúdo do pensamento de fato. Ao libertar as pessoas do esforço exigido pela tradição oral, a eficiência do alfabeto "estimulou o raciocínio na direção de um *pensamento novo*".

Tente imaginar uma situação na qual os educados membros de determinada cultura oral tivessem que depender inteiramente da memorização pessoal, além de estratégias metacognitivas, para preservar o seu conhecimento coletivo. Tais estratégias, embora impressionantes, tiveram um custo. Algumas vezes de forma sutil, mas outras, ostensivamente, percebia-se que a dependência do ritmo, da memória, das fórmulas e estratégias restringiam o que poderia ser dito, lembrado e criado.

O alfabeto e outros sistemas de escrita eliminaram a maioria dessas restrições, ampliando assim os limites do que poderia ser pensado e escrito por um número bem maior de pessoas. Mas seria essa uma contribuição única do alfabeto grego ou o próprio ato de escrever promoveria novos níveis de pensamento para muitos? Se observarmos o que ocorria quase mil anos antes dos gregos com o sistema de escrita ugarítico, teremos um bom exemplo daquilo que qualquer sistema, semelhante ao alfabético, seria capaz de realizar dentro de uma cultura. E se nossa observação abarcar a literatura acadiana, ainda mais ancestral, que Havelock não estudou, veremos uma efusão de pensamentos (alguns deles, certamente, baseados na tradição oral), registrados por um logossilabário que não era alfabético.

Ao adotarmos uma metavisão de toda essa história, podemos ver que o estímulo ao avanço do pensamento na história humana não se deu através do primeiro alfabeto ou mesmo da melhor versão possível de um alfabeto, mas sim pela própria escrita. Como afirmou Lev Vygotsky,[41] psicólogo russo do século XX, o ato de projetar palavras faladas e pensamentos não ditos em palavras escritas é libertador; nesse processo, ocorre a alteração dos próprios pensamentos. Conforme os seres humanos aprenderam a usar a linguagem escrita de forma gradativamente mais precisa para a transmissão de seus pensamentos, a capacidade relacionada ao raciocínio abstrato e à criação de ideias novas foi acelerado.

Toda criança que aprende a ler aquilo que foi pensado por outra pessoa e a escrever seus próprios pensamentos repete essa relação cíclica e germinativa entre a linguagem escrita e um novo pensamento, nunca antes imaginado. Essa relação generativa brilha através do início da história da escrita, desde as instruções egípcias sobre a vida após a morte, passando pelos *Diálogos sobre o pessimismo* dos babilônios, até os *Diálogos* de Platão. Mas nesta história da escrita, não há dúvidas de que um dos melhores exemplos da reciprocidade criativa entre escrita e pensamento seja o alfabeto grego.

Desde uma perspectiva cognitiva, portanto, não se trata, mais uma vez, da contribuição exclusiva do alfabeto para a produção de novos pensamentos, mas sim do fato de que o aumento da eficiência provocado pelos sistemas alfabético e silábico tornou o pensamento novo potencialmente mais acessível a um número maior de pessoas, em um momento mais precoce, no estágio de desenvolvimento do leitor iniciante. É algo, portanto, que marca uma revolução na nossa história intelectual: o início da democratização do jovem cérebro leitor. Nesse contexto ampliado, não é nenhuma surpresa que um dos períodos mais profundos e prolíficos para a escrita, arte, filosofia, teatro e ciência em toda a história anteriormente registrada acompanhou a difusão do alfabeto grego.

Afirmação 3: O alfabeto facilita a aquisição da leitura através de uma maior consciência da fala

O alfabeto grego diferia enormemente dos sistemas de escrita anteriores pela incorporação de conhecimentos linguísticos muito sofisticados relacionados à fala humana. Os gregos da Antiguidade descobriram que todo o fluxo do discurso oral poderia ser analisado e segmentado, sistematicamente, em sons individuais. Não se trata de uma percepção óbvia, em qualquer época. Foi especialmente apropriado que os gregos, os defensores mais veementes da cultura oral, tenham descoberto por si próprios a estrutura e os componentes subjacentes da fala.

Para compreender o feito prodigioso associado à análise da fala realizada pelos gregos, basta recorrer ao Departamento de Defesa! A história contemporânea da percepção da fala teve início com esforços concentrados para estudar os componentes da fala durante a Segunda Guerra Mundial, quando a comunicação era essencial, mesmo sob condições complicadas. Essa investigação foi iniciada como um segredo militar altamente confidencial, quando cientistas da Bell Laboratories tentaram construir máquinas que pudessem analisar o que é chamado de "sinal de fala" e, em última análise, sintetizar a fala humana. Quando uma batalha inteira poderia depender da capacidade de um oficial ouvir determinada mensagem em uma trincheira bombardeada na zona de guerra, tal informação tornava-se imperativa para a defesa. Os pesquisadores da Bell usaram uma nova adaptação de um instrumento chamado espectrógrafo para analisar a forma visual de vários componentes críticos: distribuição das frequências sonoras contidas em uma elocução; duração ou tempo necessário para cada parte do sinal; amplitude de determinado sinal. Cada som, em cada idioma, possui uma assinatura composta por esses três componentes.

Conforme as propriedades acústicas de cada aspecto da fala humana ganharam maior "visibilidade" para os investigadores modernos, a esmagadora complexidade da fala tornou-se mais perceptível. Para dar um pequeno exemplo, a pesquisa de Grace Yeni-Komshian,[42] cientista especializada na fala, indica que falamos a uma velocidade de cerca de 125 a 180 palavras contínuas por minuto, sem sinais acústicos no início ou no final das palavras. (Pense, por um momento, em como uma língua estrangeira desconhecida soa para um ouvinte: um fluxo contínuo e incompreensível de sons). Em qualquer língua falada, é possível determinar a segmentação das unidades de fala em virtude de seu significado, de suas funções gramaticais e das unidades morfológicas, além dos sinais fornecidos pelo ritmo, ênfase e entonação. Tal informação, contudo, não é de grande ajuda para determinar em que ponto o primeiro som (seu começo) dentro de uma palavra termina e onde se inicia o segundo som. Isso ocorre porque todos os sons são coarticulados, ou "sobrepostos", com fonemas em justaposição uns aos outros, ditando a pronúncia do próximo. Yeni Komshian escreveu: "Um dos maiores desafios para os pesquisadores em percepção da fala é determinar como os sons individuais podem ser isolados (segmentados) do complexo sinal da fala, e como eles seriam identificados de forma adequada".

Os criadores do alfabeto grego fizeram exatamente isso. Primeiro, conforme esboçado no relato dos manuais, analisaram sistematicamente cada fonema em fenício, juntamente com a correspondência entre esses sons e as letras fenícias. Depois, fizeram a mesma análise com a fala grega. Em seguida, usando grafemas fenícios reciclados como base, combinaram, finalmente, quase todos os fonemas da língua grega com uma letra grega; algo que, por sua vez, envolveu a criação de novas letras para sons vocálicos. Por exemplo, o alfa grego para a vogal "a" surgiu da palavra fenícia *aleph*,[43] que significa "boi". Numa inovação linguística fascinante, os escritores gregos alteraram alguns símbolos para corresponderem melhor às características linguísticas do dialeto falado em determinada região. Acredita-se que esta seja a razão pela qual escritas ligeiramente diferentes aparecem em algumas cidades gregas.[44] Mudar as letras de um sistema de escrita para corresponder ao dialeto de dada localidade representa[45] um golpe engenhoso de pragmatismo linguístico e conhecimento fonológico – algo que dificilmente seria considerado hoje pelos membros da Académie Française. Somente quando a espantosa complexidade da fala em sua totalidade for plenamente compreendida, poderemos avaliar o que os gregos fizeram. Se os sumérios foram os primeiros linguistas gerais conhecidos e os estudiosos do sânscrito foram os primeiros gramáticos, os gregos foram os primeiros foneticistas.

A grande descoberta dos inventores do alfabeto grego – a análise consciente e sistemática da fala – acontece, de forma inconsciente, na vida de cada criança que aprende a ler. Os jovens estudantes gregos receberam um alfabeto quase perfeito, com regras quase perfeitas de correspondência grafema-fonema. Como resultado, tornavam-se capazes de adquirir fluência na leitura bem mais cedo do que seus homólogos sumérios, acadianos ou egípcios. Para além do escopo deste livro, surge a questão de saber se esse desenvolvimento antecipado da fluência no caso dos leitores da Grécia antiga resultou na expansão do pensamento, que auxiliou na inauguração do grande período grego clássico.

No contexto dessa questão não respondida, há uma ironia surpreendente: a longa ambivalência dos gregos em relação ao ensino do alfabeto grego. Pouco depois da criação de sua escrita revolucionária, a principal reação na Grécia parece ter sido um tipo de baque, que durou quatrocentos anos. Em total contraste com os egípcios e os acadianos, os gregos instruídos consideravam sua cultura oral, altamente desenvolvida, superior à cultura escrita.[46]

A figura histórica de Sócrates representa o mais eloquente propugnador da cultura oral e o mais vigoroso questionador de uma cultura escrita. Antes de descartarmos, sem maiores reflexões, a ambivalência de séculos dos gregos em relação ao ensino do alfabeto grego, precisamos confrontar uma questão: porque um dos mais talentosos pensadores e produtores de pensamento novo do mundo condenou a utilização dessa ferramenta. Passamos agora para uma guerra invisível entre uma cultura de linguagem oral e o uso da linguagem escrita na Grécia. O registro cuidadoso de Platão dos surpreendentes argumentos de Sócrates contra o letramento revela razões muito importantes, que faríamos bem em ouvir nos dias de hoje.

OS PROTESTOS DE SÓCRATES, A REBELIÃO SILENCIOSA DE PLATÃO E O HÁBITO DE ARISTÓTELES

O próprio Sócrates não escreveu absolutamente nada. Se dermos crédito às razões relatadas no Fedro *de Platão, o motivo para isso era porque ele acreditava que os livros poderiam causar um curto-circuito no trabalho da compreensão crítica ativa, produzindo discípulos que teriam um 'falso conceito do conhecimento'.*[47]

Martha Nussbaum

Não é exagero dizer que, com Aristóteles, o mundo grego passou da instrução oral ao hábito da leitura.[48]

Sir Frederic Kenyon

Ele vivia e se vestia com simplicidade, e se descrevia como um "tavão"* que pousava no cavalo nobre mas lerdo, que era a Grécia.[49] Com olhos proeminentes, testa saliente e pouca beleza física, em termos convencionais, costumava ficar em um pátio, rodeado de discípulos, mergulhado em intensos diálogos a respeito da beleza abstrata, do conhecimento e da profunda importância de uma "vida examinada". Quando falava, possuía um poder extraordinário de exortar a juventude de Atenas a se dedicar a um exame da "verdade", que duraria toda uma vida. Este é o homem que conhecemos como Sócrates – filósofo, professor e cidadão de Atenas.

Ao escrever a história do cérebro leitor iniciante, foi surpreendente perceber que as questões levantadas há mais de dois milênios por Sócrates a respeito do letramento se relacionam a muitas preocupações do começo do século XXI. Dei-me conta que as preocupações de Sócrates sobre a transição de uma cultura oral para uma

* N.T.: Em inglês, "*stinging gadfly*". O tavão, popularmente conhecido no Brasil por nomes como "mutuca" ou "butuca", é um inseto cujas fêmeas são hematófagas, constituindo imenso incômodo para cavalos, gado e homens por conta de seu estilete frontal empregado para sugar o sangue da vítima.

cultura letrada – e os riscos que tal mudança representava, especialmente para os jovens –, refletiam as minhas próprias preocupações sobre a imersão dos nossos filhos em um mundo digital. Tal como os antigos gregos, embarcamos numa transição extremamente importante – no nosso caso, de uma cultura escrita para outra, que se situa bem mais nos campos digital e visual.

Considero os séculos V e IV a.e.c. – período em que Sócrates e Platão atuaram – uma janela através da qual a nossa cultura pode observar uma outra cultura igualmente notável realizar uma transição incerta de um modo dominante de comunicação para outro. Poucos pensadores seriam tão capazes de nos ajudar a examinar o lugar da linguagem oral e escrita no século XXI como "tavão" e seus discípulos. Sócrates denunciou veementemente a difusão descontrolada da linguagem escrita; Platão foi ambivalente, mas fez uso dessa mesma ferramenta para registrar os diálogos falados mais importantes de toda a história da escrita; e quando jovem, Aristóteles, por sua vez, já estava imerso no "hábito de ler".[50] Estas três figuras constituem uma das dinastias acadêmicas mais célebres do mundo, pois Sócrates foi mentor de Platão, que foi mentor de Aristóteles. Menos conhecido – se as descrições feitas por Platão da história do próprio Sócrates forem corretas em termos históricos – é o fato de que Sócrates foi aluno de Diotima, uma filósofa de Manitea que usava diálogos para o ensino de seus discípulos.

Imortalizados por Platão, os diálogos entre Sócrates e seus discípulos serviram de modelo para aquilo que Sócrates acreditava necessário a todos os cidadãos atenienses que pretendessem alcançar o crescimento como seres humanos. Nesses diálogos, cada discípulo aprendeu que só a palavra examinada e o pensamento analisado poderiam levar à autêntica virtude, e só a autêntica virtude poderia levar a sociedade à justiça e encaminhar os indivíduos ao seu deus. Em outras palavras, a virtude, tanto no indivíduo como na sociedade, dependia de um exame profundo do conhecimento prévio, além da internalização de princípios bastante elevados.

Este modo intensivo de aprendizagem[51] diferia radicalmente da maioria das tradições gregas anteriores, nas quais os indivíduos recebiam a transmissão de uma sabedoria coletiva, exemplificada pelas epopeias de Homero. Sócrates ensinou seus discípulos a questionarem palavras e conceitos transmitidos através da linguagem falada, para que pudessem perceber quais crenças e suposições estavam por trás deles. Sócrates exigia que tudo fosse questionado – passagens de Homero, questões políticas, uma única palavra –, até que a essência do pensamento originário se tornasse clara. O objetivo era compreender se essas questões refletiam ou deixavam de refletir os valores mais profundos da sociedade, sendo que as perguntas e respostas no diálogo constituíam os veículos para a instrução.

Sócrates foi levado a julgamento por corromper a juventude através de seus ensinamentos. Quinhentos cidadãos de Atenas declararam que seu crime seria punível com a morte. Alguns acusaram-no de não acreditar nos deuses. Para Sócrates, tais afirmações encobriam esforços políticos para puni-lo por manter amizades consideradas perigosas para o Estado e para frear seu questionamento da sabedoria aceita como tal. Sua morte por envenenamento foi, em última análise, bem menos importante que seu exemplo de uma vida inteira dedicada ao exame, "com toda nossa inteligência",[52] do que fazemos, dizemos e pensamos. Suas exortações ecoam através do tempo, chegando aos nossos ouvidos muitos séculos depois. Aqui está uma passagem do famoso discurso que fez em seu julgamento:

> Se eu lhes disser que o maior bem para um ser humano é envolver-se, todos os dias, em discussões a respeito da virtude e outras coisas sobre as quais me ouviram falar, examinando a mim mesmo e outros, e se eu lhes disser que uma vida não examinada não vale a pena ser vivida por um ser humano, será ainda menos provável que acreditem no que estou dizendo. Mas é assim que as coisas são, senhores, da forma como afirmo, embora não seja fácil convencê-los disso.[53]

Ao examinar a linguagem escrita, Sócrates assumiu uma posição em geral considerada surpreendente: percebia, apaixonadamente, que a palavra escrita representava sérios riscos para a sociedade. Suas três preocupações parecem inesperadamente simples, embora não sejam. E ao examinarmos nossa própria transição intelectual para novos modos de aquisição de informação, essas objeções merecem todos os nossos esforços para chegar à sua essência. Primeiro, Sócrates postulou que as palavras orais e escritas desempenham papéis muito diferentes na vida intelectual de um indivíduo; segundo: ele considerava catastróficas as novas – e muito menos rigorosas – exigências que a linguagem escrita impunha tanto à memória quanto à internalização do conhecimento; e terceiro, aquele filósofo defendeu de modo entusiasmado o papel único que a linguagem oral desempenhava no desenvolvimento da moralidade e da virtude em uma sociedade. Nos três casos, Sócrates julgou as palavras escritas inferiores às palavras faladas, por razões que permanecem advertências poderosas até os dias de hoje.

Primeira objeção de Sócrates: inflexibilidade da palavra escrita

> *O caminho das palavras, ao conhecer e amar as palavras, é um caminho para a essência das coisas e para a essência do conhecimento.*[54]
>
> John Dunne

No filme *O homem que eu escolhi* (1973), Charles Kingsfield,[55] professor de Direito em Harvard, aterroriza seus jovens alunos com interrogatórios diários. Exige que justifiquem tudo o que dizem com precedentes legais. Na primeira cena de sala de aula, Kingsfield declara: "Usamos aqui o método socrático... resposta, questionamento, resposta. Através das minhas questões, vocês aprendem a ensinar algo a si mesmos... Às vezes, vocês podem pensar que têm a resposta.

Garanto que isso é uma ilusão total. Na minha aula, sempre há outra pergunta. Fazemos cirurgia cerebral aqui. Minhas pequenas perguntas estão sondando o cérebro de todos aqui."

Kingsfield é uma personificação fictícia tanto do método socrático moderno quanto de um cérebro leitor que funciona bem. Hoje, professores e docentes em muitas salas de aula prosseguem com essa função probatória à medida que se envolvem com seus alunos, analisando os pressupostos e a base intelectual de cada intercâmbio. Essas cenas de sala de aula reconstituem variações da investigação crítica outrora encontradas nos pátios atenienses. O professor Kingsfield exige que os alunos conheçam os precedentes jurídicos, para que sua compreensão do direito possa auxiliar na preservação da justiça social. Sócrates queria que seus discípulos conhecessem a essência das palavras, das coisas e dos pensamentos, para que pudessem adquirir a virtude, pois seria a virtude que os levaria a "serem chamados de amigos de Deus".

Subjacente ao método socrático, existe uma visão particular das palavras – como coisas vivas e abundantes que podem, com orientação, estar associadas a uma busca pela verdade, bondade e virtude. Sócrates acreditava que, ao contrário do "discurso morto"* da escrita, as palavras oralizadas, ou "discurso vivo", representavam entidades dinâmicas – cheias de significados, sons, melodia, ênfase, entonação e ritmos –, prontas para serem descobertas, camada por camada, através da análise e do diálogo. Em oposição, as palavras escritas não podiam fornecer respostas. A mudez inflexível das palavras escritas condenava o processo dialógico que Sócrates via como o cerne da educação.

Poucos estudiosos teriam ficado mais confortáveis com a importância que Sócrates dava ao "discurso vivo" e ao valor do diálogo na busca do desenvolvimento do que Lev Vygotsky. Na sua obra clássica,

* N.T.: Citação retirada da seguinte tradução: PLATÃO. *Fedro*. Lisboa: Guimarães Editores, 2000, pp. 120-121. Todas as citações de *Fedro* doravante serão retiradas dessa publicação.

Pensamento e linguagem, Vygotsky descreveu as relações intensamente generativas[56] entre palavra e pensamento, entre professor e aluno. Tal como Sócrates, Vygotsky sustentava que a interação social desempenharia um papel fundamental no desenvolvimento das relações cada vez mais profundas da criança entre palavras e conceitos.

Mas Vygotsky e os estudiosos contemporâneos da linguagem se afastam de Sócrates quanto à sua visão estreita da linguagem escrita. Em sua breve existência, Vygotsky observou que o próprio processo de escrever os pensamentos leva os indivíduos a refinarem esses pensamentos e descobrirem novas formas de pensar. Nesse sentido, o processo de escrita pode realmente reencenar, em uma única pessoa, a dialética que Sócrates descreveu a Fedro. Em outras palavras, os esforços do escritor para capturar ideias com palavras escritas cada vez mais precisas contêm dentro de si um diálogo interno, que cada um de nós que lutou para articular pensamentos conhece pela experiência de ver nossas ideias mudarem de forma através do simples esforço de escrever. Sócrates nunca poderia ter experimentado essa capacidade dialógica da linguagem escrita, uma vez que a escrita ainda era muito jovem. Tivesse vivido apenas uma geração depois, é provável que sua visão fosse mais generosa.

Centenas de gerações mais tarde, pergunto-me como Sócrates teria respondido à capacidade de diálogo na dimensão interativa da comunicação no século XXI. A capacidade das palavras de "responder" está presente de muitas maneiras diferentes, conforme as crianças enviam mensagens de texto umas às outras, nós mesmos enviamos e-mails para diversas pessoas e as máquinas falam, leem e traduzem para diferentes idiomas. Se essas capacidades estão sendo desenvolvidas de forma a refletir o exame verdadeiro e crítico do pensamento é, para Sócrates e para nós, a questão essencial.

Uma preocupação de Sócrates, mais sutil, era que as palavras escritas podiam confundir a realidade; a aparente impermeabilidade delas mascararia sua natureza essencialmente ilusória. Porque elas possuem "apenas uma aparência de sabedoria"* e, portanto, mais próximas da realidade de uma coisa, as palavras poderiam iludir as pessoas, temia Sócrates, com uma sensação superficial e falsa de que compreendiam algo quando apenas tinham começado a compreender. Isso resultaria em uma arrogância vazia, que não levaria a lugar algum e não contribuiria com nada. Nessa apreensão, Sócrates e o professor Kingsfield são companheiros de milhares de professores e pais que hoje observam os filhos passarem horas intermináveis diante das telas dos computadores, absorvendo – mas não necessariamente compreendendo – todo tipo de informação. Tal aprendizagem parcial seria impensável para Sócrates, para quem o verdadeiro conhecimento, sabedoria e virtude eram os únicos objetivos dignos da educação.

SEGUNDA OBJEÇÃO DE SÓCRATES: A DESTRUIÇÃO DA MEMÓRIA

> *[Na] Guatemala moderna... Os maias observam que os forasteiros anotam coisas não para lembrá-las, mas sim para esquecê-las.*[57]
>
> Nicholas Ostler

> *Ela tornará os homens mais esquecidos, pois que, sabendo escrever, deixarão de exercitar a memória, confiando apenas nas escrituras, e só se lembrarão de um assunto por força de motivos exteriores, por meio de sinais, e não dos assuntos em si mesmos. Por isso, não inventaste um remédio para a memória, mas sim para a rememoração.*[58,**]
>
> *Fedro*, Platão

As diferenças incomensuráveis que Sócrates via entre palavras faladas e escritas em seus diferentes usos pedagógicos, filosóficos, em sua capacidade de representar a realidade, de refinar o pensamento e

* N.T.: PLATÃO. *Fedro*, p. 121.

** N.T.: *Idem, ibidem.*

a virtude eram relativamente moderados em comparação com a sua preocupação com as mudanças que o letramento poderia trazer à memória e a internalização do conhecimento pelo indivíduo. Sócrates sabia muito bem que o letramento poderia aumentar enormemente a memória cultural, reduzindo as exigências sobre a memória individual, mas não aceitava as consequências dessa troca.

Ao dedicarem-se à memória e ao examinarem enormes quantidades de material transmitido oralmente, os jovens cidadãos gregos instruídos preservavam a memória cultural existente em sua sociedade e ampliavam o conhecimento pessoal e social. Ao contrário dos juízes em seu julgamento, Sócrates tinha estima por esse sistema não tanto pela preocupação de preservar a tradição, mas pela crença de que apenas o árduo processo de memorização era suficientemente rigoroso para formar a base do conhecimento pessoal que poderia, então, ser refeito através de diálogos com um professor. A partir dessa visão ampla, interligada, da linguagem, da memória e do conhecimento, Sócrates concluiu que a linguagem escrita não era uma "receita" para a memória, mas um agente potencial da sua destruição. Assim, preservar a memória individual e o seu papel no exame e na incorporação do conhecimento seria mais importante do que as vantagens indiscutíveis da escrita na preservação da memória cultural.

A maioria de nós considera a memorização um componente da educação, do ensino infantil à pós-graduação. Mas em comparação com os gregos, ou mesmo com os nossos avós, somos obrigados a fazer pouca ou nenhuma memorização explícita de citações. Uma vez por ano pergunto aos meus alunos de graduação quantos poemas eles sabem "de cor" – uma expressão singular, adorável e anacrônica.* Os alunos de dez anos atrás conheciam entre cinco e dez poemas; os alunos hoje sabem entre um e três. Essa pequena amostragem me faz pensar, uma vez mais, sobre as escolhas aparentemente arcaicas de Sócrates. Quais são as implicações para as

* N.T.: Em inglês, "*by heart*" – literalmente, "de coração".

próximas gerações, que provavelmente terão um compromisso ainda menor com a memória – quer se trate de alguns poemas ou mesmo, para alguns, da tabuada de multiplicação? O que acontecerá com essas crianças diante da falta de energia, da falha no computador ou quando os sistemas do foguete não funcionarem? Qual seria a diferença nos caminhos do cérebro que ligam a linguagem e a memória de longo prazo, para os nossos filhos e para os filhos da Grécia antiga?

Certamente a avó de meus filhos – judia de 86 anos –, Lotte Noam, deixaria as gerações futuras desconcertadas. Em quase todas as ocasiões, ela consegue fornecer um poema apropriado de três estrofes de Rilke, uma passagem de Goethe ou uma poesia obscena – para deleite infinito de seus netos. Certa vez, em um acesso de inveja, perguntei a Lotte como ela conseguia memorizar tantos poemas e piadas. Ela respondeu, com simplicidade: "Sempre quis ter algo que ninguém pudesse tirar, caso algum dia eu fosse enviada para um campo de concentração". Lotte nos leva a uma pausa para certas considerações, como o lugar da memória em nossas vidas e o que significa, em última instância, a atrofia gradual dessa qualidade, geração após geração.

Há um exemplo vívido de como Sócrates reage a essa perda de memória pessoal quando apanha o jovem Fedro utilizando o que poderia ser a primeira folha de cola do mundo para recitar um discurso de Lísias. Para auxiliar sua memória, Fedro escreveu o discurso e enfiou-o dentro da túnica. Suspeitando do que o seu discípulo tinha feito, Sócrates se lança em uma diatribe sobre a natureza das palavras escritas e a sua lamentável incapacidade de ajudar na instrução. Ele começa pela comparação da escrita com belas pinturas que apenas parecem reais: "[...] mas, se alguém as interrogar, manter-se-ão silenciosas, o mesmo acontecendo com os discursos: falam das coisas como se estas estivessem vivas, mas se alguém os interroga, no intuito de obter um esclarecimento, limitam-se a repetir sempre a mesma coisa".

Só podemos simpatizar com Fedro, que não foi o único alvo da ira de Sócrates. Em *Protágoras*, Sócrates atacou impiedosamente aqueles que pensam "como rolos de papiro, não sendo capazes de responder às suas perguntas nem de perguntar a si mesmos".[59]

Terceira objeção de Sócrates: a perda de controle sobre a linguagem

Em última análise, Sócrates não tinha medo de ler. O que ele temia era superfluidade do conhecimento e seu corolário: a compreensão superficial. A leitura realizada pelos não instruídos representaria uma perda irreversível e invisível do controle sobre o conhecimento. Como disse Sócrates: "Uma vez que uma coisa é escrita, a composição, seja ela qual for, vagueia por todos os lados, caindo nas mãos não apenas daqueles que a entendem, mas igualmente daqueles que dela nada compreendem; não há como saber se chegará às pessoas certas, nem como evitar as pessoas erradas. Quando maltratada e humilhada injustamente, precisa sempre que os pais venham em seu auxílio, sendo incapaz de se defender ou ajudar a si mesma".[60]

Por trás do humor, sempre presente e da ironia temperada de Sócrates,[61] existe um medo profundo de que o letramento sem a orientação de professores ou da sociedade permitisse um acesso perigoso ao conhecimento.

A leitura representava, para Sócrates, uma nova versão da caixa de Pandora: se a linguagem escrita fosse liberada, não haveria controle sobre o que seria escrito, quem leria ou como os leitores poderiam interpretar aquilo que fosse lido.

As questões sobre o acesso ao conhecimento permeiam toda a história humana – do fruto da árvore do conhecimento até o Google. As preocupações de Sócrates tornam-se muito mais ampliadas pela nossa atual condição, em que de todos que possuem um computador podem aprender muito, com rapidez, a respeito de praticamente qualquer coisa, em qualquer lugar, a qualquer hora, "sem orientação" diante da tela. Será que essa combinação de imediatismo, informação aparentemente ilimitada e realidade virtual representa a ameaça mais poderosa, até o momento, ao tipo de conhecimento e virtude valorizados por Sócrates, Platão e Aristóteles? Será que a curiosidade contemporânea poderá ser saciada pela enxurrada de informações, muitas vezes superficiais, que brotam da tela, ou levará a um desejo de conhecimento mais aprofundado? Um exame profundo das palavras, dos pensamentos, da realidade e da virtude pode florescer de uma aprendizagem caracterizada pela atenção parcial contínua e pela multitarefa? Poderá a essência de uma palavra, de uma coisa ou de um conceito manter sua importância, quando boa parte da aprendizagem ocorre em segmentos de 30 segundos, na tela em movimento? Será que as crianças, habituadas a imagens cada vez mais realistas do mundo que as rodeia, terão uma imaginação menos treinada? A probabilidade de presumirmos que entendemos a verdade ou a realidade de uma coisa poderá ser ainda maior se ela estiver retratada visualmente em fotografias, filmes, vídeos ou em um *reality show*? Qual seria a resposta de Sócrates diante de uma versão filmada dos diálogos socráticos, de sua entrada na Wikipédia ou de um clipe de tela no YouTube?

A perspectiva de Sócrates sobre a procura de informação na nossa cultura me assombra todos os dias, enquanto observo meus dois filhos utilizarem a internet para terminar uma lição de casa, para depois me dizer que "sabem tudo sobre aquele assunto". Ao observá-los, sinto uma inquietante afinidade com as batalhas fúteis travadas por Sócrates há tanto tempo. Não posso deixar de pensar que perdemos completamente o controle, conforme os temores de Sócrates há 2.500 anos, sobre o que, como e quão profundamente a próxima geração poderá aprender. Os ganhos, que foram profundos, são igualmente óbvios, começando com a preservação, por parte de Platão, das objeções de Sócrates.

Em última análise, Sócrates perdeu sua luta contra a difusão do letramento tanto por não conseguir perceber todas as possibilidades da linguagem escrita quanto pelo fato de não poder voltar atrás, diante de tais formas novas de comunicação e conhecimento. Sócrates não poderia impedir a difusão da leitura, como não podemos impedir a adoção de tecnologias cada vez mais sofisticadas. A busca humana e compartilhada pelo conhecimento garante que deve ser assim. Mas é importante considerar os protestos de Sócrates ao lidarmos com o cérebro e sua relação dinâmica com a leitura. O inimigo de Sócrates nunca foi, de fato, a escrita de palavras, como Platão percebeu. Em vez disso, Sócrates lutava contra as falhas em examinar as capacidades multiformes da nossa linguagem e em usá-las "com toda a nossa inteligência".[62]

Nesse sentido, Sócrates não estava sozinho, mesmo naquela época. Do outro lado do mundo, na Índia do século V a.e.c., os estudiosos do sânscrito também condenaram a linguagem escrita, valorizando a linguagem oral como o veículo mais verdadeiro para o crescimento intelectual e espiritual. Esses estudiosos desconfiavam e condenavam qualquer dependência em relação ao texto escrito que pudesse causar um curto-circuito no trabalho de sua vida – a análise da linguagem.

Conforme voltamos para o desenvolvimento da linguagem e da leitura nos "membros mais jovens da nossa espécie",[63] tenho a esperança de que as preocupações de Sócrates informem nosso coro grego pessoal, instigando-nos a examinar como a vida das palavras nas crianças pequenas e a busca do conhecimento e da virtude podem ganhar vida para esta nova geração – e para as gerações futuras.

PARTE II
COMO O CÉREBRO APRENDEU A LER AO LONGO DO TEMPO

Entre os muitos mundos que o homem não recebeu como dádiva da natureza, mas que criou através de seu próprio espírito, o mundo dos livros é o maior. Toda criança que rabisca suas primeiras letras na lousa e tenta ler pela primeira vez, ao fazê-lo, adentra um mundo artificial, bastante complicado; para conhecer de fato as leis e regras desse mundo e, assim, praticá-las de forma correta, nenhuma vida humana seria longa o suficiente. Sem palavras, sem escrita e sem livros, não haveria história, não poderia haver o conceito de humanidade.[1]

Hermann Hesse

OS INÍCIOS DO DESENVOLVIMENTO DA LEITURA, OU NÃO

Quando o primeiro bebê riu pela primeira vez, sua risada se partiu em mil pedaços, e foi daí que surgiram as fadas.[1]

J. M. Barrie, *Peter Pan*

Me parece que, a partir dos dois anos de idade, toda criança se torna, por curto período de tempo, um gênio linguístico. Mais tarde, a partir dos cinco ou seis anos de idade, esse talento começa a desaparecer. Não resta nenhum vestígio dessa criatividade com palavras na criança de oito anos, já que tal necessidade teria passado.[2]

Kornei Chukovsky

Imagine a seguinte cena. Uma criança pequena se senta, extasiada, no colo de um adulto querido, ouvindo palavras que se movem como água, palavras que falam de fadas, dragões e gigantes em lugares distantes, nunca antes imaginados. O cérebro da criança prepara-se para ler muito mais cedo do que se supõe e utiliza quase toda a matéria-prima da primeira infância, todas as percepções, conceitos e palavras. Realiza tal feito ao aprender a utilização de todas as estruturas importantes que serão constituintes do sistema universal de leitura do cérebro. Ao longo desse caminho, a criança incorpora muitos dos conhecimentos sobre a linguagem escrita que a nossa espécie absorveu, avanço após avanço, durante mais de 2 mil anos de história. Tudo começa ao recostar-se em um braço, no conforto do colo de um ente querido.

Década após década, as pesquisas demonstram que a quantidade de tempo no qual uma criança ouve os pais e outros entes queridos realizarem leituras é um bom indicador do nível de leitura alcançado anos depois.[3] Por qual motivo? Consideremos com mais cuidado a cena que acabamos de descrever: uma criança muito pequena está sentada, contemplando imagens coloridas, ouvindo contos antigos e narrativas novas, aprendendo gradualmente que as linhas da página formam letras, as letras formam palavras, as palavras formam histórias, e essas histórias podem ser lidas repetidas vezes. Essa cena, que descrevemos inicialmente, contém a maioria dos fatores essenciais para o desenvolvimento da leitura em crianças.

A maneira como uma criança compreende a leitura pode ser tanto uma história de magia e de fadas quanto de oportunidades perdidas e perdas desnecessárias.[4] Esses dois cenários falam de duas infâncias muito diferentes – a primeira, em que ocorre quase tudo o que esperamos; e a segunda, em que poucas histórias são contadas, pouca linguagem é difundida, ficando a criança cada vez mais para trás antes mesmo de começar a ler.

A PRIMEIRA HISTÓRIA

O trabalho com bebês prematuros enfatiza a importância do toque em seu desenvolvimento.[5] Um princípio semelhante se aplica ao desenvolvimento ideal da leitura. Assim que um bebê consegue sentar-se no colo de um cuidador, ele será capaz de estabelecer a associação entre o ato de ler e a sensação de ser amado. Em uma cena cômica e cativante do filme *Três solteirões e um bebê* (1987),[6] Tom Selleck lê os resultados das corridas de cães para o bebê. Todos gritam com ele, pois estaria corrompendo o bebê, mas na verdade ele estava certo. Pode-se ler os resultados de corridas para bebês de oito meses, preços de ações ou Dostoiévski, embora versões ilustradas de tais textos fossem ainda melhores.

Por que *Boa noite, Lua,* de Margaret Wise Brown capturou a imaginação de milhões de crianças que imploraram aos pais que o lessem todas as noites? Seria o uso de imagens de objetos preferidos de um quarto – abajur, luvas, tigela de mingau, cadeira de balanço –, de coisas pertencentes ao mundo da infância? Será a sensação de descoberta, quando as crianças aprendem a encontrar um pequeno rato que se esconde em locais diferentes a cada página? Será a voz do leitor, que parece ficar cada vez mais suave até a última página do livro? Todas essas razões e muitas outras[7] proporcionam um começo ideal para um longo processo que alguns investigadores chamam de letramento emergente ou precoce. A associação entre ouvir a linguagem escrita e sentir-se amado fornece a melhor base para esse longo processo – de fato, nenhum cientista cognitivo ou investigador educacional poderia ter concebido algo melhor.

Jogo de palavras para valer

O próximo passo no processo envolve uma compreensão crescente de imagens, conforme a criança se torna capaz de reconhecer ilustrações visuais estampadas em alguns livros – que, em pouco tempo, estarão bem desgastados. Subjacente a esse desenvolvimento estão: o sistema visual, que adquire total funcionalidade em seis meses; o sistema de atenção, que terá um longo caminho pela frente até a maturação; o sistema conceitual, cujo crescimento se dá aos trancos e barrancos, dia após dia. Conforme a capacidade de focar a atenção aumentar mensalmente, também passará por uma ampliação o conhecimento da criança sobre imagens visuais familiares e a curiosidade por imagens novas.

Com o crescimento das capacidades de percepção e atenção das crianças, ocorre o envolvimento com o precursor mais importante da leitura: o desenvolvimento inicial da linguagem e, com ele, a percepção fundamental de que coisas como pôneis e cães têm nomes.

Essa experiência, na vida de cada criança, é provavelmente semelhante àquela que Helen Keller* deve ter experimentado quando percebeu pela primeira vez que a água – sua experiência tátil dela – tinha um nome, um rótulo que podia ser comunicado a todos, através da linguagem gestual. Trata-se de algo que os antigos escritores do *Rig Veda* reconheceram: "Os sábios estabeleceram na ação de nomear o primeiro princípio da linguagem".[8]

Pode ser difícil aos adultos suspenderem suas próprias visões do mundo cotidiano, de modo a perceber que as crianças muito pequenas não "sabem" que cada coisa neste mundo tem um nome. De forma gradativa, as crianças aprendem a rotular as partes mais importantes de seu mundo, geralmente começando pelas pessoas que cuidam delas. Mas a compreensão de que tudo tem seu próprio nome normalmente ocorre por volta dos 18 meses – é um dos eventos *eureka* insuficientemente percebidos nos primeiros dois anos de vida. A qualidade especial deste *insight* baseia-se na capacidade do cérebro de conectar dois ou mais sistemas para criar algo novo. Subjacente à epifania que ocorre à criança está a capacidade do cérebro jovem de conectar e integrar informações de vários sistemas: visão, cognição e linguagem. Linguistas contemporâneos especializados na infância, como Jean Berko Gleason, enfatizam que cada vez que uma criança aprende o significado de nomear – seja o nome de um ser humano querido, de um gatinho ou de Babar** – uma mudança cognitiva considerável passa a conectar o sistema de linguagem oral em desenvolvimento com sistemas de desenvolvimento conceituais.[9]

Com a emergência da capacidade de nomear, o conteúdo dos livros passa a ter um papel mais amplo, pois, a partir desse momento, as crianças podem direcionar a escolha do que é lido. Há aqui importantes dinâmicas de desenvolvimento: quanto maior a atividade

* N. T.: Helen Keller (1880-1968) era surda e cega e graças a sua professora Anne Sullivan conseguiu quebrar a barreira comunicacional. Dessa forma ela desabrochou como escritora e militante mundialmente reconhecida.

** N.T.: Trata-se do personagem principal de uma série de livros criada por Jean de Brunhoff.

de fala com as crianças, maior será a compreensão da linguagem oral. Quanto mais atividades de leitura houver para as crianças[10], melhor será a compreensão de toda a língua que as rodeia e mais desenvolvido se tornará seu vocabulário.

Esse entrelaçamento de linguagem oral, cognição e linguagem escrita faz da primeira infância um dos momentos mais ricos para o crescimento da linguagem. A cientista cognitiva Susan Carey,[11] de Harvard, estuda como as crianças aprendem novas palavras, algo que ela chama jocosamente de "mapeamento zap". Ela descobriu que a maioria das crianças entre 2 e 5 anos de idade aprende, em média, algo entre duas e quatro palavras novas todos os dias, sendo então milhares ao longo desses primeiros anos. Tais palavras são a matéria-prima daquilo que o estudioso russo Kornei Chukovsky chamou de "gênio linguístico" da criança.[12]

O talento linguístico advém de diversos elementos da linguagem oral, que mais tarde serão incorporados ao desenvolvimento da linguagem escrita. O desenvolvimento fonológico,[13] a capacidade evolutiva da criança em ouvir, discriminar, segmentar e manipular fonemas nas palavras, tudo isso é um auxílio para pavimentar o caminho até a percepção de que as palavras são compostas por sons – por exemplo, a palavra "gato" possui quatro sons distintos (/g/-/a/-/t/-/o/). O desenvolvimento semântico,[14] representando o crescimento do vocabulário de uma criança, contribui para a compreensão mais ampla do significado das palavras, algo necessário para a alimentar o motor de todo o crescimento da linguagem. O desenvolvimento sintático,[15] situado na ampliação do conhecimento da criança no que diz respeito à aquisição e ao uso das relações gramaticais dentro da linguagem, representa a abertura do caminho para a compreensão da crescente complexidade das frases na linguagem dos livros. Esse desenvolvimento permite à criança, por exemplo, compreender como a ordem das palavras afeta o significado: assim, "O gato mordeu o rato" difere de "O rato mordeu o gato". Já o desenvolvimento morfológico,[16] por sua vez, representa a aquisição e o uso pela criança das menores unidades de significado (como o plural "s" em "gatos" e o pretérito "ou" em "andou"), contribui para a compreensão dos tipos de palavras e dos usos gramaticais dessas palavras, encontradas em frases e histórias. Finalmente, temos o desenvolvimento pragmático,[17] a capacidade da criança em perceber e utilizar "regras" socioculturais da linguagem nos seus contextos naturais, fornecendo a base para a compreensão de como as palavras podem ser usadas nas inúmeras situações descritas nos livros.

Cada aspecto do desenvolvimento da linguagem oral fornece uma contribuição essencial para a evolução da compreensão das palavras pela criança, além de seus múltiplos usos na fala e no texto escrito.

Risadas, lágrimas e amigos

Nenhuma dessas habilidades linguísticas, contudo, se desenvolve no vácuo. Todas elas estão baseadas em mudanças subjacentes no cérebro cujo desenvolvimento é constante, no conhecimento conceitual crescente no período da infância e nas contribuições específicas feitas pelo desenvolvimento das emoções em cada criança, e sua compreensão de outras pessoas. Todos esses fatores podem ser alimentados ou negligenciados, dependendo do ambiente da criança. Para concretizar isso, vamos primeiro colocar uma menina de 3 anos e meio, dotada de todo seu "talento linguístico", no colo de uma pessoa que lê frequentemente para ela. Tal criança já compreende que determinadas imagens acompanham determinadas histórias, que as histórias transmitem sentimentos que servem de companhia às palavras – sentimentos que transitam entre a felicidade, o medo e a tristeza. Por meio de histórias e livros, ela está começando a aprender um repertório de emoções. Histórias e livros são um lugar seguro para ela começar a experimentar essas emoções por si mesma e, portanto, contribuem de forma potencialmente poderosa para seu desenvolvimento. Neste caso, está em ação um vínculo recíproco entre desenvolvimento emocional e leitura.

As crianças pequenas aprendem a experimentar novos sentimentos através da exposição à leitura – algo que, por sua vez, serve de preparação para compreenderem emoções mais complexas.

Esse período da infância fornece o alicerce para uma das habilidades sociais, emocionais e cognitivas mais importantes que um ser humano poderia conhecer: a capacidade de assumir a perspectiva de outra pessoa. Aprender sobre sentimentos de outros não é simples para crianças de 3 a 5 anos de idade. O psicólogo infantil mais conhecido do século XX, Jean Piaget, descreveu as crianças nessa faixa etária como egocêntricas, no sentido de que se encontram limitadas, devido a seu nível de desenvolvimento intelectual, a uma visão segundo a qual o mundo gira em torno delas mesmas.[18] O que as impede de saber o que as outras pessoas estão sentido[19] não é seu caráter moral, mas o aspecto gradual do desenvolvimento de sua capacidade de pensar acerca do pensamento dos outros.

Um exemplo pode ser encontrado em *Rã e Sapo*,* uma série de livros escritos por Arnold Lobel. Em uma história, Rã está muito doente e Sapo vem em seu socorro sem pensar duas vezes, motivado apenas pela empatia. Sapo alimenta Rã todos os dias e cuida dele, até que, finalmente, Rã pode sair da cama e para voltar a brincar. Essa pequena história oferece um modelo plácido, embora profundo, do significado de compreender aquilo que a outra pessoa sente e como isso pode se tornar a base para ajudarmos uns aos outros.

Livros sobre outra espécie animal – o hipopótamo – transmitem ideias semelhantes a respeito de empatia. Na célebre série de livros *George and Martha*,[20] de James Marshall, dois adoráveis hipopótamos, são grandes amigos. Em cada história, eles nos ensinam algo sobre ser um amigo bondoso e compreensivo. Em uma história memorável, George tropeça e quebra um dos dois dentes da frente, que são muito importantes para um hipopótamo. Após

* N.T.: Em inglês, *Frog and Toad*, série de livros iniciada nos EUA em 1970. No Brasil, o primeiro livro dessa série foi lançado com o título *Rã e Sapo são amigos*, com tradução de Guilherme Semionato, pela Companhia das Letrinhas em 2021.

conseguir um substituto de ouro, ele o mostra, aborrecido, para Martha, que sabe exatamente o que dizer ao seu amigo. "'George!', exclamou ela. 'Você está tão bonito e elegante com seu dente novo!'" E, claro, isso deixa George feliz.

Essas histórias exemplificam pensamentos e sentimentos vivenciados por muitas crianças, ao ouvirem histórias contadas e quando leem livros pra elas. Podemos nunca voar em um balão de ar quente, triunfar em corridas disputadas com lebres ou dançar com um príncipe até as badaladas da meia-noite, mas através das histórias dos livros podemos aprender como seria cada uma dessas atividades. Nesse processo, saímos de nós mesmos por alguns instantes, cada vez mais longos, e começamos a compreender o "outro", que Marcel Proust afirmou em seu texto estar no cerne da comunicação através da linguagem escrita.

O que a linguagem dos livros nos ensina

Por volta da época em que começamos a reconhecer sentimentos que nos conectam a outras pessoas e, ao mesmo tempo, definem os limites entre nós, surge outra percepção mais claramente cognitiva: um livro está repleto de palavras longas e breves, que se mantêm iguais toda vez que são lidas, exatamente como as ilustrações. Tal descoberta gradual, de natureza intelectiva, é parte de uma percepção muito mais ampla e tácita: os livros possuem uma linguagem toda própria.

A "linguagem dos livros" é um conceito dificilmente empregado pelas crianças e, com toda certeza, muito pouco considerado pela maioria. Na verdade, essa linguagem vem acompanhada de várias características conceituais e linguísticas bastante peculiares e importantes, que contribuem imensamente para o desenvolvimento cognitivo. Em primeiro lugar, e mais importante, o vocabulário especial que está nos livros e que não é reproduzido na linguagem falada.[21] Pense nas histórias que encantaram você e que começam assim:

> Era uma vez, há muito tempo, uma criatura élfica que vivia em um lugar escuro e solitário, onde a luz do sol nunca foi visível. Tinha as maçãs do rosto encovadas e uma epiderme que lembrava cera – pois nenhuma luz jamais tocara sua pele. Do outro lado do vale, em um local onde o sol brincava sobre as flores, vivia uma donzela cujo rosto era como pétalas de rosa, enquanto os cabelos lembravam seda dourada.

Ninguém – ou, pelo menos, ninguém que eu conheça – se expressa dessa forma. Frases como "Era uma vez, há muito tempo", assim como palavras semelhantes à "élfica" não fazem parte do discurso usual. E, contudo, são parte integrante da linguagem dos livros, fornecendo às crianças algumas pistas que as ajudam na previsão do tipo de história diante da qual se encontram, além daquilo que pode acontecer nela. Na verdade, na educação infantil, as palavras dos livros serão uma das principais fontes das 10 mil palavras, que compõem o repertório médio da maioria das crianças de 5 anos.[22]

Grande parte dessas milhares de palavras serão variações morfológicas a partir de raízes já conhecidas.[23] Por exemplo, a criança que aprendesse a raiz da palavra "vela" poderia compreender e adquirir rapidamente todas as formas derivadas: *velas*, *velejou*, *velejador*, *veleiro*, e assim por diante. Mas não é apenas para o crescimento do vocabulário que a linguagem das histórias e dos livros contribui especialmente. Também importante é a sintaxe ou estrutura gramatical encontrada nesse tipo de linguagem, ausente, em grande parte, da fala cotidiana. "Onde a luz do sol nunca foi visível"; "pois nenhuma luz jamais tocara sua pele": tratam-se de construções normalmente encontradas apenas no texto livresco e exigem muita flexibilidade cognitiva e inferências. Poucas crianças com menos de 5 anos[24] ouvem "pois" ser usado como na frase "pois nenhuma luz jamais tocara sua pele", em que serve de conectivo, uma classe de formas gramaticais como "então" e "porque", indicadores de relações causais entre eventos e conceitos. As crianças compreendem esse uso de "pois" a partir do contexto fornecido. Quando isso acontece, todos os aspectos do desenvolvimento da linguagem – sintáticos, semânticos, morfológicos e pragmáticos – se tornam mais ricos.

Estudos da pesquisadora Victoria Purcell-Gates, especializada em leitura, destacam implicações bastante sérias a partir desse ponto.[25] Purcell-Gates acompanhou dois grupos de crianças de 5 anos, antes que adquirissem a capacidade de ler. Os dois grupos eram semelhantes em variáveis como *status* socioeconômico e nível educacional dos pais; mas um grupo teve "mais leitura" nos dois anos anteriores (cinco vezes por semana, pelo menos), enquanto o outro grupo não teve, o chamado grupo de controle. Purcell-Gates solicitou a ambos os grupos de crianças que fizessem duas coisas: primeiro, contassem uma história a respeito de algum evento pessoal, como aniversário; segundo, deveriam fingir que estavam lendo um livro de histórias para uma boneca.

As diferenças eram inconfundíveis. Quando as crianças do grupo dos "leitores" contaram as suas próprias histórias, não apenas usaram mais da linguagem "literária" – de natureza especial encontrada nos livros – do que as outras crianças, mas também formas sintáticas mais sofisticadas, frases mais longas e orações relativas. O que torna tudo isso significativo é que quando crianças são capazes de usar uma variedade maior de formas semânticas e sintáticas em seu próprio discurso, também estão mais preparadas para compreender a linguagem oral e escrita dos outros. Essa habilidade linguística e cognitiva fornece um embasamento ímpar para muitas competências relacionadas à compreensão, que vão surgir alguns anos depois, quando começarem a ler suas próprias histórias.

Um estudo recente,[26] realizado pela sociolinguista Anne Charity e seu colega Hollis Scarborough, indica a importância do conhecimento da gramática para crianças que falam outros dialetos e outras línguas. Ambos descobriram que, em um grupo de crianças que usavam o dialeto inglês afro-americano vernacular, em vez do dialeto inglês americano padrão, o conhecimento gramatical de cada criança predizia seu desempenho no aprendizado da leitura.

Outro recurso da linguagem dos livros envolve o princípio de compreensão daquilo que pode ser denominado "dispositivos de letramento", como figuras de linguagem, particularmente metáfora e comparação. Vejamos as comparações a seguir, retiradas do exemplo anterior: "cujo rosto era como pétalas de rosa, enquanto os cabelos lembravam seda dourada". Ambas as frases são tanto linguisticamente encantadoras quanto cognitivamente exigentes. A criança, nesses casos, precisa comparar "rosto" e "pétalas de rosa", "cabelo" e "seda". Nesse processo, ela adquire não apenas habilidade vocabular, mas também prática na complexa, em termos cognitivos, utilização da analogia. A capacidade de empregar analogias representa um aspecto muito importante, embora quase sempre invisível, do desenvolvimento intelectual em qualquer idade.[27]

Um exemplo encantador, inicial, dessa capacidade de empregar analogias pode ser encontrado em *George, o curioso**, história sobre um macaco cuja curiosidade irreprimível por balões o leva a navegar pelos céus, onde "as casas eram semelhantes a casas de brinquedo e as pessoas pareciam bonecos". As comparações nesse exemplo são bastante simples, mas, de fato, ajudam a criança na realização de operações cognitivas sofisticadas, como comparações baseadas em tamanho e percepção de profundidade. O autor, Hans Rey, e sua esposa, Margret, formada pela Bauhaus, podem não ter conhecimento das contribuições que prestaram para o desenvolvimento cognitivo e linguístico das crianças quando criaram o malandro George na década de 1940, persistindo até hoje sua influência no desenvolvimento de milhões de crianças que ingressam na escola.

---

* N.T.: Em inglês, *Curious George*, outra série de livros infantis, criada pelo casal H. A. Rey e Margret Rey em 1939. Tais livros são inéditos no Brasil; optamos, contudo, por traduzir o título a partir do nome da popular série de televisão baseada no personagem, lançada nos EUA em 2006 e no Brasil, na rede de televisão aberta, pela Record em 2014. A autora cita a seguinte edição da obra: REY, H. A. *Curious George*. New York: Houghton Mifflin, 1941.

Outra contribuição da linguagem dos livros envolve certo tipo de compreensão, de nível superior, por parte da criança. Pensemos na frase "Era uma vez, há muito tempo". Em um piscar de olhos, ela nos transporta de nossa realidade atual, ativando um conjunto especial de expectativas sobre outro mundo. "Era uma vez, há muito tempo" indica a todos na faixa dos 4 anos e já experientes, que esse texto será um conto de fadas. Sem dúvida, existem centenas de tipos diferentes de histórias, com muitas variações entre culturas e épocas. As crianças acabam desenvolvendo uma compreensão de muitos desses tipos distintos, pois cada um deles possui seu próprio enredo, cenário, época e conjunto de personagens típicos. Esse tipo de informação cognitiva faz parte dos "esquemas",[28] expressão que alguns psicólogos empregam para se referir à maneira como certas formas de pensar se tornam rotinizadas, auxiliando na significação dos acontecimentos e possibilitando, assim, que a lembrança deles ocorra com eficiência. Os princípios funcionam, neste caso, em uma espiral de autorreforço: quanto mais coerente for a história para a criança, o armazenamento na memória será mais fácil; quanto mais acessível na memória for a história, maior sua contribuição para os esquemas emergentes da criança; quanto maior a quantidade de esquemas desenvolvidos por uma criança, mais coerentes se tornarão outras histórias e maior será a base de conhecimento dessa criança para futuras leituras.

A capacidade de prever cenários possíveis auxilia no desenvolvimento de habilidades inferenciais da criança (deduções ou adivinhações tendo por base qualquer informação fornecida). Crianças com 5 anos com experiência em combates com trolls, resgate de donzelas com tranças de seda e na decifração de pistas dadas por bruxas enfrentarão a tarefa de reconhecer palavras impressas desconhecidas (como "tranças" ou "trolls") muito mais facilmente; e por fim, o mais importante, tais crianças serão capazes de compreender os textos nos quais essas palavras estão inseridas.

Depois de considerar as diversas maneiras através das quais a exposição das crianças aos livros ajuda no seu desenvolvimento da leitura em momento posterior, pode-se concluir que ler muitos livros para seu filho é preparação suficiente durante o período anterior à escola obrigatória. Mas não é exatamente assim. Segundo alguns pesquisadores, o ato de ler é apenas parte daquilo que prepara as crianças para a leitura.[29] Outro excelente indicador é a capacidade, aparentemente simples, de nomear letras.

O que há no nome da letra?

Conforme as crianças ganham familiaridade com a linguagem dos livros, começam a desenvolver uma sensibilidade mais sutil aos detalhes visuais da impressão. Muitas crianças, em diversas culturas, podem ser vistas "lendo" um livro ao mover um dedo, mesmo quando não há uma única linha impressa à vista. Um aspecto dessa sensibilidade da impressão se inicia com a descoberta de que as palavras impressas seguem uma direção particular – por exemplo, em inglês e outros idiomas europeus, essa direção é da esquerda para a direita; nas línguas hebraica e aramaica, da direita para a esquerda; em várias escritas asiáticas, de cima para baixo.

Em seguida, surge um conjunto mais complexo de habilidades. À medida que as formas específicas de algumas linhas se tornam mais familiares, muitas crianças conseguem identificar algumas das letras coloridas na porta da geladeira, na banheira ou no papel utilizado para desenhos. A capacidade do cérebro de reconhecer a forma visual de, digamos, uma letra na cor turquesa não é um feito casual, como qualquer cérebro ancestral, que realizava a leitura de tabuletas, pode atestar. Como vimos anteriormente, tal capacidade baseia-se em um sistema de percepção visual primorosamente refinado e na exposição, em termos consideráveis, aos mesmos padrões e características do mundo visual que nos permitem reconhecer corujas, aranhas, flechas e gizes de cera coloridos.

Figura 1 – Dois caracteres chineses

Antes mesmo de aprenderem a reconhecer uma letra automaticamente, quanto mais nomeá-la, as crianças precisam transformar alguns de seus neurônios no córtex visual em "especialistas" na detecção do conjunto único e minúsculo de características de cada letra – exatamente o que os primeiros leitores da história tiveram que fazer. Para se ter uma noção do que uma criança tem de aprender em relação à análise visual, basta observar os caracteres chineses na Figura 1. Esses dois logogramas chineses são compostos por alguns recursos visuais semelhantes aos empregados nas letras alfabéticas: curvas, arcos e linhas diagonais. Faça uma pausa de alguns segundos e depois vá imediatamente para a última página deste capítulo (p. 151). Os dois símbolos mostrados ali são exatamente iguais aos da figura aqui ou há alguma diferença? (A resposta está nesta nota 30, que está na página 315 da seção "Notas" no fim do livro.)[30] A maioria dos adultos considera simplório esse exercício. Mas ele demonstra as sofisticadas exigências perceptivas impostas ao jovem sistema visual, para compreender que cada uma das características minúsculas, mas perceptíveis, de cada letra do nosso alfabeto, transmite informações; pois as letras consistem em padrões ordenados de características que são imutáveis – ou sofrem poucas mudanças.

Nesse ponto, um conjunto importante, primordial, de habilidades conceituais – relacionadas à invariância de padrões – facilita o aprendizado das letras. Quando crianças, nossos filhos já percebiam que algumas características visuais (o rosto da mãe e do pai) não mudavam. Pois trata-se de padrões invariáveis. Conforme discutido anteriormente, no primeiro capítulo, os humanos possuem habilidades inatas que permitem o armazenamento das representações de padrões perceptivos na memória, para depois aplicá-las a cada nova situação de aprendizagem. Desde o início, portanto, as crianças procuram características invariantes quando tentam aprender algo novo. Isso auxilia na construção de representações visuais e regras que, afinal, tornarão possível identificar qualquer letra que esteja em uma geladeira, independentemente do tamanho, cor ou fonte.

De outro ponto de vista do desenvolvimento cognitivo, o primeiro esforço de uma criança para nomear letras não é muito mais que uma aprendizagem de "associação pareada" – isto é, possui o mesmo encanto conceitual de um pombo aprendendo a associar um objeto qualquer com um rótulo, para assim obter uma pequena esfera como prêmio. Rapidamente, porém, surge outro processo de aprendizagem das letras, bem mais elegante se pensarmos em termos cognitivos – algo semelhante à noção dc "*bootstrapping*",* elaborada por Susan Carey e aplicada à aprendizagem dos números. Por exemplo: para muitas crianças, contar até dez e a "música do alfabeto" fornecem uma lista conceitual de "marcadores". Gradualmente, cada número e nome de letra da lista será mapeado na forma (escrita) de um grafema, processo que é acompanhado pela compreensão crescente da função de cada letra ou número. Harold Goodglass, neuropsicólogo já falecido, disse-me certa vez que, durante grande parte da sua infância, esteve convencido de que "elemeneo" era uma letra longa no meio do alfabeto. Trata-se de um exemplo da forma como os conceitos das letras se alteram

* N.T.: Termo de amplo uso que significa, literalmente, "alça da bota" – aquele pedaço, em geral de couro, que fica atrás do calçado e acima do calcanhar, que serve para puxá-lo, facilitando sua colocação. No caso específico da teoria de Susan Carey, trata-se de "tirando de si mesmos (de certos conceitos), é possível produzir outros conceitos" (cf. CASTORINA, José Antonio. "El Cambio Conceptual en Psicología: ¿Cómo Explicar la Novedad Cognoscitiva?" In: *Psykhe*, v.15, n.2, Santiago, nov. 2006, p. 125-135, disponível em https://www.scielo.cl/scielo.php?script=sci_abstract&pid=S0718-22282006000200012&lng=pt&nrm=iso&tlng=es). A referência da autora: CAREY, S. "Bootstrapping", 2004.

para as crianças, acompanhando seu desenvolvimento da linguagem, o desenvolvimento conceitual invisível e a utilização de áreas visuais especializadas do cérebro para a identificação das letras.

A comparação entre nomeação de objetos e letras, no caso de crianças, revela um "pré" e um "pós-projeto" bastante inesperado no sentido da evolução do cérebro, antes e depois do letramento. Em um nível simples,[31] reconhecer e nomear objetos são os processos que as crianças utilizam em primeiro lugar, iniciando a conexão entre suas áreas visuais subjacentes às áreas que servem aos processos de linguagem. Mais tarde, inicia-se um processo semelhante ao proposto pela noção de reciclagem neuronal de Stanislas Dehaene – o reconhecimento e a nomeação das letras arregimentam porções especiais desses mesmos circuitos, para que os símbolos escritos possam, por fim, ser lidos rapidamente.

Não temos imagens cerebrais de crianças aprendendo os nomes das letras, mas temos imagens cerebrais da nomeação de objetos e letras em adultos. Tais imagens nos mostram que, nos primeiros milissegundos, esses processos partilham uma grande parte do giro fusiforme da área 37. Uma hipótese é que a nomeação inicial das letras por crianças se parecerá bastante com a nomeação de objetos pela criança pré-alfabetizada. À medida que a criança passa a reconhecer as letras como padrões ou representações discretas, os neurônios organizados em grupos de trabalho, gradualmente tornam-se mais especializados, e exigem menos espaço. Nesse sentido, a nomeação de objetos e depois a nomeação das letras representam os dois primeiros estágios do cérebro letrado, moderno e reorganizado.

O brilhante filósofo alemão Walter Benjamin (1892-1940) sustentava que nomear era a atividade humana por excelência.[32] Embora nunca tenha visto uma tomografia cerebral, Benjamin não poderia estar mais correto no que diz respeito ao desenvolvimento inicial da nomeação e da leitura. Aprender a atribuir um nome a uma letra-símbolo abstrata, apresentada visualmente, é um pré-requisito fundamental de todos os processos reunidos na leitura e um poderoso indicador da capacidade de uma criança para a leitura. O trabalho do meu grupo de pesquisa, ao longo de muitos anos, forneceu indicativos de que a capacidade de nomear objetos quando a criança é bem jovem, e posteriormente nomear letras durante o amadurecimento, fornece um prognóstico fundamental de quão eficiente será o desenvolvimento do circuito da leitura no futuro.

De fato, a idade em que uma criança adquire a capacidade de nomear letras varia muito de criança e cultura. Em algumas culturas – e em certos países, como a Áustria –, as crianças não aprendem as letras até o primeiro ano escolar. Nos Estados Unidos, há crianças de 2 anos que conseguem nomear todas as letras, mas algumas de 5 anos (especialmente os meninos) ainda precisam trabalhar arduamente para tanto. Na verdade, testemunhei diversos meninos entre 5 e 7 anos dizerem, em voz baixa, todo o alfabeto antes de, finalmente, encontrar a letra procurada para poder nomeá-la.

Os pais devem ser incentivados a auxiliar as crianças na tarefa de dar nome às letras sempre que elas se mostrarem prontas para isso, e o mesmo princípio se aplica à "leitura" daquilo que costuma ser chamado "marcas do entorno" – palavras e signos presentes no ambiente familiar da criança,[33] como um sinal de "pare", uma caixa de cereal, o nome da criança e os nomes de irmãos ou amigos. Muitas crianças que já estão na escola aos 5 anos ou mesmo com idade inferior reconhecem as formas de palavras muito familiares, como "saída" e "leite", além de, muitas vezes, as primeiras letras de seus próprios nomes. Não importa que algumas crianças insistam que "Ivory" signifique "sabonete"*. Gradualmente, cada criança, na maioria das culturas letradas, passa a adquirir um repertório de letras e palavras vistas frequentemente antes de aprenderem essas letras. Esta fase da leitura é quase como uma fase "logográfica" no

* N.T.: *Ivory* é uma marca de produtos de higiene pessoal nos EUA.

desenvolvimento da criança: aquilo que ela[34] compreende, de forma não muito diferente de nossos antepassados com a leitura simbólica, é a relação entre conceito e símbolo escrito.

Quando uma criança pequena deve começar a ler?

Assim que as crianças começam a nomear as letras do alfabeto, surge a questão de saber se deveriam aprender a ler tão "cedo". A esperança de muitos pais, e o discurso comercial de muitos programas direcionados ao período de pré-leitura, é que a leitura precoce forneceria às crianças certa vantagem posteriormente, na escola. Há algum tempo, um colega meu na Tufts, o psicólogo infantil David Elkind,[35] escreveu um criterioso livro, *The Hurried Child* (A criança apressada), que abordava essa tendência da nossa sociedade de forçar as crianças a alcançar resultados. Ele apontava idades cada vez mais precoces em que pais incentivavam filhos a ler. Mais recentemente, David decidiu fazer uma nova edição do livro, pois acredita que a situação está significativamente pior agora.

Nossos relógios biológicos atuam nesse debate. A leitura depende da capacidade do cérebro de conectar e integrar várias fontes de informação – mais especificamente, áreas visuais com outras, auditivas, linguísticas e conceituais. Tal integração depende do amadurecimento de cada uma das regiões individuais, das suas áreas de associação e da velocidade com que estas regiões podem ser ligadas e integradas. Essa velocidade, por sua vez, depende muito da *mielinização* dos axônios do neurônio. Melhor material condutor da natureza, a mielina consiste em um revestimento de gordura que envolve os axônios da célula (Figura 2). Quanto mais mielina envolver o axônio, mais rápido o neurônio poderá conduzir sua carga. O crescimento da mielina segue um cronograma de desenvolvimento,[36] que difere para cada região do cérebro (por exemplo, nervos auditivos são mielinizados no sexto mês pré-natal; já os nervos visuais, seis meses após o nascimento).

Figura 2 – Neurônio e mielina

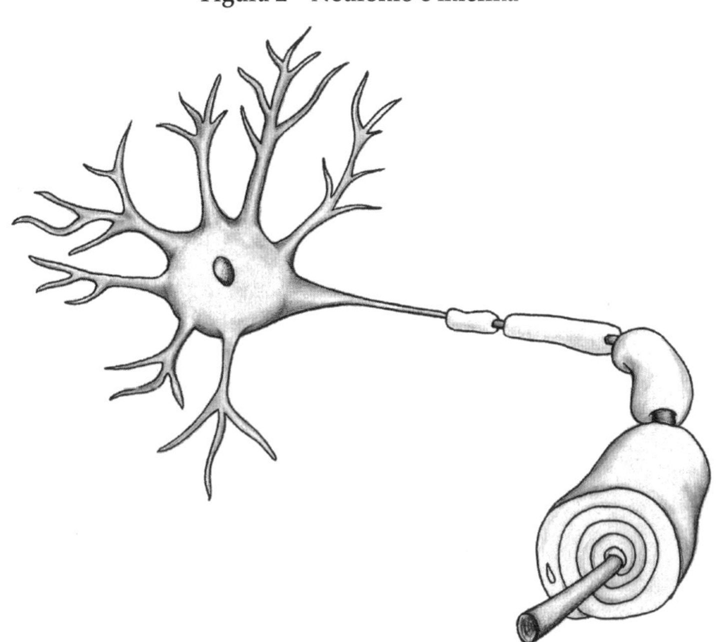

Embora cada uma das regiões sensoriais e motoras esteja mielinizada e funcione de forma independente antes dos 5 anos de idade, as principais regiões do cérebro que sustentam nossa capacidade de integrar rapidamente informações visuais, verbais e auditivas – como o giro angular – não estão totalmente mielinizada na maioria dos seres humanos até os 5 anos, ou mais O neurologista comportamental Norman Geschwind sugeriu que, para a maioria das crianças, a mielinização da região do giro angular não estaria suficientemente desenvolvida até a idade escolar[37] – isto é, entre 5 e 7 anos. Geschwind também levantou a hipótese de que a mielinização nessas regiões corticais críticas se desenvolveria mais lentamente em alguns meninos; esta pode ser uma das razões de haver mais meninos que demoram a adquirir fluência na leitura do que meninas. De fato, nossa própria investigação[38] sobre a linguagem revelou que as meninas são mais velozes que os meninos até por volta dos 8 anos de idade em muitas tarefas de nomeação cronometradas.

As conclusões de Geschwind a respeito do momento em que o cérebro de uma criança estaria suficientemente desenvolvido para ler foram confirmadas por várias descobertas interlinguísticas. A britânica Usha Goswami, pesquisadora de leitura, chamou minha atenção para um fascinante estudo de seu grupo, realizado com vários idiomas.[39] Descobriram, em três línguas diferentes, que as crianças europeias, convidadas para iniciar o aprendizado da leitura aos 5 anos, tiveram desempenho inferior ao de outras crianças, que começaram aos 7 anos. É possível concluir, a partir dessa investigação, que os diversos esforços para ensinar uma criança a ler antes dos 4 ou 5 anos de idade são biologicamente precipitados, além de potencialmente contraproducentes para muitas crianças.[40]

Na aptidão para a leitura, como na vida, sempre existem exceções. Um exemplo ficcional memorável de uma criança que aprende a ler antes dos 5 anos é Scout, personagem de *O sol é para todos*, de Harper Lee, que aterroriza sua nova professora com a habilidade precoce de ler qualquer coisa que esteja à vista.

> Enquanto eu lia o alfabeto, uma linha tênue apareceu entre as sobrancelhas dela; depois de me fazer ler, em voz alta, a maior parte do *Minha Primeira Leitura* e as cotações do mercado de ações no *Mobile Register*, concluiu que eu era alfabetizada e me olhou com algo mais do que seria um leve desgosto. A senhorita Caroline me disse, então, para avisar meu pai de que não era necessário me ensinar mais nada, pois isso atrapalharia minha leitura. Nunca aprendi a ler deliberadamente [...] Ler foi algo que simplesmente veio até mim [...] Não conseguia me lembrar de quando as linhas indicadas pelo dedo em movimento de Atticus se separaram em palavras, mas eu olhei para elas todas as noites em minha memória – qualquer coisa que Atticus estivesse lendo, quando me esgueirava no colo dele todas as noites. Até sentir o temor de perder isso, nunca gostei de ler. Respirar não é questão de gosto.[41]

A escritora Penelope Fitzgerald forneceu outra visão sobre o assunto. De suas lembranças: "Comecei a ler logo depois dos 4 anos. As letras na página cederam repentinamente e admitiram o que representavam. Atenderam minha demanda de forma completa e de uma só vez".[42] Para crianças como Scout e Penelope Fitzgerald, é melhor deixá-las ler. Para as outras, existem excelentes razões biológicas para que a leitura chegue em seu devido tempo.

Notas da grandeza amielínica

Muitas coisas maravilhosas podem acontecer antes dos 5 anos de idade, apropriadas ao desenvolvimento e facilitadoras tanto da leitura em etapa posterior quanto do prazeroso aproveitamento do fim da educação infantil, sem qualquer instrução explícita de leitura. Escrever e ouvir poesia, por exemplo, aguça a capacidade em desenvolvimento de uma criança para ouvir (e, em última análise, segmentar) os menores sons das palavras, os fonemas. Essas primeiras tentativas de escrever refletem uma sequência no conhecimento crescente da criança, relacionado à conexão entre a linguagem oral e a escrita. Inicialmente, as letras são escritas (ou desenhadas) através da imitação. Na verdade, muitas vezes há mais "arte" rabiscada do que conceito nesse ponto. Em seguida, as letras passam a demonstrar a evolução do conceito de impressão nas crianças, especialmente no caso das letras dos seus próprios nomes. Gradualmente, outras letras passam a captar a forma como as crianças compreendem que as palavras são escritas, com muitos nomes de letras usados, digamos, de forma engenhosa.

No livro *Gnys at Work: A Child Learns to Write and Read,*[43] ("Gnys at Work": uma criança aprende a ler e escrever), Glenda Bissex fornece um exemplo pitoresco do período em que crianças utilizam nomes de letras para soletrar palavras. A certa altura, quando Bissex demonstrava estar preocupada (provavelmente em escrever o livro), seu filho de 5 anos entregou-lhe um bilhete em que havia o seguinte: "RUDF". Essas letras podem ser traduzidas diretamente da seguinte forma: "Você é surda?"* O filho de Bissex, como inúmeras crianças de sua idade, começou a ter duas percepções: primeiro, que a escrita pode concentrar, temporariamente, a atenção de um adulto; segundo, essa noção complexa de que as letras correspondem aos sons dentro das palavras.[44] O que ele não percebeu foi que o som que representa uma letra não é equivalente ao nome dessa mesma letra. A letra "r" não representa "*are*" (verbo ser no presente do indicativo); em vez disso, representa o som do fonema inglês /r/, pronunciado na forma "*ruh*". Essa correspondência entre letras escritas e sons orais é um conceito sutil e difícil. Muitas vezes os pais, e mesmo os professores que não têm formação linguística no que diz respeito à leitura, se esquecem da complexidade envolvida em tais processos. E, de fato, é um conceito que falta em grande parte das cartilhas utilizadas para ensinar leitura às crianças.

Crianças com idade entre 4 e 5 anos podem não ter essas percepções mais sutis, mas começam a compreender a representação simbólica em um novo nível. Aprendem que as palavras impressas representam palavras faladas; que as palavras faladas são feitas de sons; e, principalmente, que as letras transmitem esses sons. No caso de diversas crianças, essa circunstância leva a uma efusão de escrita que é bem pouco convencional em termos de regras ortográficas, mas que, na realidade, é orientada por regras bastante rígidas. Tal escrita, chamada de "ortografia inventada" por Carol Chomsky e Charles Read,[45] é razoavelmente decifrável se lembrarmos o filho de Glenda Bissex. Contudo, o princípio é mais complicado do que parece. Por exemplo, tente decifrar "YN". Essa grafia foi encontrada na escrita infantil para pelo menos duas palavras:[46] "vinho" ("*wine*") e "ganhar" ("*win*"). Em ambos os casos, as crianças usaram o nome da letra Y para transmitir o som "wuh" (que em inglês se representa com "w"). Ao indicar com essa escrita "vinho" ("*wine*"), empregaram o nome completo da letra Y, mas no caso de "ganhar"

---

* N.T.: Em inglês, "*Are you deaf?*".

("*win*"), optaram pelo nome completo da letra N para a sonoridade "in"; ou seja, dois conjuntos perfeitamente razoáveis de regras ortográficas possíveis.

Outra característica incomum da grafia inventada nessa escrita inicial é que os sons, muitas vezes, não estão de acordo com a grafia aceita, porque a pronúncia do inglês é assustadoramente variada e afetada por muitos fatores, incluindo o dialeto regional. Por exemplo, em Boston, onde moro, o "t" medial em muitas palavras – como em "*little*" ("pequeno") – costuma ser escrito com "d" pelas crianças ("LDL"); já uma criança do sul de Boston, bem como seu colega brâmane, levarão cerca de um ano a mais que crianças de outras partes do país para produzir "*cart*" ("carroça") com o "r". No entanto, as crianças de Boston em geral, como o falecido presidente John Kennedy, generosamente concederão o "r" ao final de "AMREKR".

Uma das questões mais intrigantes sobre a primeira escrita das crianças é se elas conseguem lê-la. De fato, a maioria das crianças tem dificuldade em ler o que escreveram, mas, ei, elas querem! Essa motivação, juntamente com a aprendizagem dos sons individuais das palavras que passam a fazer parte da "ortografia inventada", torna a escrita precoce das crianças um precursor extremamente útil da aprendizagem da leitura e um complemento maravilhoso para o processo de leitura real.[47]

Consciência fonêmica e a sábia Mamãe Ganso

As crianças pequenas não percebem as unidades sonoras da mesma forma que nós, como vimos com "elemeneo", de Harold Goodglass, e os charmosos exemplos idiossincráticos da escrita infantil. Em vez disso, passam muito gradualmente da consciência daquilo que constitui uma palavra na frase para sílabas dentro de uma palavra (por exemplo, "sol-ar"), até que, finalmente, cada fonema individual dentro de uma palavra passa a ser segmentado (por exemplo, "s, "o", "l"). A consciência que uma criança tem dos sons e fonemas distintos em uma palavra é, ao mesmo tempo, um componente crítico e uma consequência do aprendizado da escrita e da leitura. Como vimos nas conquistas obtidas pelos gregos, a metaconsciência dos sons individuais da fala não apareceu magicamente na história da escrita; da mesma forma, não surge magicamente para a criança. Quando questionada pela especialista em leitura Marilyn Adams qual seria o "primeiro som" em "gato", uma criança respondeu prontamente: "Miau"!

Uma das conquistas singulares dos criadores do alfabeto grego foi tal dimensão de consciência dos sons da fala. Trata-se de uma das contribuições mais poderosas do alfabeto, e também um dos dois melhores indicadores de desempenho posterior para a leitura,[48] sendo a nomeação rápida o segundo. Ortografias inventadas, como RUDF, e também todos os tipos de escrita inicial de uma criança dão pistas a respeito de quando tal consciência linguística se desenvolve, e também promovem seu crescimento.

Além da escrita, existem outras maneiras igualmente divertidas de ajudar as crianças a desenvolverem a consciência fonêmica. Mamãe Ganso* é uma delas. Escondidas no meio de "*Hickory, dickory dock, a mouse ran up the clock*"** e de outras canções, podem ser encontradas formas potenciais de auxílio para a consciência sonora – aliteração, assonância, rima, repetição. Sons aliterativos e rimados indicam ao ouvido jovem que as palavras, por vezes, soam semelhantes, pois compartilham o primeiro ou o último som. Ao escutar crianças contando suas primeiras piadas, o apelo excêntrico da rima impressionará imediatamente o ouvinte. Assim

---

* N.T.: Na Inglaterra, desde o século XVI, surgiram publicações compilando cantigas infantis. A mais célebre de todas foi publicada por Thomas Carnan em Londres, no ano de 1780, com o título *Mother Goose's Melody, or, Sonnets for the Cradle.* O sucesso dessa coleção foi tamanho que, na língua inglesa, "*Mother Goose Rhymes*" (literalmente "Cantigas da Mamãe Ganso") tornou-se sinônimo de "*nursery rhymes*" (termo mais geral para canções e cantigas de roda infantis).

** N.T.: Célebre cantiga em língua inglesa, publicada originalmente em 1744. A segunda parte da rima, "*a mouse ran up the clock*", poderia ser traduzida como "um rato subiu no relógio".

como o Ursinho Pooh, as crianças adoram repetir um "par correspondente" de sons indefinidamente ("Coelhinho lindinho, você é um bichinho lindinho, queridinho!"), só porque a rima apela para sua fantasia.

Algo igualmente importante: a criança que começa a distinguir sons emparelhados também passa a segmentar as partes internas das palavras em componentes menores. As crianças de 4 e 5 anos estão começando a discernir o início ou os primeiros sons de uma palavra ("S" em "Sam") e a rima ("am" em "Sam"). Este é o início de um longo e importante processo, que permite diferenciar cada fonema individual de uma palavra, o que facilita o aprendizado da leitura.

Um experimento bem conhecido e altamente inventivo realizado na Inglaterra por vários pesquisadores célebres ilustra a importância desses princípios. Lynne Bradley e Peter Bryant[49] investigaram quatro grupos de crianças, semelhantes em todos os aspectos com uma exceção: aos 4 anos, dois grupos receberam um programa de treinamento que enfatizava sons aliterativos e rimados. Essas crianças ouviam grupos de palavras que tinham o mesmo som inicial (aliteração) ou a mesma vogal medial (rima) no som final. Simplesmente aprenderam a agrupar as palavras de acordo com os sons compartilhados. Além disso, foi mostrada às crianças de um dos dois grupos treinados a letra correspondente nas tarefas de categorização dos sons. Alguns anos depois, Bradley e Bryant testaram todas as crianças. Surpreendentemente, as crianças que receberam o treino de rima simples demonstraram ter um desenvolvimento muito maior da consciência fonêmica e, o mais importante, aprenderam a ler com mais facilidade. Além disso, crianças que receberam tanto o treinamento de rima quanto a condição visual de correspondência das letras foram as que alcançaram o melhor desempenho. Promover o "gênio linguístico" de Chukovsky na criança acontece de várias maneiras, e a poesia das cantigas de roda infantis é uma delas.

Mas o que está acontecendo debaixo da superfície, no desenvolvimento das crianças, para produzir tal improvável descoberta? No nível mais básico, as crianças, em primeiro lugar, aprendem a perceber as palavras analiticamente, da maneira mais simples possível – através da percepção de aliterações e da rima, pela descoberta de como categorizar os sons com base em tais noções. Então, conectam esses sons a uma letra ou representação visual correspondente. Unidas, as habilidades usadas para distinguir melodia, ritmo e cadência das rimas contidas nas cantigas de Mamãe Ganso facilitam as "habilidades de consciência fonêmica" da criança. Extensas pesquisas sobre o desenvolvimento deste aspecto fonológico da linguagem indicam que a reprodução sistemática de rimas, primeiros sons e últimos sons em jogos de palavras, piadas e canções contribui significativamente para a aptidão da criança no aprendizado da leitura.[50] Ensinar uma criança a gostar de poesia e música converte-se em brincadeira de ótimas consequências.

Katie Overy, pesquisadora da linguagem de origem escocesa,[51] junto a dois membros do nosso laboratório, Catherine Moritz[52] e Sasha Yampolsky, estão pesquisando a hipótese de que a ênfase específica no próprio treinamento musical – como a produção de padrões rítmicos – poderia também ser útil para a consciência fonêmica e outros indicadores do desenvolvimento da leitura. Se tal pesquisa for bem-sucedida, esperam criar intervenções precoces baseadas em ritmo, melodia e rima.

Onde os indicadores se reúnem

Quando as crianças atingem seus 5 ou 6 anos de idade, todos os precursores da leitura se encontram no mundo da escola. Nenhum conceito, letra ou palavra aprendido anteriormente costuma ser desperdiçado por bons professores. A aprendizagem precoce torna-se material para uma introdução mais formal ao mundo da linguagem escrita. Embora os professores tenham estimulado a maioria dos indicadores durante muito tempo, só nos últimos anos é que ferramentas sistemáticas[53] se tornaram amplamente disponíveis para promover o desenvolvimento de competências de consciência fonêmica. Estes métodos, de aparente simplicidade,[54] auxiliam as crianças no aprendizado de vários conceitos linguísticos difíceis: (1) a "intuição de Moisés" (como na história de Thomas Mann), de que poderia haver certa correspondência individual entre som e símbolo; (2) os conceitos mais difíceis de que cada letra tem um nome e um som, ou grupo de sons, que ela representa – e o inverso, ou seja, cada som é representado por uma letra ou, algumas vezes, por várias letras; e (3) a compreensão de que as palavras podem ser segmentadas em sílabas e sons.

Louisa Cook Moats,[55] pesquisadora da leitura, defende a importância de infundir esses princípios linguísticos básicos no ensino da leitura e no desenvolvimento de habilidades combinadas de leitura iniciais. Muitas vezes, crianças enfrentam consideráveis dificuldades em descobrir como misturar sons para formar palavras como *cat* ("gato") e *sat* ("sentar" no passado). Conhecer o princípio linguístico que define o fonema de uma "consoante" como "s", e saber que ele pode ser mantido pelo tempo que for necessário, na pronúncia, para adicionar uma rima (como "*at*") torna-se um elemento que facilita o ensino do conceito de combinação, tanto para a criança quanto para o professor. Assim, se as escolhas realizadas no cotidiano da sala de aula estiverem centradas nessa mistura, palavras como *sat* e *rat* ("rato") tornam esse processo, quando realizado de forma precoce, bem mais inteligível do que *cat*.*

A SEGUNDA HISTÓRIA

Até agora, tudo o que fluiu para a aquisição da leitura, teve sua origem em um mundo muito especial, onde mães coelhas e hipopótamos amorosos iluminam palavras e sentimentos, dragões

* N. T.: Em "*sat*" e "*rat*", o som inicial de ambos (/s/ e /r/) pode ser prolongado, facilitando a transição para o restante da palavra. E, portanto, ajuda na habilidade de combinação. Já "*cat*" é mais difícil, pois começa com um som abrupto (/k/), dificultando a decodificação para crianças iniciantes.

transmitem conceitos e sintaxe, enquanto rimas infantis e rabiscos semelhantes a letras apresentam toda uma consciência de sons e escrita, bem como uma consciência crescente de sua inter-relação. Ler, em um mundo assim, constitui a soma de cinco anos aplicados ao desenvolvimento de habilidades cognitivas, linguísticas, perceptivas, sociais e afetivas altamente complexas, que florescem melhor em ambientes ricos em interações.

O que dizer, nesse caso, de crianças oriundas de lares onde ninguém ouve Mamãe Ganso, onde ninguém é incentivado a ler cartazes, rabiscar letras ou brincar com livros de qualquer tipo? E as crianças deste país que pertencem a outras culturas, que ouvem muitas histórias, mas em espanhol, russo ou vietnamita? Por outro lado, e aquelas crianças que parecem não aprender ou responder à linguagem da mesma forma que as outras? Cada vez mais, grupos de crianças como os mencionados passaram a lotar nossas salas de aula, cada um com necessidades diferentes. O que acontece com todas ao entrarem na escola é algo que traz consequências graves para a vida que se desdobrará – para eles e para todos nós.

Guerra ao "empobrecimento de linguagem"

Sem que elas ou suas famílias se deem conta, crianças que crescem em ambientes com pouca ou nenhuma experiência de letramento já estão tentando recuperar o atraso quando ingressam na educação infantil e no ensino fundamental. Não se trata apenas de uma questão do número de palavras não ouvidas, não compreendidas. Quando palavras não são ouvidas, conceitos não são apreendidos. E se as formas sintáticas não forem encontradas, há menos conhecimento sobre a relação dos eventos em uma narrativa. Assim também, quando as formas das histórias não são conhecidas, há menos capacidade de inferir e prever. Se as tradições culturais e os sentimentos dos outros não forem vivenciados, há menos compreensão do que as outras pessoas sentem.

Como foi mencionado anteriormente, uma descoberta perturbadora[56] surgiu em estudo realizado por Todd Risley e Betty Hart em uma comunidade na Califórnia. O estudo expôs uma realidade sombria que traz consigo implicações gravíssimas. Aos 5 anos, algumas crianças de ambientes linguisticamente empobrecidos ouviram 32 milhões de palavras a menos dirigidas a elas do que a média das crianças de classe média. Aquilo que Louisa Cook Moats chama de "pobreza vocabular"[57] vai muito além do que a criança escuta. Em outro estudo, que analisou quantas palavras as crianças produzem aos 3 anos de idade, as crianças de ambientes empobrecidos usaram menos da metade do número de palavras faladas por seus pares mais favorecidos.

Outro estudo, por sua vez, abordou os livros em uma casa – qualquer tipo de livro. Levantamento realizado em três comunidades de Los Angeles indicou diferenças surpreendentes no número de livros disponíveis para as crianças.[58] Na comunidade mais desfavorecida, não foram encontrados livros infantis nas casas; na comunidade em que a renda variava entre média e baixa, havia em torno de três livros; na comunidade abastada, foram encontrados cerca de 200 livros. Minha história que entrelaça cuidadosamente sapos, palavras e sintaxe é jogada pela janela quando surgem tais estatísticas. A simples indisponibilidade de livros terá um efeito esmagador no conhecimento da linguagem e no conhecimento do mundo, que seriam absorvidos nesses primeiros anos.

Os estudos do psicólogo canadense Andrew Biemiller[59] têm por foco as consequências de níveis vocabulares muito baixos em crianças pequenas. Ele descobriu que, ao chegarem na educação infantil, as crianças entre os 25% com os níveis mais baixos em termos de vocabulário, em geral permanecem atrás das outras crianças, tanto em vocabulário quanto em compreensão de leitura. Ao alcançarem o quinto ano, aproximadamente três anos escolares completos os separam de seus colegas que estavam na média, tanto em vocabulário quanto em compreensão de leitura; situam-se dramaticamente ainda mais distantes das crianças cujo vocabulário na educação infantil estava entre os 75% melhores. Em outras palavras, a inter-relação entre desenvolvimento do vocabulário e compreensão posterior da leitura torna o lento crescimento do vocabulário nestes primeiros anos muito mais terrível do que parece,[60] se visto apenas como fenômeno casual e desafortunado. Nada no desenvolvimento da linguagem tem efeitos isolados em crianças.

Muitos fatores, que as crianças "trazem à mesa" na educação infantil, não podem ser alterados. O desenvolvimento da linguagem não é um deles. A família que se situa na média oferece amplas oportunidades para dar à criança tudo o que é necessário para o desenvolvimento normal da linguagem. Em amplo estudo a respeito do desenvolvimento inicial das competências de letramento, a educadora Catherine Snow,[61] de Harvard, e seus colegas constataram que, além dos materiais empregados para o letramento, um dos principais elementos auxiliadores em termos do aprendizado mais avançado da leitura seria simplesmente o tempo dedicado às "conversas durante o jantar". Ser envolvido ou ser alvo de conversa, alvo de leitura e ser um bom ouvinte são os fundamentos do desenvolvimento inicial da linguagem, mas a realidade em muitas famílias (algumas economicamente desfavorecidas, outras não) é muito pouco tempo de dedicação a esses elementos básicos, antes da criança atingir os 5 anos de idade.

Como observou diversas vezes Peggy McCardle,[62] que trabalha diretamente com decisões políticas, com a aplicação de esforços relativamente pequenos e bem coordenados, os anos anteriores a essa idade podem se tornar ricos em possibilidades para o desenvolvimento da linguagem, em vez de serem uma "zona de guerra". Todos os profissionais que trabalham com crianças podem auxiliar na garantia de que os pais compreendam a contribuição que podem dar ao potencial de seus filhos, para que as crianças possam ter acesso à educação infantil que seja de boa qualidade. Por exemplo, uma série de vacinas, alguns esclarecimentos a jovens pais a respeito das "conversas no jantar" e uma série de livros apropriados ao desenvolvimento deveriam ser a norma para cada "reunião de pais" nos primeiros 5 anos de vida de cada criança ao frequentarem escolas. Assistentes sociais e prestadores de serviços em programas de visita domiciliar, como o "Healthy Start",* também podem fornecer pacotes e orientações semelhantes nessas áreas. Condições de igualdade para todas as crianças, antes do acesso à escola obrigatória, não deveria ser algo tão difícil de alcançar.

Efeitos das infecções de ouvido no desenvolvimento inicial da linguagem

Um obstáculo generalizado a essa igualdade de condições envolve frequentes otites médias em crianças pequenas, a queixa mais comum nas práticas pediátricas de todo o país. Consideremos aquilo que realmente acontece com uma criança que está aprendendo suas duas ou quatro palavras todos os dias, quando está com uma infecção no ouvido não diagnosticada ou não tratada. Um dia, a criança ouve uma nova palavra, "pur"; no segundo (ou décimo) dia, essa criança escuta "pura"; logo depois, escutará "púrpura". Mas, graças à infecção no ouvido, a criança recebe informações acústicas inconsistentes, levando a três representações sonoras diferentes para a palavra "púrpura". Deixando de fora a confusão cognitiva, crianças como essa levarão mais tempo para adquirir novas palavras em seu vocabulário; de fato, dependendo de quando e quantas infecções ocorrerem, é possível que não desenvolvam um repertório completo e de alta qualidade das representações de fonemas que cada língua possui. As infecções não tratadas afetam o desenvolvimento do vocabulário e a consciência fonológica, dois dos mais importantes precursores da leitura.

* N.T.: Programa de saúde domiciliar que visa fornecer orientações prévias e avaliações, voltado a mulheres grávidas tanto em certas cidades (e estados) nos EUA como também na Inglaterra.

Mas os problemas não param por aí. Se dois dos mais importantes precursores da leitura – o vocabulário e a consciência fonológica – são afetados, a própria leitura também será. Um de meus alunos, que trabalha em amplo projeto de pesquisa de natureza longitudinal, pediu a pais que preenchessem um questionário sobre infecções de ouvido em crianças abaixo dos 5 anos de idade para, em seguida, obter todos os históricos pediátricos que conseguiu de cada uma. Os resultados indicaram que as crianças com infecções de ouvido frequentes, não tratadas, eram significativamente mais propensas a ter problemas de leitura posteriores.

Uma das percepções mais surpreendentes que obtivemos desse estudo não diz respeito ao resultado previsível, mas, sim, ao grande número de pais que fizeram comentários do seguinte tipo: "Mas todos os meus filhos tiveram 'ouvidos com corrimento' quase o tempo todo". Em outras palavras, uma quantidade considerável de pais bem-intencionados nunca compreendeu que as infecções dos ouvidos tinham consequências mais graves do que desconforto transitório. O problema de "ouvidos com corrimento", quando não tratado, representa um impedimento invisível ao desenvolvimento da linguagem oral e escrita, e todos que trabalham com crianças precisam saber disso. Se em ambientes de letramento empobrecidos, esforços relativamente pequenos mas coordenados podem ter bons resultados, as infecções de ouvido não deveriam continuar sendo um obstáculo para as nossas crianças.

Efeitos possíveis de ambientes bilíngues no aprendizado da leitura

Uma questão muito mais difícil envolve os efeitos de ter de aprender um idioma no exato momento em que cruza a porta da escola. Aprender duas ou mais línguas é um investimento cognitivo complexo, extraordinário, no caso de crianças, que representa uma realidade crescente para grande número de estudantes. Alguns custos iniciais, como erros de transferência e substituições de uma língua para outra, são menos importantes do que as vantagens, *se* (um "se" muito importante) a criança aprender adequadamente cada língua. A plasticidade do cérebro jovem permite que as crianças atinjam – com menos esforço do que em qualquer outro momento – proficiência em mais de uma língua. Após a puberdade, os alunos ganham certas vantagens ao aprender uma língua, mas o cérebro da criança mais nova é superior em vários aspectos importantes quando se trata de aprender a falar línguas sem sotaque.

O exame das muitas questões que giram em torno do bilinguismo e da aprendizagem costuma ser algo vertiginoso, mas três princípios dominam.[63] Primeiro, os alunos de inglês, que conhecem um conceito ou palavra na sua primeira língua,[64] obtêm o aprendizado de seu uso mais facilmente em inglês, sua segunda língua, "escolar". Ou seja, o enriquecimento linguístico em casa proporciona uma base cognitiva e linguística essencial para toda a aprendizagem, que não precisa estar situado na linguagem escolar para ser útil à criança. Crianças que convivem com um ambiente empobrecido para sua língua materna, por outro lado, não têm base cognitiva ou linguística suficiente para a primeira língua, nem para a segunda, escolar.

O segundo princípio é semelhante ao primeiro. Poucas coisas são mais importantes para aprender a ler em inglês do que a qualidade de desenvolvimento da linguagem nesse idioma. Milhares de crianças ingressam na escola estando em diferentes graus de conhecimento do inglês. Esforços sistemáticos para suscitar tanto os "novos" fonemas do inglês como o novo vocabulário da escola (e dos livros) precisam acontecer em cada sala de aula, para cada aluno. Connie Juel[65] apontou uma questão linguística essencial que passa facilmente despercebida aos nossos professores: as crianças que chegam à escola, sejam novas na língua inglesa ou novas no dialeto inglês americano padrão falado nas escolas, não conhecem os fonemas que se espera que identifiquem (ou induzam) na leitura. Durante cinco anos, eles "aprenderam a ignorá-los e a ouvir principalmente os seus próprios".[66]

O terceiro princípio diz respeito à idade na qual crianças devem se tornar bilíngues: quanto mais cedo melhor para o desenvolvimento da linguagem oral e escrita. A neurocientista de Dartmouth, Laura-Ann Petitto, junto a seus colegas, descobriu que a exposição bilíngue precoce (antes dos 3 anos) teve efeito positivo, pois linguagem e leitura ficaram comparáveis ao grupo monolíngue.[67] Além disso, nos estudos de imagem realizados pelo grupo de Petitto em adultos que foram bilíngues precoces, foi possível verificar que os cérebros processavam ambas as línguas em regiões sobrepostas, como ocorria nos cérebros de indivíduos monolíngues. À guisa de comparação, adultos bilíngues que foram expostos posteriormente a uma segunda língua apresentaram um padrão diferente, de natureza bilateral, em termos de ativação do cérebro.

Como neurocientista cognitiva, considero muito positiva a possibilidade de ter um cérebro bilíngue. Entre outras coisas, o trabalho de Petitto demonstra como um cérebro bilíngue, exposto precocemente, parece ter certas vantagens cognitivas sobre um cérebro monolíngue em termos de flexibilidade linguística e multitarefa. Contudo, como educadora que trabalha em muitas comunidades onde o inglês não é falado na maioria dos lares, fico obcecada por questões complexas – e, às vezes, controversas – envolvidas no aprendizado de dois idiomas, incluindo a autoestima das crianças, seu pertencimento a uma comunidade cultural, seu sentido de competência percebida e os efeitos cumulativos de tudo isso na leitura. Sei que devemos ajudar nossas crianças a aprender a língua ensinada na escola, para que possam atingir o seu potencial nesta cultura, de língua inglesa, começando por torná-las leitoras. Para algumas crianças – criadas em um "colo ideal" no espanhol, japonês ou russo –, aprender a ler em inglês é um desafio mais modesto, e ouvir livros de histórias em inglês[68] auxiliará na ligação de palavras e conceitos de sua primeira língua para a segunda. Para aqueles que não tiveram esse "colo", o processo de ingresso na escola e a aprendizagem de uma segunda língua simultaneamente podem ter efeitos culturais, sociais e cognitivos avassaladores. São nossas crianças e devemos estar preparados em princípio por um compromisso comunitário a ensiná-las, munidos de conhecimentos sobre como a leitura em qualquer língua se desenvolve ao longo do tempo.

A leitura nunca acontece de forma espontânea. Nenhuma palavra, conceito ou rotina social será desperdiçada nos 2 mil dias que preparam o cérebro jovem para o emprego de todas suas partes em desenvolvimento, necessárias à aquisição da leitura. Está tudo presente – ou não – desde o início, com consequências para o desenvolvimento da leitura das crianças, bem como para o resto de suas vidas.

A "HISTÓRIA NATURAL" DO DESENVOLVIMENTO DA LEITURA – A CONEXÃO ENTRE AS PARTES DO JOVEM CÉREBRO LEITOR

Ninguém nunca disse que deveríamos estudar nossas vidas
fazer de nossas vidas objeto de estudo, como no caso da
história natural
ou da música, na qual devemos começar
com exercícios bem simples primeiro
e lentamente, tentando
os mais difíceis, praticando até que a força e a precisão
nos permitam arriscar um salto na transcendência...[1]

Adrienne Rich, "Transcendental Etude"

Em certo sentido, é como se a criança recapitulasse a história – das primeiras, hesitantes, tentativas com a descoberta da escrita alfabética até a igualmente imensa, se não maior, em termos intelectuais, descoberta do fato de que a palavra falada é constituída por um número finito de sons.[2]

Jeanne Chall

Que o extraordinário romance de Proust, *Em busca do tempo perdido*, tenha sido evocado ao degustar uma *madeleine* é um marco de proporções quase míticas no século XX. Independentemente de a recordação sensorial do personagem do livro ter sido ou não apenas criação da incrível imaginação de Proust, aquilo poderia ter realmente acontecido. O cérebro humano armazena e recupera memórias de várias maneiras, inclusive por meio de cada um dos sentidos.

Ao iniciar este capítulo sobre como aprender a ler, queria encontrar minha própria *madeleine*: ou seja, algo que liberasse minha lembrança primordial da leitura, de fato. Não obtive êxito. Não consegui me lembrar daquele primeiro momento em que percebi que podia ler, mas algumas de minhas outras lembranças – uma pequena escola de duas salas, com oito séries e dois professores – evocam alguns fragmentos daquilo que o especialista em línguas Anthony Bashir denomina "história natural" da existência leitora.[3] A história natural da leitura começa com exercícios simples, prática e precisão; seu término, se tivermos sorte, será com as ferramentas e a capacidade de "saltar para a transcendência". Tudo isso aconteceu comigo em uma pequena cidade chamada Eldorado.

APRENDENDO A LER EM ELDORADO, FLORENÇA, FILADÉLFIA E ANTÍGUA

Quando você aprende a ler, é como nascer de novo... e nunca estar tão sozinho novamente.[4]

Rumer Godden

Nos livros, realizei viagens não apenas para outros mundos, mas para o meu próprio. Aprendi quem fui e quem gostaria de ser, o que posso aspirar a ser, e o que posso ter a ousadia de sonhar de meu mundo e de mim. Mas senti que eu também existi boa parte do tempo em uma dimensão muito diferente de todos que conheci. Existe a vigília e o sono. E existem também livros, espécie de universo paralelo, no qual tudo pode acontecer – e, frequentemente, acontece –, um universo no qual posso ser uma recém-chegada, mas, jamais, uma estranha. Meu mundo real, verdadeiro. Minha ilha perfeita.[5]

Anna Quindlen

> *Era desejo de meu pai que eu fosse enviada para a escola. Foi um pedido incomum; as meninas não frequentavam a escola... O que a educação poderia realizar para alguém como eu? Só posso falar daquilo que não tive; só posso fazer comparações com aquilo de que dispunha e descobrir a miséria na diferença. E ainda assim, ainda assim [...] foi por essa razão que enxerguei, pela primeira vez, o que havia além do caminho que levava para longe de minha casa.*[6]
>
> Jamaica Kincaid

A historiadora Iris Origo, marquesa de Val d'Orcia, costumava citar Rumer Godden para descrever suas experiências de aprendizagem da leitura em uma *villa* florentina no início do século XX. Anna Quindlen escreveu a descrição perfeita a respeito de como aprender a ler na Filadélfia, em meados do século XX. Jamaica Kincaid capturou, em sua obra *A autobiografia da minha mãe*, o que significava para uma menina a leitura no mundo de sua infância: Antígua, no Caribe. Na verdade, a prodigiosa facilidade inicial que demonstrou em aprender a ler convenceu sua professora de que a jovem Jamaica estaria "possuída". Apesar das diferenças de tempo, lugar e contexto cultural entre tais escritoras, um tema as une a cada novo amante dos livros. Trata-se de um tema que também percorreu minhas experiências, quando aprendi a ler em Eldorado, Illinois: a descoberta, no interior dos livros, da existência de universos paralelos – Origo nunca mais estaria "tão sozinha novamente", a "ilha perfeita" de Quindlen, "o que havia além do caminho para longe de minha casa", de Kincaid.

"Ironia ortográfica" é um termo excelente para descrever a origem do nome da minha cidade natal. Em meados de 1800, Elder e Reeder contrataram um pintor "da cidade grande" para visitar o pequeno vilarejo que haviam fundado – Elderreeder, ao sul de Illinois – e pintar uma placa dando as boas-vindas a todos que por ali passassem. Sendo um homem culto, o pintor corrigiu discretamente o que supôs ser um erro ortográfico dos interioranos que residiam ali e pintou uma placa dando boas-vindas aos que chegassem a "Eldorado". Talvez a placa fosse bonita demais para ser trocada, talvez não houvesse dinheiro para comprar outra, ou talvez o nome apelasse para algum sonho não confessado dos locais, mas de qualquer forma o nome pegou, e eu fui criada em Eldorado, Illinois, um século depois.

Duas escolas prepararam as crianças de Eldorado. Minha pequena escola paroquial, St. Mary's, parecia saída de uma xilogravura do século XIX: edifício de tijolo vermelho escuro, com duas grandes salas, cada uma com quatro séries e quatro fileiras. Os alunos da primeira série se sentavam na fileira mais à esquerda, perto da janela, e a cada ano as crianças se aproximavam uma fileira da porta de saída.

Em algum lugar perto daquela janela, no meio da primeira série, comecei a ler mais do que a falar, o que era bastante. No começo, aprendi tudo o que as crianças da segunda fileira estavam fazendo e depois tudo o que as crianças da terceira fileira estavam fazendo. Não me lembro quando terminei de ler todos os trabalhos das crianças da quarta série, mas foi enquanto estava na segunda fileira. Naquele ambiente – uma sala de aula com 40 jovens – ter-me como aluna era um teste para a paciência para qualquer um que não fosse um santo. Contudo, por quase todos os critérios, as professoras daquela pequena escola – Irmã Rose Margaret, Irmã Salesia e, mais tarde, Irmã Ignatius – eram santas.

Durante meu tempo na segunda fileira, algo notável aconteceu. Minha professora falou com meus pais, Frank e Mary Wolf, e de repente livros começaram a aparecer no fundo da sala. Prateleiras que estavam meio vazias começaram a se encher por mágica, com séries inteiras de livros: contos de fadas, livros com curiosidades sobre ciência, histórias de heróis e, com certeza, biografias de santos. Ao final da quarta série, quando meu irmão Joe estava sentado na terceira fileira, minha irmã Karen na primeira e meu irmão Greg esperava nos bastidores, eu já tinha lido cada um daqueles livros e muito mais.

Nesse processo, passei por mudanças. Não importava quão miúda e frágil eu pudesse parecer para o mundo, todo dia eu entrava na companhia de gigantes, literal e figurativamente. Paul Bunyan, Tom Sawyer,

Rumpelstiltskin e Teresa de Ávila me pareciam tão reais quanto meus vizinhos da Walnut Street. Comecei a habitar dois mundos paralelos, e em nenhum deles me sentia diferente, ou sozinha. Essa experiência foi muito útil, especialmente mais tarde em minha vida. Naqueles anos, em que fiquei surpreendentemente quieta na minúscula sala de aula, me vi coroada, casada ou canonizada dia sim, dia não.

Minha outra lembrança vívida daqueles dias centra-se na irmã Salesia, esforçando-se ao máximo para ensinar crianças que, aparentemente, não conseguiam aprender a ler. Eu a observava acompanhando com infinita paciência as tentativas torturantes daquelas crianças na aula e depois da aula, cuidando de um aluno de cada vez.

Meu melhor amigo, Jim, era uma das crianças que ficava até tarde. Quando a irmã Salesia se inclinava sobre Jim, ele de repente perdia qualquer semelhança com o garoto que eu conhecia – o líder da matilha, o garoto que tinha resposta para tudo, o equivalente de meados do século XX de Tom Sawyer e Huck Finn empacotados em um só. O outro Jim parecia uma versão pálida de si mesmo, pronunciando, de maneira hesitante, os sons das letras que a irmã Salesia solicitava. Sentia que meu mundo virava de cabeça para baixo quando observava aquele garoto indomável mostrando-se tão inseguro de si mesmo. Durante pelo menos um ano, ambos trabalharam discretamente, mas com determinação, após o término das aulas. A irmã Salesia disse para a família dele que algumas crianças muito inteligentes, como Jim, precisavam de ajuda extra para aprender a ler.

Apenas isso foi dito, mas mesmo assim percebi duas coisas. Primeiro, distinguia como a irmã Salesia era determinada e como ela e a mãe de Jim se agarravam tenazmente ao potencial dele, mesmo quando Jim estava pronto para desistir. Pensei comigo mesma que estavam fazendo algo especial. Em segundo lugar, quando Jim passou para a terceira fila, percebi que meu velho amigo estava de volta, tão arrogante, audacioso e irresistível como sempre. Nesse momento, entendi que a irmã Salesia e a mãe de Jim tinham realizado algo milagroso.

* * *

Aprender a ler *é* uma narrativa quase miraculosa repleta de processos de desenvolvimento que se unem para fornecer a uma criança acesso aos meandros subterrâneos e fervilhantes da vida de uma palavra, que poderá ser usada por ela. Sócrates e os antigos estudiosos indianos temiam que ler as palavras, em vez de ouvi-las e pronunciá-las, seria um obstáculo para a nossa capacidade de conhecer as muitas camadas de significado, som, função e possibilidade delas. De fato, a leitura inicial demonstra – especialmente durante o momento da aquisição – quantas das múltiplas estruturas ancestrais contribuem em cada camada, à medida que se unem para formar os novos circuitos cerebrais necessários para a leitura. Estudar o desenvolvimento dos primórdios da leitura, portanto, permite-nos espreitar os fundamentos das realizações da nossa espécie, começando com processos inter-relacionados que preparam a criança nos primeiros cinco anos e que se expandem, de maneiras diferentes e previsíveis, ao longo do desenvolvimento restante da leitura.

Desenvolvimento fonológico[7] – como uma criança, gradualmente, aprende a ouvir, segmentar e compreender pequenas unidades de sons, que compõem as palavras – afeta criticamente a capacidade da criança de entender e absorver as regras dos sons das letras, no cerne da decodificação.

Desenvolvimento ortográfico – a maneira pela qual a criança percebe que seu sistema de escrita representa a linguagem oral – fornece uma base crítica para tudo o que se segue. A criança precisa compreender os aspectos visuais da forma externa – que são as características das letras, seus padrões comuns e as palavras "visuais" – além de, também, soletrar todas essas novas palavras.

Desenvolvimento semântico e pragmático – a forma como as crianças compreendem cada vez mais a respeito do significado das palavras da língua e da cultura que as rodeia – amplia e acelera a capacidade delas de reconhecer palavras que passam por laboriosa decodificação e compreensão.

Desenvolvimento sintático – ou seja, como as crianças fixam as formas e estruturas gramaticais das frases – permite compreender a forma como as palavras são usadas para construir frases, parágrafos e histórias. Também determina como os eventos se relacionam entre si em um texto.

Desenvolvimento morfológico[8] – talvez, o menos estudado desses sistemas – prepara a criança para compreender as convenções acerca de como as palavras são formadas, por meio de pequenas raízes significativas e unidades de significados (isto é, morfemas). A criança, assim, aprende que a palavra "desempacotado" é composta de quatro partes – des/empacot/ad/o –, e poderá ler e reconhecer tais elementos mais rapidamente e melhor.

Juntos, todos esses desenvolvimentos aceleram o reconhecimento precoce das partes de uma palavra, facilitam a decodificação e a ortografia e melhoram a compreensão das crianças a respeito de palavras conhecidas e desconhecidas. Quanto mais uma criança é exposta a palavras escritas, maior é a sua compreensão implícita e explícita de toda a linguagem. Nesse sentido, a criança se aproxima dos sumérios, em contraste com os medos de Sócrates.

Jeanne Chall, estudiosa de leitura em Harvard, demonstrou que a aquisição da leitura passa por um conjunto bastante ordenado de etapas, do pré-leitor ao leitor experiente, que podemos estudar "como se estivéssemos estudando história natural ou música".[9] E, de fato, gosto de pensar nas relações entrelaçadas entre os componentes da leitura como se fossem música: o que se ouve, em última análise, é a soma de diversos instrumentos musicais, indistinguíveis entre si, todos contribuindo para o conjunto. A leitura nos primeiros anos é o único momento de nossas vidas em que é fácil perceber cada elemento. Isso permite que nós, que há muito esquecemos, possamos relembrar o que compõe cada palavra que lemos.

COMO A LEITURA SE DESENVOLVE

Ali, empoleirado em meu berço, fingi que lia. Meus olhos seguiam os signos negros sem deixar para trás um único deles, e eu contava para mim mesmo, em voz alta, toda a história, tomando cuidado em pronunciar todas as sílabas. Fui pego de surpresa – ou percebi algo assim – pela grande confusão que isso provocou, de forma que minha família decidiu que chegara o momento de me ensinar o alfabeto. Eu era zeloso como um catecúmeno. Fui tão longe que dei para mim mesmo aulas particulares. Subi na minha cama com Sans Famille, *de Hector Malot, que conhecia de cor e, em parte recitando, em parte decifrando, atravessei cada página do livro, uma depois da outra. Quando virei a última página, já sabia ler. Fui tomado por uma alegria selvagem.*[10]

Jean-Paul Sartre

Em *As palavras*, memórias de Jean-Paul Sartre, o autor relata sua primeira lembrança de leitura e a pura "alegria selvagem" que acompanhou essa experiência. Por mais filtrado pelas lentes da memória, o relato de Sartre é semelhante à experiência de inúmeras crianças que também em parte memorizam, em parte decifram um livro favorito, até que repentinamente (ou assim lhes parece), dominam a leitura. A realidade é que Sartre acumulou continuamente fontes múltiplas e parciais de conhecimento até que, "de repente", um limiar foi ultrapassado e ele conseguiu decifrar a linguagem secreta impressa. O restante deste capítulo narra as mudanças graduais e dinâmicas que percebemos em nós, como leitores, entre o momento de exuberante decifração de códigos descrita por Sartre e o movimento imperceptível para nos tornarmos leitores especialistas totalmente autônomos.

Para estruturar esta exposição, apresentarei no presente capítulo e no capítulo seguinte, cinco tipos de leitores: (1) pré-leitor emergente, (2) leitor iniciante, (3) leitor decodificador, (4) leitor fluente com domínio da compreensão e (5) leitor experiente. Cada um dos tipos representaria as mudanças dinâmicas no desenvolvimento da leitura,[11] pelas quais passamos sem ter consciência. Nem todas as crianças, contudo, apresentam a mesma progressão. Referindo-se às muitas diferenças na forma como as crianças aprendem, um conhecido pediatra, Mel Levine, escreveu a respeito dos "muitos tipos de mentes".[12] Da mesma forma, existem "muitos tipos de leitores", alguns dos quais seguem uma sequência diferente, com paradas e inícios no desenvolvimento da leitura que são diversos daqueles que descrevo aqui. Suas histórias serão contadas posteriormente.

O PRÉ-LEITOR EMERGENTE

Por duas vezes na vida, você sabe que foi aprovado por todos – quando aprende a andar e quando aprende a ler.[13]

Penelope Fitzgerald

Conforme foi descrito no capítulo anterior, o pré-leitor emergente senta-se em "colos amados", experimenta e aprende com toda uma gama de múltiplos sons, palavras, conceitos, imagens, histórias, exposições à forma impressa, a materiais de letramento e também, simplesmente, se engaja em conversações durante os primeiros cinco anos de vida. A principal percepção desse período é que a leitura não acontece simplesmente com alguém. A leitura emergente surge de anos de percepções, aumentando o desenvolvimento conceitual e social, além de exposições cumulativas à linguagem oral e escrita.

LEITOR INICIANTE

Posso vê-los, educadamente imóveis nas páginas largas que eu ainda aprendia a virar, Jane, de suéter azul, Dick, com seu cabelo castanho-claro, brincando de bola ou explorando o cosmos do quintal, sem saber que seriam os primeiros. personagens, o menino e a menina que iniciam a ficção.[14]

Billy Collins, "First Reader"

Existem poucos momentos mais enternecedores ou emocionantes que testemunhar crianças percebendo que podem realmente ler, que podem decodificar as palavras em uma página e que as palavras contam uma história. Não faz muito tempo, sentei-me no chão ao lado de uma criança chamada Amelia, tímida como uma criatura da floresta. Ainda não era capaz de ler e, da mesma forma, raramente falava e nunca se oferecia para ler em voz alta aos visitantes (como eu). Mas, naquele dia, algo aconteceu. Amélia ficou olhando por muito tempo, como sempre fazia, as letras de uma frase curta, "O gato sentou no tapete". Ela se assemelhava ao proverbial cervo congelado. Então, bem lentamente, mas de forma perfeita, Amelia começou a articular as palavras. Ela ergueu os olhos na direção dos meus, e suas sobrancelhas se elevaram. Passou, então, para a próxima frase curta, depois para a seguinte, sempre olhando para mim em busca de confirmação. No final da história, sorria de orelha a orelha, e não precisava olhar para mim, uma atitude de verificação. Ela começara a ler e sabia disso. Amelia dispunha de poucos livros, em qualquer idioma, em casa; além disso, ainda tinha um longo caminho pela frente, mas ela havia começado a ler.

Quaisquer que fossem os indicadores, qualquer que fosse o ambiente em que se deu o letramento, ou o método educacional empregado por seu professor, as tarefas para Amelia, assim como para qualquer leitor iniciante, começam com a decodificação e com a compreensão do sentido do que foi decodificado. Para chegar nesse ponto, toda criança deve descobrir o princípio alfabético, que nossos ancestrais levaram milhares de anos para descobrir, com muitas inovações parciais ao longo do caminho.

Da mesma forma, em todos os domínios da aprendizagem – desde andar de bicicleta até a compreensão do conceito de morte –, as crianças se desenvolvem num continuum de conhecimento, fazendo a passagem de um conceito parcial para um conceito estabelecido. Nos primeiros esforços, os leitores iniciantes terão uma compreensão apenas parcial dos conceitos subjacentes ao princípio alfabético. Adoro repetir o que Merryl Pischa, especialista em leitura, perguntava a seus jovens alunos em Cambridge, Massachusetts, todos os anos: "Por que a coisa mais difícil que as crianças são obrigadas a fazer é a *primeira* a ser solicitada?"[15]

Geralmente, a maioria das crianças começa a ler (seja no fim da educação infantil ou no primeiro ano do ensino fundamental) com uma noção de que as palavras em uma página significam alguma coisa. A maioria delas viu seus pais, cuidadores e professores lerem livros. Muitas, contudo, não têm acesso ao conceito estabelecido de que as palavras nos livros são constituídas de sons da nossa língua, que as letras transmitem esses sons e que cada letra possui um ou dois sons específicos.[16]

A grande descoberta para um leitor iniciante é o conceito, gradativamente consolidado no caso de Amelia, de que as letras se conectam aos sons da língua. Trata-se da essência do princípio alfabético, a base para o resto do desenvolvimento da leitura de Amelia. Compreender todas as regras das correspondências grafema-fonema empregadas na decodificação é o próximo passo para ela, e isso envolve uma parte de descoberta e diversas partes de trabalho árduo. No auxílio da descoberta e do trabalho, estão três habilidades para a decifração de códigos: as áreas fonológica, ortográfica e semântica da aprendizagem de línguas.

Quando "gato" possui quatro sons, nenhum deles é "miau": desenvolvimento fonológico

As descobertas diárias, hesitantes, que acontecem ao aprender a decodificação das letras individuais de uma palavra impulsionam o aprofundamento da consciência de uma criança a respeito dos fonemas, um dos vários aspectos importantes do desenvolvimento fonológico. Lentamente, a criança começa a perceber unidades maiores e menores de som no fluxo da fala,[17] como as palavras em uma sentença (gato + pequeno), as sílabas em uma palavra (pe + que + no) e os fonemas em palavras e sílabas (/g/ + /a/ + /t/ + /o/). Todos esses processos, por sua vez, favorecem a aquisição da leitura.[18]

Leitores iniciantes podem ouvir e segmentar unidades maiores. Gradualmente, descobrem, percebem e manipulam fonemas menores nas sílabas e nas palavras;[19] essa capacidade é um dos melhores indicadores do sucesso da criança na aprendizagem da leitura. A pesquisadora Connie Juel, de Stanford, considera que a consciência fonêmica da criança nesses primeiros períodos seria crítica para o aprendizado do processo de decodificação no primeiro e no segundo ano.[20] Não ser capaz de decodificar adequadamente no primeiro ano era uma antecipação, em 88% dos casos, de leitores fracos no quarto ano. Os professores auxiliam as crianças a adquirirem essa consciência fonêmica das palavras por meio daquilo que podemos chamar de um arsenal de oportunidades – como cantigas infantis, que melhoram a capacidade da criança de ouvir e segmentar tanto as rimas quanto a estrutura aliterativa das palavras; pequenos "jogos instantâneos", em que bater palmas, escrever e dançar se conjugam aos sons das palavras.

A combinação fonológica ou sonora envolve uma capacidade mais ampla da criança de sintetizar – combinar, literalmente – sons individuais para formar unidades maiores, como sílabas e palavras (a combinação "s + a + t = sat"*). Assim como as habilidades advindas da consciência fonêmica, essa forma de combinação se desenvolve com regularidade ao longo do tempo, por meio de mais e mais leitura.

As abordagens dessa combinação proliferaram ao longo dos anos. Uma das mais interessantes envolve certa técnica empregada pelo educador George O. Cureton, no Harlem.[21] Ele atribuiu

---

* N.T.: Ou seja, o verbo "sentar" em inglês conjugado no passado. Pela natureza do exemplo utilizado pela autora, optei, neste trecho, por mantê-lo em inglês. Se essa atividade fosse adaptada para o português – segundo sugestão da linguista e professora titular da USP Raquel Santana Santos – seria possível utilizar, para obter efeitos semelhantes, o verbo "sentir", na terceira pessoa do presente do indicativo, "sente".

para cada criança o som de uma letra; em seguida, alinhou todas elas para "encenar" as formas como os sons se misturam, criando palavras. Imagine a seguinte cena. A primeira criança reproduz /sss/ sibilante, fácil de se manter, depois empurra suavemente a segunda criança, que solta um /a/ amplo e gutural, pelo maior tempo possível. A segunda criança, então, empurra suavemente a próxima criança, que pronuncia a consoante "de parada" /t/, bem menos fácil de segurar pela voz. A primeira rodada de empurrões provavelmente envolve caos, mas logo, à medida que o instrutor consegue dirigir a ação de forma mais ágil e suave, "s-a-t" se transforma em "sat".

As crianças aprendem mais facilmente quando há duas ênfases principais[22] – aquela que está situada no som inicial da sílaba, usualmente conhecida como *onset* ou ataque; e outra na vogal final + padrão consonantal de uma sílaba, denominada rima (o "ato" de "gato"). Dependendo da instrução da criança, ela aprenderá, em primeiro lugar, o *onset* ou ataque ([g]), depois adicionará a rima ([ato]); posteriormente, haverá a conexão dos dois para formar uma palavra. Mais tarde, ataques/*onsets* mais difíceis e variados podem ser adicionados à rima: gr + ama = grama; fla + ma = flama. Essa abordagem tem o mesmo objetivo da de Cureton: fazer com que a criança seja capaz de integrar unidades de som com facilidade. A combinação parece relativamente simples, mas impede a aquisição da leitura para muitas crianças, especialmente aquelas com dificuldades.

Um método útil para ajudar leitores iniciantes com consciência fonêmica e percepção da combinação dos fonemas envolve a "recodificação fonológica".[23] Pode parecer apenas um termo pretensioso, equivalente a "ler em voz alta", mas este último seria um termo demasiado simples para algo que é, de fato, um processo dinâmico em duas partes. Ler em voz alta ressalta, para as crianças, a relação entre linguagem oral e escrita. Trata-se de um tipo de leitura que proporciona aos leitores iniciantes a sua própria forma de autodidatismo, "condição *sine qua non* da aquisição de leitura".[24]

Ampliando o trabalho de uma neozelandesa eminente, a educadora Marie Clay,[25] duas especialistas em leitura de Boston – Irene Fountas e Gay Su Pinnell[26] – há muito advogam que ler em voz alta também torna perceptível ao professor, e a qualquer ouvinte, as estratégias e os equívocos de uma determinada criança. Ler em voz alta é um auxílio na descoberta daquilo que a criança sabe ou não a respeito das palavras. Jamais esquecerei como descobrimos que Timmy, um típico leitor iniciante do primeiro ano, interpretava mal as letras do meio das palavras. No início de uma história comum a respeito de uma casinha, Timmy leu *horse* ("cavalo") no lugar de *house* ("casa"), depois começou a "ler" uma história inteira, que ele inventara ali mesmo, sobre o cavalo. Completamente alheia ao texto enfadonho da casa, a maravilhosa criação de Timmy nos ajudou a entender a origem de muitos de seus erros.

Andrew Biemiller[27] estudou erros típicos cometidos por crianças da idade de Timmy, descobrindo que jovens leitores iniciantes tendem a seguir três etapas breves, bastante previsíveis. Primeiro, cometem erros que são semântica e sintaticamente apropriados, mas que não têm nenhuma semelhança fonológica ou ortográfica com a palavra real (*daddy* ("papaizinho") para *father* ("pai")). Logo após aprenderem certas regras de correspondência grafema-fonema, seus erros mostram semelhanças ortográficas com a palavra perdida, mas pouca adequação semântica (o *horse* ("cavalo") de Timmy no lugar de *house* ("casa")). Ao final de seu período como leitores iniciantes, as crianças cometem erros que mostram adequação ortográfica e semântica (*bat* ("taco") para *ball* ("bola")). Tais crianças estão prestes a passar para um estágio de decodificação mais fluente, pois começam a integrar as diversas fontes de conhecimento que possuem a respeito das palavras. Ainda mais importante: Biemiller percebeu que as crianças com maior sucesso na leitura não ficavam presas em nenhum desses passos iniciais, mas passavam rapidamente por eles.

"Quem disse que iates* são difíceis?" Por que o desenvolvimento ortográfico prepara as crianças para ler esse título

Nosso idioma possui uma tradição deliciosamente puritana de escrever uma de nossas palavras escatológicas mais conhecidas assim: m_rda.** Todo mundo sabe que o traço representa a letra "e" que falta, e essa "letra substituta" cruza a fronteira entre o bom gosto e a ortografia precisa. O traço também demonstra quão arbitrários são todos os símbolos visuais e quão necessário é um sistema aceito para representar cada um dos sons de nossa língua. O desenvolvimento ortográfico consiste em aprender todas essas convenções visuais para representar uma determinada língua, com seu repertório de padrões de letras comuns e de usos aparentemente irregulares. Mais importante ainda, envolve a transformação desses padrões visuais de letras e combinações frequentes de letras em representações, que podem se tornar automáticas.

Crianças compreendem as convenções ortográficas passo a passo, uma coisa de cada vez. A partir da sua experiência no colo e junto aos leitores mais velhos, os pré-leitores aprendem que, em nosso idioma, as palavras são lidas da esquerda para a direita, em uma linha, e que as letras são lidas da esquerda para a direita, na palavra. As próximas percepções envolvem descobertas cognitivas em vez de espaciais: por exemplo, a invariância de padrões. Algumas crianças precisam aprender que um "A", apresentado em qualquer fonte, ainda é um "A". Da mesma forma, certas crianças devem aprender que as formas maiúsculas e minúsculas podem representar a mesma letra. Mas a verdadeira tarefa envolve aprender as maneiras únicas como seu idioma

* N.T.: Em inglês, "*Yachts*". Devido à complexidade ortográfica dessa palavra e a maneira como ele se formaliza em termos fonéticos na língua inglesa, a autora empregou esse trocadilho aqui. Pela irregularidade do termo, uma versão possível em português que ilustraria a questão seria "táxi", com a complicada questão fonética e ortográfica no uso do [x].

** N.T.: Em inglês, "sh_it", para "*shit*".

transmite seus sons em padrões de letras variados, embora específicos. Veja uma palavra em duas línguas que compartilham muitas raízes: o inglês "shout" e o termo alemão "schreien". Embora existam pontos em comum entre o "sh" no inglês e o"schr" no alemão, esses dois padrões de letras são representações ortográficas únicas em cada idioma, como "ois" em francês e "lla" e "ña" no espanhol.

Leitores iniciantes absorvem todos os padrões de letras mais comuns em seu próprio idioma, e também muitas das palavras escritas com alguma frequência, mas que não seguem necessariamente as regras fonológicas, como "*have*", "*who*" e todas as palavras em "*Who said yachts are tough*?".* Embora a grande maioria das palavras comuns, mais frequentes, possa ser decodificada com o conhecimento fonológico da criança, esse não é o caso de algumas palavras comuns, de grande importância. Tais palavras, dotadas de grafia irregular, que são muitas vezes denominadas "*sight words*"**, precisam ganhar representações ortográficas próprias. Felizmente, há menos palavras com grafia irregular do que normalmente se pensa,[28] se você estiver ciente das regras do idioma, e a maioria das palavras que possuem grafia irregular, como "mixórdia",*** qualificam-se apenas como parcialmente irregulares.

Não importa o rótulo: desenvolvimento ortográfico para leitores iniciantes requer múltiplas exposições à forma das palavras – ou seja, precisa de bastante prática. Na Universidade de Washington, a neurocientista e educadora Virginia Berninger[29] e seu grupo demonstram como o cérebro jovem precisa de todas essas exposições para

* N.T.: Respectivamente, "ter", "quem" e "quem disse que iates são difíceis?". Optamos por manter em inglês tais exemplos, pois a autora menciona explicitamente as regras fonológicas desse idioma. Em português, existem muitos exemplos análogos, como "advogado" (em que o som do encontro "d" e "v" é, na pronúncia, [dj]) ou "malvado" (em que o "l" parece na pronúncia equivaler a "u", [mauvado] – "l", que, aliás, é bastante irregular, pois apesar do exemplo anterior, em "lata" permanece com o som de "l").

** N.T.: A expressão "*sight words*" (literalmente, "palavras para visualização") refere-se a uma metodologia que emprega palavras frequentemente utilizadas no cotidiano para memorização de crianças como uma totalidade, de forma que elas possam reconhecer a forma dessas palavras sem a necessidade de empregar estratégias de decodificação.

*** N.T.: No original, "*yacht*".

formar representações ortográficas desses fragmentos visuais mais comuns, de modo que padrões simples de letras como "nto" se transformem em "canto" e "encantamento" em um piscar de olhos. Na verdade, isso exige mais do que apenas visualização, mas a capacidade de o sistema visual descompactar encontros consonantais (unidades da fonologia) como o "nt" em [kã-to], além de diferenciar unidades mórficas, como "en" (prefixo) e "ment" (parte não significativa do sufixo) em "en-cant-a-ment-o", o que aumenta tremendamente a velocidade de leitura. O aprendizado específico de padrões comuns de encontros vocálicos e consonantais, de unidades mórficas e de padrões ortográficos variados no português (certos agrupamentos de grafemas) poderia auxiliar o sistema visual a reconhecer rapidamente essas dificuldades ortográficas, de forma semelhante ao que ocorre com o inglês.

Dito isto, as vogais na língua inglesa devem ser os símbolos mais sobrecarregados em qualquer idioma do planeta. Como alguém poderia inventar um sistema de escrita que obrigasse cinco letras (mais y, de vez em quando) a funções duplas e triplas para formar mais de uma dúzia de sons vocálicos? A ira de Mark Twain contra os padrões das letras no inglês é sentida todos os dias, em todas as salas de aula em que esse idioma esteja sendo ensinado. O poema anônimo abaixo captura a ironia venenosa de Twain e os sentimentos de milhares de leitores iniciantes do inglês. Conhecer todos os pares de vogais e combinações de vogal + r e vogal + w pode resolver parte do desafio; mas aprender sobre os variados significados semânticos e os morfemas comuns nas palavras[30] acelera a leitura de muitos leitores novatos para tantas palavras multis-silábicas.

I take it you already know
Of touch and bough and cough and dough?
Others may stumble, but not you
On hiccough, thorough, slough, and through?
Well done! And now you wish, perhaps,
To learn of less familiar traps?

Beware of heard, a dreadful word
That looks like beard and sounds like bird.
And dead; it's said like bed, not bead;
For goodness sake, don't call it deed!
Watch out for meat and great and threat,
(They rhyme with suite and straight and debt).
A moth is not a moth in mother.
Nor both in bother, broth in brother.

And here is not a match for there,
And dear and fear for bear and pear,
And then there's dose and rose and lose–
Just look them up–and goose and choose,
And cork and work and card and ward,
And font and front and word and sword.
And do and go, then thwart and cart.
Come, come, I've hardly made a start.

A dreadful language? Why, man alive,
I'd learned to talk it when I was five.
And yet to read it, the more I tried,
*I hadn't learned it at fifty- five.**

---

* N.T.: Traduzi aqui esse hilário poema a respeito das complexidades ortográficas e fonológicas do inglês, tentando trazer ao português alguns dos efeitos que constam do original:

Presumo, com certeza, que já saiba
Do toque e do torque, da tosse e da posse?
Outros podem tropeçar, mas não é teu caso.
Em soluços, expulsos, robustos e vetustos?
Bom trabalho! Agora, talvez, seja vosso desejo
Trabalhar com armadilhas menos familiares?

Cuidado com o que escutas, terrível palavra
Que parece uma sela e soa como cela.
Está mal; diz-se que está de cama, não como coma;
Pelo amor de Deus, não chames de fato!
Cuidado com carne, ameaça do descarne,
(Rimam com escarne e desencarne, veja só).
Uma mariposa não é uma mariposa na marinha.
Nem frade no fraque, frater em irmão.

Aqui não há páreo para acolá,
Querido e aferido para urso e excurso,

A descoberta de que um "inseto"* é capaz de espionar! Desenvolvimento semântico em leitores iniciantes

Anteriormente, mencionei uma intrigante pesquisa do cientista cognitivo David Swinney para mostrar que cada palavra lida ativaria muitos significados possíveis, mesmo quando estamos alheios a tal fato. Perceber esses vários significados faz parte da beleza da infância – e a ausência dessa percepção é um verdadeiro desperdício. Para algumas crianças, o conhecimento do significado de uma palavra empurra sua hesitante decodificação para a realidade. Como vimos com Amelia, nos primeiros estágios da decodificação, quando esta ainda era bastante incipiente, cada palavra surgia como um desafio. Para Amelia e para milhares de leitores iniciantes na decifração dos códigos, o desenvolvimento semântico desempenha um papel muito mais importante do que defensores da fonética reconhecem, embora bem menor do que paladinos da linguagem total defendem. Três princípios relacionados ao desenvolvimento semântico transcendem todas as divergências pedagógicas.

◆ O conhecimento do sentido aprimora a leitura

Se o significado da palavra desajeitadamente decodificada pela criança estiver prontamente disponível, seu enunciado

---

E então há dose antes da osmose –
Basta procurá-los – escolher o toque de recolher,
E cortiça é a noviça, cartão e alcatrão,
E frente e fronte, palavra e lavrada.
E faça e faca, então xeque e cheque.
Vamos, vamos, mal comecei.

Uma linguagem terrível? Ora, caro entre os vivos,
Aprendi a falar isso quando tinha cinco anos.
E, no entanto, para ler, por mais que tentasse,
Não o tinha aprendido até os cinquenta e cinco.

* N.T.: No original, "*bug*". A autora faz aqui um trocadilho entre o sentido mais corrente de *bug*, "inseto", com outro, metafórico, que alude a dispositivos eletrônicos de gravação, empregados por indivíduos e agências de espionagem – nosso conhecido "grampo".

terá mais possibilidade de ser reconhecido como uma palavra e também de ser lembrado e armazenado. Como sublinha Connie Juel,[31] um dos maiores erros no ensino da leitura é a suposição de que depois de Amelia ter decodificado uma palavra, ela já saberia o que estava lendo. Vocabulário contribui para facilitar e ampliar a rapidez da decodificação.[32] Vejamos um experimento para ilustrar esse princípio para adultos. Procure ler em voz alta os seguintes termos: "heterotopia nodular periventricular"; "pedagogia"; "fiduciário"; "espectroscopia de mícron". A rapidez empregada na leitura de cada uma dessas palavras depende não apenas de sua capacidade de "decodificação", mas também de seu conhecimento prévio. Se essas palavras não estiverem em seu vocabulário, é provável que tenha sido necessário o uso dos morfemas individuais (por exemplo, peri + ventrículo + ar) para, dessa forma, prever os significados e também refinar a pronúncia. Nós, adultos, também lemos com muito mais facilidade e eficiência palavras conhecidas.

◆ A leitura impulsiona o conhecimento das palavras

A base vocabular conhecida representa uma "dianteira" especial para muitas crianças. Como afirma a terapeuta e linguista Rebecca Kennedy, o vocabulário é um aspecto da linguagem oral "que vem sem custo" na aprendizagem da leitura.[33] Por vezes, peço aos meus alunos que expliquem um termo para determinada síndrome: por exemplo, a palavra "agorafobia". Quando hesitam, formulo uma sentença, com a palavra no contexto: "O paciente do dr. Spock com agorafobia recusou-se a comparecer à reunião do grupo no auditório de amplo espaço aberto". Uma sentença como essa sempre fornece aos meus alunos contexto suficiente para mover a palavra "agorafobia" para o próximo nível de conhecimento. Nossa capacidade de usar o contexto é favorecida pela leitura. À medida que os textos para leitores iniciantes se tornam mais exigentes, seus conceitos parciais, combinados com suas capacidades de "derivação" e "contextualização", empurram muitas palavras para a categoria estabelecida, aumentando seu repertório de palavras conhecidas. Quando percebemos que as crianças têm de conhecer cerca de 88.700[34] palavras escritas durante os seus anos escolares, e que pelo menos 9.000 delas precisam ser aprendidas até o final do terceiro ano, a enorme importância do desenvolvimento do vocabulário de uma criança torna-se cristalina.

◆ Múltiplos sentidos ampliam a compreensão

Este princípio remonta às duas histórias do desenvolvimento inicial da leitura. Louisa Cook Moats calculou em cerca de 15 mil palavras a diferença preocupante entre crianças com vantagens linguísticas e crianças desfavorecidas, que entram no primeiro ano.[35] Será possível que nossas crianças com desvantagens linguísticas conseguiriam recuperar tal atraso em algum momento? Instruções explícitas de vocabulário, utilizadas em sala de aula, resolvem parcialmente esses problemas, mas os leitores iniciantes precisam aprender bem mais que o significado superficial de uma palavra, mesmo para as histórias mais simples.[36] Também precisam ter conhecimento e flexibilidade em relação aos múltiplos usos e funções de uma palavra, em diferentes contextos. Precisam se sentir confortáveis com relação aos insetos que rastejam, incomodam, dirigem e espionam as pessoas.

Minha coordenadora de pesquisa, Stephanie Gottwald, contava que muitos dos leitores com dificuldades, com os quais trabalhamos durante nossas intervenções, ficavam apavorados com a ideia de que uma palavra poderia ter mais de um significado. Quando comentávamos sobre palavras como "manga", "vela", "banco" e "tomar",* a primeira reação deles era: "Você só pode estar brincan-

* N.T.: No original, aparecem os termos "*bug*", "*jam*", "*ram*", "*rat*" e "*bat*", todos eles polissêmicos em inglês.

do!" Jovens decodificadores em fases iniciais apresentam melhor compreensão quando entendem que as palavras impressas – assim como as palavras faladas, em piadas e trocadilhos – podem ter múltiplos significados. O conceito de multiplicidade aplicado às palavras prepara o leitor iniciante nas tentativas para inferir e obter mais significado daquilo que é lido, e isso é o material do próximo nível de leitura. Mas em primeiro lugar, vejamos o que o cérebro iniciante em termos de decodificação faz quando lê palavrinhas como "manga", "vela" ou "banco".

O CÉREBRO DO LEITOR INICIANTE

A ilustração de Cat Stoodley[37] (Figura 1) retrata o que acontece quando leitores iniciantes olham para uma palavra, independentemente de quão bem eles a decodificam e a compreendem. Da mesma forma que no sistema de leitura universal para adultos, três grandes áreas aparecem quando uma criança lê. A principal tarefa do cérebro do jovem leitor é conectar essas partes. No cérebro de uma criança, ao contrário do de um adulto, a primeira grande área de ativação cobre muito mais território nos lobos occipitais (isto é, nas áreas visual e de associação visual), e também uma área evolutivamente importante, profundamente interna aos lobos occipitais e adjacente ao lobo temporal: o giro fusiforme. Muito importante: há também bem mais atividade em ambos os hemisférios. Isso pode parecer contraintuitivo a princípio, mas pense naquilo que é necessário para se tornar hábil em qualquer coisa. No início, aprender qualquer habilidade requer muito processamento cognitivo e motor, além de área neuronal subjacente. Aos poucos, à medida que a prática de tal habilidade torna-se constante, há menos gasto cognitivo e as vias neuronais também se tornam simplificadas e bem mais eficientes. Trata-se de um desenvolvimento em câmera lenta na direção da especialização e do automatismo no cérebro.

Figura 1 – Cérebro leitor em estágios iniciais

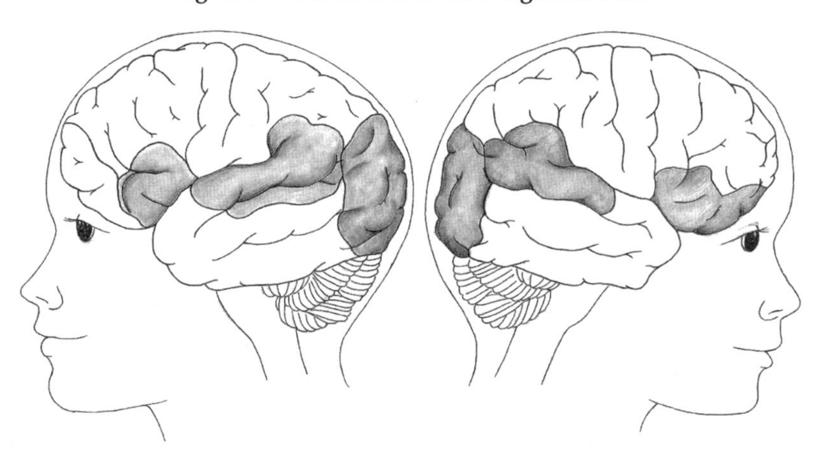

A segunda grande área de distribuição, que também é bi-hemisférica, aparece um pouco mais ativa no hemisfério esquerdo e inclui uma variedade de regiões nos lobos temporal e parietal. Recentemente, neurocientistas da Universidade de Washington[38] descobriram que as crianças usam mais do que os adultos diversas regiões específicas, particularmente o giro angular e o giro supramarginal – duas estruturas importantes para integrar processos fonológicos com processos visuais, ortográficos e semânticos. Partes de uma região essencial para a compreensão da linguagem no lobo temporal, chamada área de Wernicke, também foram muito ativadas nas crianças.

O que é mais interessante é que essas duas primeiras grandes áreas do sistema de leitura universal são muito mais utilizadas pelas crianças, exceto em determinas circunstâncias. Os adultos usam tais áreas mais do que as crianças quando as palavras se tornam tão difíceis que recorremos a estratégias da infância – como alguns de vocês podem ter acabado de experienciar ao tentar ler "heterotopia nodular periventricular".

Porções dos lobos frontais, particularmente a importante área da fala do hemisfério esquerdo, chamada área de Broca, constituem a terceira região principal na criança. Isso faz sentido, dado o papel das áreas frontais em muitos processos executivos – como a memória – e em vários processos de linguagem, como aqueles relacionados à fonologia e à semântica. Certamente leitores adultos ativam mais algumas áreas frontais, áreas que estão envolvidas em processos executivos e de compreensão mais complexos.[39] Outras áreas, localizadas nas camadas inferiores do cérebro, desempenham papéis ativos tanto nas crianças quanto em adultos. Exemplos são o cerebelo e o multifuncional tálamo – um dos painéis de comando do cérebro, que liga todas as suas cinco camadas. "Cerebelo" significa "pequeno cérebro",[40] e o cerebelo é exatamente isso, pois contribui para a sincronização e precisão de muitas habilidades motoras e linguísticas, necessárias para a leitura.

Em suma, a primeira imagem do cérebro do jovem leitor iniciante provavelmente impressionará qualquer observador. Desde o início, a capacidade do cérebro para fazer novas conexões torna-se evidente, à medida que regiões originalmente concebidas para outras funções – particularmente relacionadas à visão, ações motoras e múltiplos aspectos da linguagem – conseguem interagir com velocidade crescente. Quando uma criança tem 7 ou 8 anos, o cérebro decodificador em início ilustra quanta atividade esse jovem cérebro realiza e o quanto evoluímos desde o primeiro leitor de tabuletas. Essas três principais regiões de distribuição serão o suporte por todas as fases da decodificação básica da leitura, embora o aumento da fluência – a marca dos próximos leitores – acrescente uma limitação interessante ao retrato que desdobramos do cérebro leitor.

LEITOR DECODIFICADOR

Se você ouvir uma criança na fase de leitor decodificador, a diferença será perceptível. Estarão superados os árduos, embora por vezes instigantes, exercícios de pronúncia que caracterizavam a leitura de Amelia. No lugar, surge a voz de um leitor mais suave e confiante, que se encontra no limiar da fluência.

Meu leitor decodificador favorito foi um garoto vietnamita chamado Van. Eu o vi pela primeira vez na Escola de Verão de Malden, na qual membros do nosso centro de pesquisa ensinam crianças que necessitam intenso trabalho de apoio à alfabetização. Em quatro semanas, sob o olhar perspicaz de sua professora, Phyllis Schiffler, Van se transformou de um leitor iniciante no segundo ano, que os professores desejavam reter por conta das notas, em um garoto com desempenho igual ou até superior aos colegas, em todos os testes de leitura. A natureza árdua da leitura de Van no início da escola de verão havia desaparecido, sendo substituída não apenas por uma maior atenção aos elementos prosódicos, mas também por um tempo maior de compreensão daquilo que lia. Van lia expressivamente e compreendia quase tudo. A leitura dele mudou: das hesitações em *staccato* – ou seja, em breves soluços ou pedaços – de uma criança que acabara de aprender a decodificar para o desempenho próximo ao regular de um aluno do terceiro ano, um leitor de decodificação semifluente. Com algum esforço de persuasão, diante da evidência indiscutível dos testes de leitura realizados, o diretor e os professores da escola de Van concordaram em deixá-lo seguir para o terceiro ano. Ficamos maravilhados, assim como sua família.

Só que aconteceu uma reviravolta estranha na história de Van. No verão seguinte, ele retornou à nossa escola de verão. Mais uma vez, os talentosos professores que dirigiam o programa da escola de verão, Katharine Donnelly Adams e Terry Joffe Benaryeh, foram informados de que Van corria o risco de ser retido. Mais uma vez, ele foi encaminhado para Phyllis Schiffler e, surpreendentemente, ele leu fluentemente para ela! Os diretores e eu ficamos perplexos. Finalmente, Phyllis Schiffler chamou Van de lado e perguntou-lhe por que seu professor do terceiro ano acreditava que ele se saía tão mal, quando na verdade ele lia tão bem. Timidamente, ele perguntou: "Mas de que outra forma eu poderia voltar para a escola de verão?". Nenhum de nós jamais havia encontrado uma deficiência de leitura falsa: Van foi o primeiro.

De "captar" para "decapitar":* a consolidação dos desenvolvimentos fonológico e ortográfico para leitores decodificadores

Nessa fase de semifluência, os leitores necessitam adicionar pelo menos 3.000 palavras àquelas que já são capazes de decodificar,[41] fazendo com que as combinações e os padrões** mais comuns de letras, vistos anteriormente, não sejam suficientes. Para chegar ao número citado, será necessário levar esses leitores ao próximo nível de padrões de letras comuns e ensinar-lhes as variações incômodas das rimas vocálicas e em pares de vogais. No trecho a seguir, considere a variedade de palavras bastante comuns de encontros vocálicos "ei":

> Era uma vez um lindo peixe que fez, empoleirado, prestes a cair, seu queijo, cujo leite era produzido em uma fábrica fora do reino. Ele mandou três beijos, perdido em devaneios para o reino dos seus sonhos de inverno.

Esta série de diferentes possibilidades de "ei" explica por que alguns educadores lavam as mãos em relação à ortografia (notadamente em línguas como o inglês) e querem que as crianças aprendam tudo a partir do contexto, ainda que de forma ineficaz. No entanto, se pensarmos em qualquer padrão de letras dentro do contexto da palavra inteira, muitas vezes poderão ser encontradas regras regulares. Por exemplo, no inglês, quando "ea" é seguido por "r", existem apenas duas possibilidades típicas de pronúncias,

---

* N.T.: No original, o jogo de palavras é mais centrado na variação/semelhança de morfologia: de *"be"* (o verbo "ser") para *"beheaded"* ("decapitado"). Optei por adaptar a partir de semelhanças fonológicas – "captar" e "de+capitar" –, algo mais próximo do português.

** N.T.: No original, *"thirty-seven common letter patterns"*, ou "trinta e sete padrões de letras mais comuns". A autora alude, aqui, aos encontros entre consoantes e vogais (chamados "famílias") mais usuais do inglês, como ake, ain, ach, ink, ore, etc. No final do parágrafo, o exemplo escolhido pela autora trata de uma dessas famílias – que optamos por tratar como encontro vocálico –, do "ea", ressaltando igualmente a variação fonológica de pronúncia, algo não tão perceptível nos encontros vocálicos em português.

por exemplo, [dear] e [bear]. Quando é seguido por m, n, p ou t, geralmente haverá apenas uma. É essencial, durante essa fase, que os leitores decodificadores semifluentes adquiram um bom repertório de padrões combinatórios de letras e "fragmentos visuais" (*sight chunks*) de encontros vocálicos que compõem as palavras que ultrapassem o nível inicial. Além disso, tais leitores aprendem a "enxergar" esses pedaços automaticamente. As já mencionadas *sight words* acrescentam elementos importantes às conquistas dos leitores iniciantes. "Fragmentos visuais" impulsionam a semifluência no leitor decodificador. Quanto mais rápido uma criança perceber que "decapitar" é de + ca + pi + tar, mais provável será que identifique a palavra com fluência, permitindo a integração dessa palavra horrorosa – que, a propósito, aparece com mais frequência do que se poderia suspeitar na próxima etapa de leitura.

O QUE HÁ EM UMA PALAVRA? DESENVOLVIMENTOS DE TIPO SEMÂNTICO, SINTÁTICO E MORFOLÓGICO DE UM LEITOR DECODIFICADOR, OU NÃO

A extraordinária importância do conhecimento "do que há em uma palavra" é o que leva as crianças da decodificação básica para a leitura fluente. A história de duas infâncias pode ser reescrita neste momento, ou permanecer calcificada por toda uma vida. Keith Stanovich, um estudioso da leitura, costuma empregar certa referência bíblica,[42] "efeito Mateus", para descrever a relação construtiva ou destrutiva entre o desenvolvimento da leitura e do vocabulário, onde os ricos ficam mais ricos e os pobres, mais pobres. Para as crianças com riqueza lexical, as palavras antigas ganham certo grau de automatização,[43] e novas palavras surgem constantemente, tanto pela simples exposição da criança a tais palavras quanto pela descoberta de como derivar significados e funções de novas palavras a partir de novos contextos. Esses leitores estão preparados para uma leitura fluente.

No caso das crianças com pobreza lexical, o desenvolvimento semântico e sintático empobrecido traz consequências para a linguagem oral e escrita.[44] Se o vocabulário não se desenvolver, palavras parcialmente conhecidas não se tornam completamente conhecidas e novas construções gramaticais não são fixadas. O reconhecimento fluente de palavras é impulsionado, de maneira significativa tanto pelo vocabulário quanto pelo conhecimento gramatical. Os materiais cada vez mais sofisticados que os leitores decodificadores passam a dominar são consideravelmente difíceis, se as palavras e os seus usos raramente ou nunca forem encontrados pelas crianças. Para a criança pobre em palavras,[45] a realidade piora devido ao fato, não discutido de modo geral, de que há pouco trabalho focado explicitamente no vocabulário na maioria das salas de aula, situação que Isabelle Beck e seus colegas descreveram recentemente. Crianças que sabem "o que há numa palavra" ficam anos à frente daquelas que não sabem.

Com cada passo adiante,[46] em termos de leitura e ortografia, as crianças aprendem, tacitamente, muito do que existe no interior da palavra – ou seja, raízes, prefixos, sufixos e tudo o que caracteriza os morfemas da nossa língua. Já é do conhecimento das crianças a existência de morfemas presos mais comuns, como "s" e "em", pois tais morfemas frequentemente aparecem ligados a outra palavra (portanto, em "cafés" temos o morfema livre "café", além de um morfema preso, "s"). Leitores decodificadores são expostos a muitos tipos de morfemas, como prefixos ("in", "pre") e sufixos ("ão", "inho"); e quando aprendem que podem lê-los como "fragmentos visuais", a leitura e a compreensão são aceleradas. Assim, as crianças aprendem implicitamente que alguns morfemas alteram a função gramatical de uma palavra: por exemplo, uma pequena modificação, como utilizar "idade" como sufixo de "feliz", transforma um adjetivo em substantivo, como no exemplo "felicidade". Logo, começam a perceber que muitas palavras compartilham raízes comuns, visualizadas ortograficamente, que transmitem significados relacionados, apesar das diferentes verbalizações (por exemplo, sinal, signatário, assinado, assinatura, assinar).

Mas as crianças raramente recebem orientações diretas nesta segunda metade daquilo que é necessário para um sistema de escrita "morfofonêmico". Como ensina Marcia Henry,[47] especialista em morfologia, palavras como *signal* ("sinal") e *signature* ("assinatura") fornecem maneiras perfeitas de ilustrar às crianças a natureza morfofonêmica do sistema de escrita e as boas razões para a existência de letras silenciosas, aparentemente não naturais, como em dois exemplos do inglês: "g", em "*sign*" e "c" em "*muscle*".* O conhecimento morfológico é uma dimensão maravilhosa de descoberta para a criança daquilo "que há na palavra"[48] e um dos auxílios menos explorados para a compreensão fluente.

O "MOMENTO PERIGOSO": APROXIMANDO-SE DA COMPREENSÃO FLUENTE

> *Talvez só na infância os livros tenham alguma influência profunda em nossas vidas... Lembro-me claramente que, com a rapidez de uma chave ao girar na fechadura, descobri que conseguia ler – não apenas as frases de um livro de leitura, com as sílabas acopladas como vagões de trem, mas um livro de verdade. Estava encadernado com uma capa de papel, na qual havia, estampada, a foto de um menino amarrado e amordaçado, pendurado na ponta de uma corda, dentro de um poço, com a água subindo acima da cintura – uma aventura de Dixon Brett, o detetive. Durante todas as longas férias de verão, guardei meu segredo da maneira como percebia as coisas: não queria que ninguém soubesse que eu sabia ler. Suponho que, já naquela época, percebi, mais ou menos conscientemente, que aquele era um momento perigoso.*[49]
>
> Graham Greene

* N.T.: "*Signo*" e "*músculo*", respectivamente. Em inglês, de fato, a pronúncia não leva em conta as duas letras mencionadas nesses dois casos.

Já escrevi bastante a respeito de fluência.[50] Com a minha colega Tami Katzir, da Universidade de Haifa, escrevi uma nova definição de desenvolvimento para esse tópico. O que quero dizer aqui é muito simples: fluência não é uma questão relacionada à velocidade, mas sim à capacidade de utilizar todo o conhecimento especial disponível por dada criança a respeito de uma palavra – letras, padrões de letras, significados, funções gramaticais, raízes e terminações –, com rapidez suficiente para que haja tempo de pensar e compreender. O acesso a tudo o que houver a respeito de uma palavra contribui para a rapidez de sua leitura.

O objetivo de se tornar fluente, portanto, é ler – ler de fato – e compreender.[51] O final da fase do leitor decodificador leva diretamente ao portal do "momento perigoso" de que fala Greene e ao "universo paralelo", descrito por Jamaica Kincaid e Anna Quindlen. Neste ponto, as crianças podem decodificar "sílabas acopladas como vagões de trem", nas palavras de Greene, tão rapidamente que podem inferir o que envolve a situação do herói, prever o que o vilão fará, sentir o que a heroína sofre e refletir a respeito do que estão lendo.

Na verdade, os leitores decodificadores são ariscos, jovens e estão apenas começando a aprender como usar seu crescente conhecimento da linguagem, bem como seus poderes de inferência que se ampliam paulatinamente, para abordar um texto. A neurocientista Laurie Cutting,[52] da Johns Hopkins, explica algumas habilidades não linguísticas que contribuem para o desenvolvimento da compreensão da leitura nessas crianças: por exemplo, quão bem conseguem mobilizar funções executivas essenciais, como memória de trabalho e habilidades de compreensão, com inferência e analogia. A memória de trabalho proporciona às crianças uma espécie de espaço temporário[53] para reter informações sobre letras e palavras apenas por tempo suficiente para que o cérebro possa conectá-las às informações conceituais cada vez mais sofisticadas da criança.

Conforme os leitores progridem na decodificação, sua compreensão torna-se intrinsicamente ligada a esses processos executivos, ao conhecimento vocabular e à fluência na leitura.[54] Tudo isso está relacionado. Aumentos progressivos na fluência permitem a realização de inferências, pois há mais tempo para inferências e percepções. A fluência não garante melhor compreensão; em vez disso, fornece tempo extra suficiente ao sistema executivo para direcionar a atenção para o local no qual é mais necessária – para inferir, compreender, prever ou, por vezes, corrigir entendimentos discordantes e interpretar novamente dado significado.

Por exemplo, em *A menina e o porquinho**, um leitor decodificador deve perceber qual seria o destino de Wilbur sem a intervenção de Charlotte. Mas o que prepararia a criança para compreender o raciocínio aracnoide esplendidamente sofisticado, por trás de tal intervenção? Essa fase da leitura marca o momento em que a criança começa a aprender como realizar tais previsões a partir da delicada mistura do que é dito no texto e o que *não* é dito. É o momento em que as crianças compreendem, pela primeira vez, que devem avançar para "além da informação fornecida".[55] É o início do que acabará por se tornar a contribuição mais importante do cérebro leitor: tempo para pensar.

Às vezes, porém, uma criança nessa fase de desenvolvimento também precisa saber, de forma simples, que deve ler determinada palavra, frase ou parágrafo uma segunda vez para compreendê-lo corretamente. Saber quando é necessário reler um texto (por exemplo, para rever uma interpretação falsa ou para obter informações adicionais) com o intuito de melhorar a compreensão faz parte do que a minha colega canadense Maureen Lovett[56] chama de "monitoramento da compreensão". A pesquisa dela, que aborda as capacidades metacognitivas das crianças – particularmente, a capacidade de pensar quão bem estão

---

* N.T.: Trata-se do livro *Charlotte's Web*, de E. B. White, publicado originalmente em 1952. Na história, Wilbur, um porco de estimação de uma menina, faz amizade com a aranha Charlotte, que passa a tecer mensagens escritas elogiando o suíno para salvá-lo do abate.

compreendendo o que leem em determinado texto –, enfatiza a importância, nesta fase do desenvolvimento, de uma criança ser capaz de mudar estratégias se algo não fizer sentido, e do papel fundamental do professor como facilitador dessa mudança. Ao final desse período, leitores decodificadores pensam de uma nova maneira quando leem.

E quanto às emoções?

> *Em qualquer idade, o leitor deve realizar uma travessia: o leitor infantil é o mais ávido e rápido em fazê-lo; não apenas concede à história o necessário, mas lança nela toda a sua experiência sensorial que, por ser limitada, é mais intensa.*[57]
>
> Elizabeth Bowen

Como todo professor sabe, o envolvimento emocional é muitas vezes o ponto de inflexão entre saltar para a vida da leitura ou permanecer num atoleiro infantil, no qual ler é uma atividade tolerada apenas como um meio para outros fins. Uma influência extremamente importante para o desenvolvimento da compreensão durante a infância é o que acontece depois do "lembrar", "prever" e "inferir": nós sentimos, identificamos e, no processo, compreendemos mais plenamente; assim, mal podemos esperar para virar a página. A criança que está passando da boa decodificação para a decodificação fluente, muitas vezes, precisa de encorajamento sincero de professores, tutores e pais para tentar ler materiais mais difíceis. Amelia precisava que eu confirmasse seus esforços; Van precisava do apoio de Phyllis Schiffler.

Mas há outro aspecto na dimensão emocional: a capacidade das crianças de se lançarem totalmente na teia de Charlotte, em *A menina e o porquinho*, ou em qualquer história, em qualquer livro, "com tudo". Depois que todas as letras e regras de decodificação forem compreendidas, depois que a vida subterrânea das palavras for absorvida, depois que os vários processos de compreensão começarem a ser implantados, a expansão de sentimentos pode levar as crianças a um caso de amor certo e duradouro com a leitura, com o desenvolvimento de suas capacidades para se tornarem leitores fluentes, com domínio de compreensão. Essa habilidade sempre renovada constitui a base do "salto para a transcendência" mencionado por Adrienne Rich, e também para as etapas seguintes, que finalizam o desenvolvimento da leitura, fazendo de muitos de nós quem somos. As crianças que nunca realizaram esse salto jamais saberão o que uma menina sentia quando se sentava na fila dos alunos do terceiro ano, recém-canonizada, recém-casada e beijada pela primeira vez por um príncipe em Eldorado, Illinois.

A HISTÓRIA SEM FIM DO DESENVOLVIMENTO DA LEITURA

Tenho certeza de que se eu pudesse voltar e reler, analiticamente, os livros da minha infância, pistas para tudo seriam encontradas. A criança vive no livro; mas, da mesma forma, o livro vive na criança.[1]

Elizabeth Bowen

Gosto de ter meu próprio momento de diversão.[2]

Luke, 9 anos de idade

Uma das minhas crianças favoritas, entre participantes de nossa pesquisa, era um menino chamado Luke. Em um presságio do que estava por vir, ele se juntou ao nosso programa de intervenção de forma bastante inusitada. Normalmente, as crianças que se qualificam para o nosso estudo são leitores com dificuldades, recomendados pelos professores, e que passaram por uma bateria de testes extenuantes. Não foi esse o caso de Luke. Ele, basicamente, se recomendou para nossa intervenção de leitura. Quando questionado sobre o motivo, respondeu solenemente: "Tenho que ler minhas árias. Não consigo mais decorá-las!". De fato, Luke cantava na Ópera Infantil de Boston. Era um cantor talentoso, mas não conseguia acompanhar crianças que sabiam ler os versos.

Os professores de Luke da escola achavam que ele lia razoavelmente bem, embora um pouco devagar, e não o recomendaram para a nossa pesquisa de intervenção. Eles não estavam cientes do abismo entre o desempenho que Luke necessitava e sua penosa, ainda que precisa, leitura. Depois de uma série de testes, Kathleen Biddle, nossa diligente pesquisadora associada, disse que nunca havia testado uma criança com problema tão grave no que dizia respeito ao tempo necessário para nomear uma letra e ler uma palavra. E descreveu uma surpreendente discrepância entre a inteligência de Luke e suas notas de leitura. Depois de esforços consideráveis em nosso programa de intervenção, Luke finalmente aprendeu a ler com fluência suficiente para acompanhar suas árias e fazer a transição da decodificação hábil para a leitura fluente. Mas, no processo, ele demonstrou a todos nós como pode ser difícil passar da precisão à fluência, nos estágios avançados da leitura.[3]

Muitas crianças nunca fazem essa transição, por razões que pouco têm a ver com o tipo de deficiência de leitura de Luke. Relatórios recentes do Painel Nacional de Leitura[4] e dos "boletins nacionais"[5] indicam que 30% a 40% das crianças do quarto ano não se tornam leitores totalmente fluentes com compreensão adequada. Trata-se de um número devastador, agravado ainda pelo fato de os professores, os autores de livros escolares e, na verdade, todo o sistema escolar terem expectativas diferentes em relação aos alunos a partir do quarto ano. Tal abordagem encontra-se sintetizada no mantra de que, nos primeiros três anos, a criança "aprende a ler" e nos anos seguintes, ela "lê para aprender". Depois que as crianças terminam o terceiro ano, os professores esperam que elas tenham habilidades de leitura automática razoáveis, que lhes permita aprender cada vez mais "por conta própria", a partir de materiais textuais gradativamente mais difíceis. Eu tinha exatamente a mesma expectativa quando ensinava. A maioria dos professores do quarto ano, não por culpa própria, nunca fez um curso de ensino de leitura para crianças que não adquiriram fluência.

Uma questão quase invisível na educação americana é o destino dos jovens estudantes do ensino fundamental que leem com precisão (o objetivo básico na maioria das pesquisas sobre leitura), mas não com fluência no terceiro e no quarto ano. Se seus problemas não forem resolvidos, esses estudantes serão deixados de lado. Sabemos muito sobre a dislexia do desenvolvimento e de intervenções, mas sabemos bem menos sobre os problemas mais comuns das crianças que não conseguem atingir a fluência por motivos diversos, que não se prestam a diagnóstico, tais como: ambiente pobre, vocabulário pobre e ensino que não corresponde às necessidades. Algumas dessas crianças tornam-se leitores capazes de decodificar, mas nunca leem com rapidez suficiente para compreender o que leem. Alguns deles, como Luke, têm um tipo de dislexia relacionada à "taxa de processamento" não diagnosticada, que discutiremos mais tarde. Quaisquer que sejam as razões, ter cerca de 40% das nossas crianças na margem de "insucesso" reflete um terrível desperdício de potencial humano. É um grande "buraco negro" da educação americana – um submundo dos semianalfabetos, para o qual adentra um número cada vez maior de crianças.

LEITOR FLUENTE, COM DOMÍNIO DA COMPREENSÃO

> *A vida de uma criança é, em grande parte, vivida para outras pessoas... Todas as leituras que fiz quando criança, atrás de portas fechadas, sentada na cama enquanto a escuridão caía ao meu redor, foram um ato de reivindicação. Fiz isso, e somente isso, por mim mesma. Foi uma forma de recuperar para mim mesma minha vida.*[6]
>
> Lynne Sharon Schwartz

Poucos livros encontrados nas estantes das escolas de ensino médio são mais populares que o *Guinness Book of World Records*. Com seus fatos inspiradores, categorizados, fáceis de encontrar, esse livro oferece uma analogia improvável para o cérebro leitor que acabou de se tornar fluente. O leitor no estágio de leitura com compreensão fluente acumula coleções de conhecimento e está preparado para receber conhecimento de todas as fontes.

Crianças que leem livros como o *Guinness* em geral decodificam de maneira tão direta e sem esforço que, caso não existisse nossa tecnologia de imagem cerebral, não poderíamos perceber o que está oculto nesse processo. Nesse momento, professores e pais podem ser induzidos a pensar, por uma leitura aparentemente fluente, que a criança compreende todas as palavras no processo de leitura. Sócrates criticou exatamente tal aspecto silencioso das palavras escritas, que não podem "retrucar". Pois decodificação não significa compreensão. Mesmo quando o leitor compreende os fatos apresentados no conteúdo, o objetivo neste estágio é mais profundo: uma capacidade mais ampla para aplicar a compreensão dos variados usos das palavras – ironia, voz narrativa, metáfora e ponto de vista – para, assim, ultrapassar a superfície do texto. À medida que a leitura se torna mais exigente, o domínio da linguagem figurativa e da ironia, no caso dos bons leitores, auxilia na descoberta de novos significados no texto, impulsionando sua compreensão para além das próprias palavras.

Como a psicóloga Ellen Winner[7] descreve em *The Point of Words* ("O objetivo das palavras"), a metáfora oferece "uma janela para as habilidades classificatórias das crianças", e a ironia ilumina a "atitude única [do autor] em relação ao mundo". Por exemplo, vejamos a passagem a seguir de *Aventuras de Huckleberry Finn*, obra de Mark Twain. A ironia singular que embasa o humor e a metáfora de Twain induz muitos jovens leitores a percepções complexas, por vezes indesejadas. No trecho, Huck viaja em uma jangada pelo grande rio Mississippi com seu amigo Jim, um escravo fugitivo que está sendo caçado. Para evitar que um grupo de homens descubra a identidade de Jim, Huck, em um lance de gênio, finge que Jim tem varíola. Depois que os homens saem correndo, Huck passa a ser acossado por dúvidas:

> Eles partiram e eu subi na jangada me sentindo mal e desanimado, pois sabia muito bem que tinha feito algo errado, e vendo que não adianta tentar aprender a fazer o que é certo; um corpo que não *começa* direito quando pequeno não vai ter jeito – quando o aperto chega, não há nada para apoiá-lo e mantê-lo em seu caminho, e não há remédio senão levar uma surra. Então, pensei por um minuto e disse para mim mesmo: espere aí; suponha que você tivesse agido certo e desistido de Jim, você se sentiria melhor do que está agora? Não, digo eu, me sentiria mal – me sentiria exatamente da mesma forma que me sinto agora. Bem, então, digo eu, de que adianta você aprender a fazer o certo quando é difícil fazer o certo e não há problema em fazer o errado, pois no fim o pagamento é o mesmo? Fiquei paralisado.[8]

A lógica distorcida e a autoculpabilização de Huck são típicas de Twain. Leitores que se tornaram recentemente fluentes aprendem, pela ironia, pelas imagens poderosas e metáforas de Twain, a ultrapassar a superfície do que leem e apreciar o subtexto daquilo que o autor está tentando transmitir. Para jovens leitores que estão passando do simples domínio do conteúdo para a descoberta do que está por baixo da superfície de um texto, a literatura de fantasia e magia é ideal.

Pensemos nas muitas imagens que Tolkien utiliza em *O Senhor dos Anéis* para retratar o bem e o mal. Os mundos da Terra Média, Nárnia e Hogwarts fornecem um terreno fértil para o desenvolvimento das habilidades relacionadas à metáfora, inferência e analogia, porque nada é o que parece em tais lugares. Para descobrir como escapar de espectros e dragões, e também como fazer o que é certo, há a necessidade de se empregar toda a inteligência possível. Durante suas jornadas tão diferentes, Huck e Frodo aprenderam a optar pela realização de ações virtuosas, por mais que os desafios pareçam muito difíceis de serem superados. E o mesmo acontece com os jovens leitores, que os acompanham durante todo o percurso.

O mundo da fantasia apresenta um ambiente fechado conceitualmente perfeito para crianças recém-saídas do estágio mais concreto de processamento cognitivo. Um dos momentos mais poderosos na vida em termos de leitura, potencialmente tão transformador quanto os diálogos de Sócrates, ocorre quando leitores fluentes e com domínio de compreensão descobrem como entrar na vida de heróis e heroínas imaginários, ao longo do Mississippi ou através de um portal de guarda-roupa.

Os processos de compreensão crescem de forma impressionante nesse tipo de local, no qual as crianças aprendem a relacionar conhecimentos prévios, a prever consequências terríveis ou boas, a tirar inferências de cada recanto cheio de perigo, a monitorar lacunas em sua compreensão e a interpretar como cada nova pista, revelação ou fragmento acrescentado de conhecimento altera aquilo que elas já sabem. Para praticar essas habilidades, é necessário a compreensão de como descascar as camadas de significado de uma palavra, frase ou pensamento. Ou seja, nessa longa fase de desenvolvimento da leitura, os leitores deixam de lado camadas superficiais do texto para explorar o terreno maravilhoso que está abaixo delas. O especialista em leitura Richard Vacca[9] descreve essa mudança como uma evolução de "decodificadores fluentes" para "leitores estratégicos" – "leitores que sabem como ativar o conhecimento prévio antes, durante e depois da leitura, para decidir o que é importante em um texto, sintetizar informações, fazer inferências durante e após a leitura, fazer perguntas e reparar falhas na própria compreensão".

Esse trecho da jornada – que muitas vezes dura até a idade adulta – está tão repleto de obstáculos quanto aqueles encontrados por Frodo, Harry, Jim e Huck. Desde o início, jovens leitores no ensino fundamental 2 precisam aprender a pensar de formas novas, e embora muitas crianças estejam preparadas para fazer isso, quase a mesma quantidade não está.

Como se dá tal etapa? Um conhecido psicólogo educacional, Michael Pressley, afirma que os dois maiores instrumentos de auxílio para a compreensão fluente são a instrução explícita dada pelos professores nas principais áreas de conteúdo e o desejo do aluno de ler.[10] Travar diálogos com os professores auxilia os alunos na construção de questionamentos críticos, que atingem a essência daquilo que estão lendo. Por exemplo, no ensino recíproco,[11] método introduzido por Annemarie Palincsar e Anne Brown, os professores ajudam, de forma explícita, os alunos nesse aprendizado do questionamento daquilo que não compreendem, resumindo o conteúdo, identificando questões-chave, esclarecendo, prevendo e inferindo o que deve acontecer em seguida. Quando bem-sucedida, essa variação do diálogo socrático proporciona aos alunos uma abordagem efetiva para toda a vida a fim de extrair significados em textos cada vez mais sofisticados.

O desejo das crianças em ler se reflete em sua imersão na "vida da leitura". A compreensão emerge de todos os fatores cognitivos, linguísticos, emocionais, sociais e educacionais que a criança obteve em seu desenvolvimento anterior, e o "prazer divino" de Proust em mergulhar na leitura torna-se seu impulso. Uma cena memorável em *A sombra do vento*, de Carlos Ruiz Zafon, dá vida para essa ideia. O jovem protagonista, Daniel, fora apresentado à sua primeira experiência profunda com livros quando seu pai o leva para encontrar seu próprio "volume pessoal", em uma biblioteca misteriosa:

> Bem-vindo ao *Cemitério dos Livros Mortos*, Daniel... Cada livro, cada volume... tem uma alma. A alma de quem o escreveu e de quem o leu e viveu e sonhou com ele. Cada vez que um livro muda de mãos, cada vez que alguém folheia suas páginas, o seu espírito cresce e se fortalece.[12]

O pai de Daniel articula certa qualidade mágica que caracteriza nossa imersão nos livros: eles passam a ter vida própria e os leitores são convidados por um tempo, e não o contrário. A obsessão de Daniel com seu próprio "livro perdido" dita o resto da trama, que nos mostra como os leitores podem penetrar na "vida dos livros" tão completamente que percebem mudanças definitivas.

Conhecer as sensações de ser jovem, impressionável e assustado torna o leitor mais capaz de compreender a vida de Daniel; compreender as respostas de Daniel amplia o conhecimento do leitor sobre o mundo. Ao se identificarem com os personagens, jovens leitores expandem os limites de suas existências. Aprendem algo novo e duradouro com cada encontro, sentido de forma profunda. Quem dentre nós, se confrontado com a perspectiva de ser abandonado, não pensaria no que Robinson Crusoe poderia ter feito? Quem dentre nós, leitor de Jane Austen, não pensa em Darcy quando encontra um homem arrogante – e torce para descobrir a bondade oculta dele? Elizabeth Bennet, Capitão Ahab, Atticus Finch, Mona na Terra Prometida, Celie e Nettie, Harry "Rabbit" Angstrom e Jayber Crow – nossa capacidade de nos identificarmos com esses personagens contribui para nos tornamos aquilo que somos.

Ao nos lançarmos nesta dança com o texto, há o potencial de ocorrerem alterações em todas as fases da nossa vida de leitura. Mas seu caráter é especialmente formativo durante o período de autonomia crescente e compreensão fluente. A tarefa do jovem, nesta quarta fase ampliada do desenvolvimento da leitura, é aprender a usar a leitura para a vida – tanto dentro da sala de aula, com o seu crescente número de conteúdos em diversas áreas, como fora da escola, onde a vida da leitura se torna um ambiente seguro para explorar o inconstante universo selvagem, de pensamentos e sentimentos dos jovens.

O cérebro fluente, emocional

O cérebro que lê fluentemente precisa fazer uma jornada cortical própria. Não se trata apenas de uma expansão da capacidade de decodificar e compreender; o cérebro sente mais do que nunca. Como afirma David Rose,[13] um proeminente tradutor da neurociência teórica para tecnologia educacional aplicada, as três principais funções do cérebro leitor são reconhecer padrões, planejar estratégias e sentir. Qualquer imagem do leitor fluente com domínio da compreensão mostra isso claramente através da crescente ativação do sistema límbico – a sede da nossa vida emocional – e de suas conexões com a cognição. Esse sistema, localizado imediatamente abaixo da camada cortical superior do cérebro (Figura 1), é o alicerce de nossa capacidade de sentir prazer, repulsa, horror e euforia em resposta ao que lemos, de compreender o que Frodo, Huck e Anna Karenina experimentaram. Como nos lembra David Rose, a região límbica também auxilia na hierarquização e valoração de tudo aquilo que lemos. Tendo por base tal contribuição afetiva, nossos processos de atenção e compreensão tornam-se agitados ou inertes.

Figura 1 – Sistema límbico

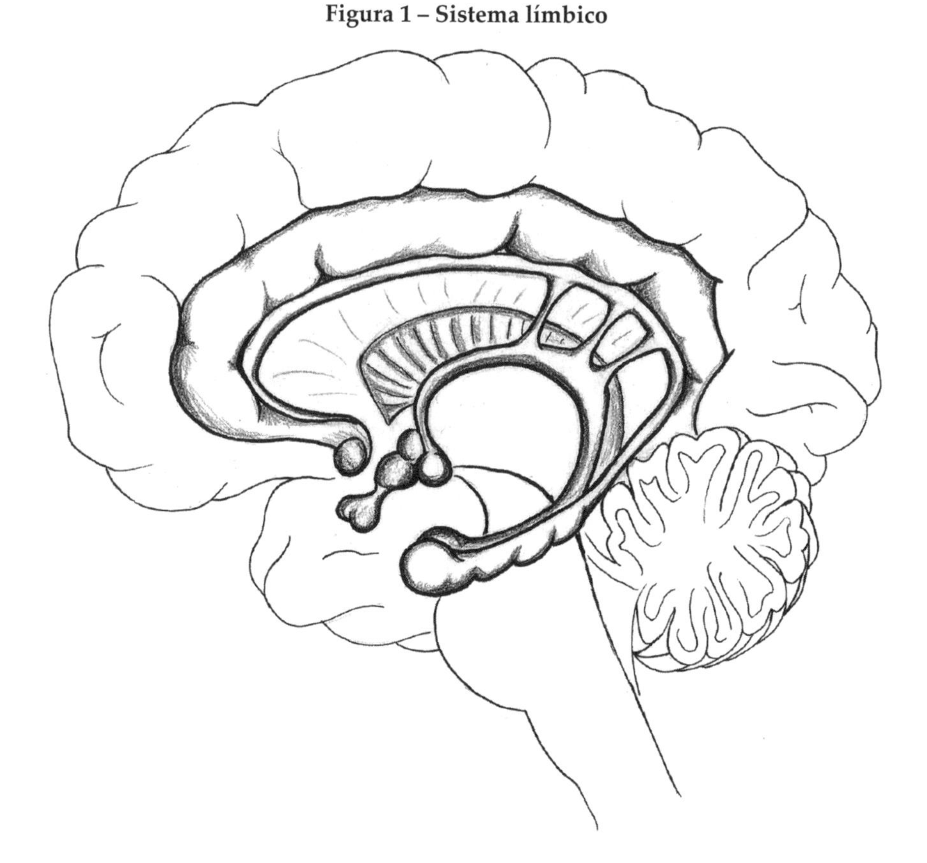

Como vimos no caso da leitura em crianças mais jovens, quanto maior o esforço necessário, mais o cérebro é ativado, geralmente em áreas de maior expansão. Os esforços para identificar letras e palavras se refletiram na grande quantidade de espaço cortical necessário nas áreas visuais de ambos os hemisférios, e também em um caminho mais lento e menos eficiente das áreas visuais para as áreas temporal superior e de regiões parietais inferiores para regiões frontais. Representado na Figura 2, esse caminho mais lento (por vezes chamado de rota dorsal) permite que a criança mais nova tenha tempo para montar os fonemas dentro de uma palavra. Também permite mais tempo de "pesquisa" para as diversas representações associadas às palavras. Este leitor mais jovem, portanto, gasta muito tempo com a decodificação.

Figura 2 – Caminhos para o cérebro fluente

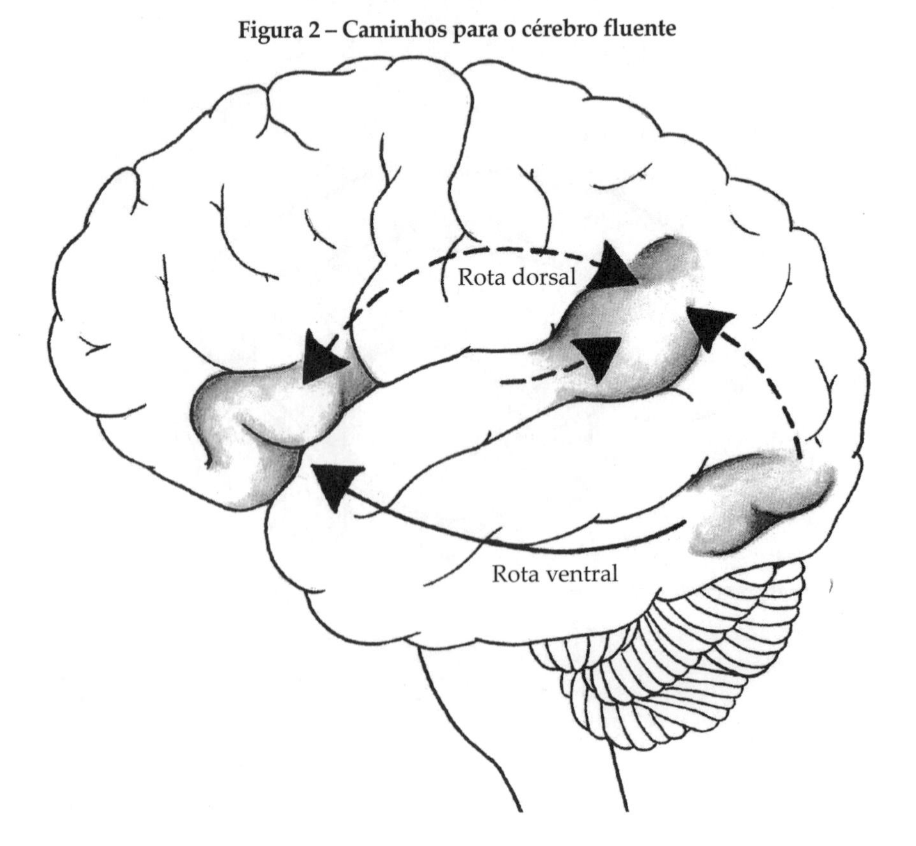

O cérebro que apresenta compreensão fluente não precisa despender tanto esforço, porque suas regiões de especialização aprenderam a representar as informações visuais, fonológicas e semânticas importantes e a recuperar essas informações em velocidade estonteante. De acordo com Ken Pugh, Rebecca Sandak e outros neurocientistas nos laboratórios Yale, Haskins e Georgetown,[14] conforme as crianças se tornam mais fluentes, o jovem cérebro, em geral, substitui a ativação bi-hemisférica por um sistema mais eficiente localizado no hemisfério esquerdo (por vezes chamado de ventral ou rota inferior). Esse caminho, empregado na leitura fluente, começa com regiões visuais e temporais occipitais mais concentradas e simplificadas do que aquelas usadas por crianças mais novas, e logo passa a envolver regiões temporais inferiores e médias, além das regiões frontais. Depois de conhecermos muito bem uma palavra, não precisamos mais analisá-la de maneira trabalhosa. Os padrões de letras e representações de palavras que temos armazenados, especialmente no hemisfério esquerdo, ativam um sistema mais veloz.

Paradoxalmente, a mudança no desenvolvimento para a ativação especializada do hemisfério esquerdo nos processos básicos de decodificação permite uma ativação mais bilateral para processos de significado e compreensão. Tais mudanças refletem alterações na leitura e no desenvolvimento humano. Não somos mais meros decodificadores de informações.

O cérebro do leitor fluente e dotado de compreensão está no limiar para atingir o dom mais essencial do cérebro leitor evoluído: o tempo. Com seus processos de decodificação quase automáticos, o cérebro jovem e fluente consegue integrar conhecimentos bem mais metafóricos, inferenciais, analógicos, afetivos e experienciais a cada milissegundo recém-conquistado. Pela primeira vez no desenvolvimento da leitura, o cérebro torna-se suficientemente rápido para pensar e sentir de forma diferente. Essa dádiva de tempo é a base fisiológica para a nossa capacidade de ter "pensamentos intermináveis e maravilhosos". Nada é mais importante no ato de ler.

O LEITOR EXPERIENTE

Assim, analisar, de forma completa, aquilo que fazemos ao ler seria quase o auge das realizações de um psicólogo, pois descreveria algumas das mais intrincadas funções da mente humana, bem como desvendaria os meandros da história, dessa que é a atividade específica mais notável desenvolvida pela civilização em toda a sua história.[15]

Sir Edmund Huey

Figura 3 – A linha de tempo da leitura

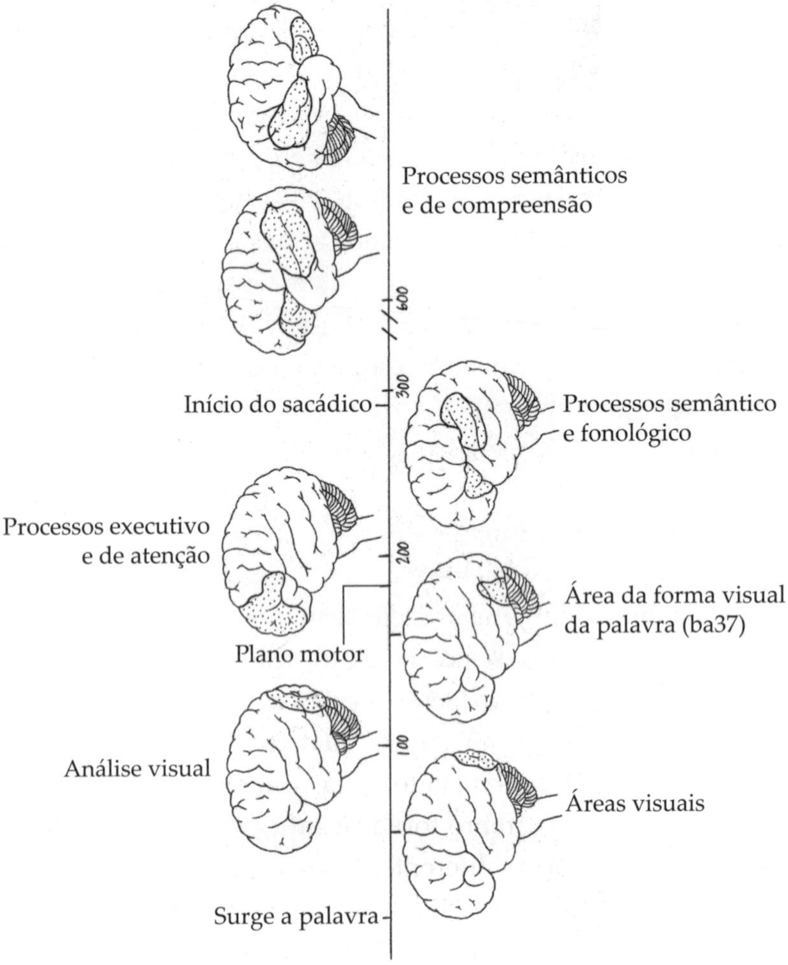

Como escrevi no prefácio, Sir Edmund Huey captou, na descrição acima, como a leitura experiente, que já desfruta de fluência, incorpora todas as transformações culturais, biológicas e intelectuais na evolução da leitura e todas as transformações cognitivas, linguísticas e afetivas na "história natural" de cada leitor. A declaração de Huey, feita em 1908, pode muito bem ser a descrição de leitura mais eloquente já escrita. A neurociência cognitiva atual reforça o que Huey suspeitava: quão vastas, quão complexas e quão amplamente distribuídas são as redes cerebrais que sustentam mesmo meio segundo de leitura.

Meio segundo é o suficiente para que o leitor experiente leia quase qualquer palavra disponível. Com base no trabalho de Michael Posner e de vários neurocientistas cognitivos,[16] desejo, neste momento, descrever a linha de tempo para os processos utilizados por todo leitor que seja, de fato, experiente (Figura 3). Qualquer percepção linear da leitura (como é caso de uma linha de tempo) deve ser qualificada, pois os processos de leitura são interativos. Algumas coisas acontecem em paralelo e outras são ativadas e reativadas quando é necessário integrar informações conceituais adicionais. Por exemplo, observe o que acontece ao ler a seguinte frase: "A manga da camisa ficou suja de manga.". Muitos de nós precisam voltar e reativar uma segunda leitura de "manga", depois de receber a informação contextual adicional representada pelo termo "camisa".

A linha do tempo aqui retrata o momento que eu esperava: a fusão quase instantânea de processos cognitivos, linguísticos e afetivos; múltiplas regiões cerebrais; bilhões de neurônios que são a soma de tudo o que é necessário para a leitura. Por se tratar de uma descrição técnica, contudo, não serve para todos. Aqueles que desejarem podem pular para o final do material em itálico a seguir para ver o motivo pelo qual tudo isso conduz a algo magnífico em você e em cada leitor experiente.

Cada palavra tem seus 500 milissegundos de fama

- De 0 a 100 milissegundos iniciais: tornando-se experiente a atenção às letras

Toda leitura começa com a atenção – na verdade, vários tipos de atenção. Quando leitores experientes olham para uma palavra[17] *(como "urso"), as três primeiras operações cognitivas são: (1)* desligar *de qualquer outra coisa que estejamos fazendo; (2)* direcionar *nossa atenção para o novo foco (puxando-nos para o texto); e (3)* destacar *a nova letra e palavra. Esta é a rede orientadora da atenção, e pesquisas de imagem mostram que cada uma dessas três operações envolve uma região diferente do cérebro (Figura 4). Desligar a atenção envolve áreas na parte posterior do lobo parietal; o ato de direcionar nossa atenção, por sua vez, está relacionado a partes do mesencéfalo responsáveis pelos movimentos oculares (os chamados colículos superiores); e destacar algo envolve parte do nosso painel interno, conhecido como tálamo, que coordena as informações de todas as cinco camadas do cérebro.*

Figure 4 – Rede de atenção

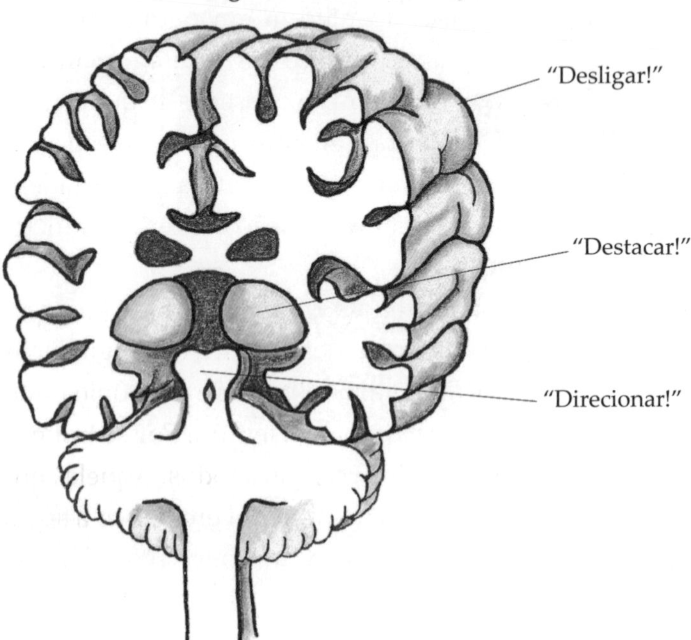

A outra rede de atenção extremamente importante para todas as fases da leitura é a executiva, que vem logo a seguir. Situado profundamente nos lobos frontais, o sistema executivo ocupa uma área bastante extensa (chamada giro cingulado) que fica abaixo da fissura profunda entre os hemisférios nos dois lobos frontais. A parte mais frontal dessa região está bastante envolvida em funções específicas da leitura: direcionar o sistema visual para se concentrar em características visuais específicas de uma determinada letra ou palavra (por exemplo, um leitor iniciante deve prestar muita atenção à direção de "b" em "bolo"); coordenar informações de outras áreas frontais, principalmente no que diz respeito ao processamento semântico do significado das palavras ("levar um bolo" é algo que você quer ou não?); controlar o uso de um tipo específico de memória, chamada de memória de trabalho.

Os cientistas cognitivos não olham para a memória como uma entidade única.[18] *O que a maioria das pessoas considera memória – isto é, nossa capacidade de recordar informações pessoais e eventos que aconteceram conosco –, os psicólogos chamam de memória episódica,*[19] *para diferenciá-la da memória semântica, que se refere à forma como armazenamos palavras e fatos. Eles também fazem uma distinção entre memória declarativa (o sistema para recuperar "o que as coisas são" da nossa base de conhecimento, por exemplo: a data de assinatura da Declaração de Independência) e memória procedural (o sistema para os processos, para os "comos" do nosso conhecimento, por exemplo: como tocar guitarra, como andar de bicicleta ou como pregar um prego).*[20]

O próximo tipo de memória é o mais útil para o reconhecimento de uma palavra. A memória de trabalho[21] *é aquela que usamos para reter informações por um breve período, a fim de realizar alguma tarefa com elas. É a nossa lousa cognitiva, ou bloco de rascunho. Fundamental para a leitura experiente, a memória de trabalho garante que possamos manter em mente a identificação visual inicial de uma palavra por tempo suficiente para adicionar o restante das informações em torno dela (como significado e uso gramatical).*

Quando leitores fluentes identificam uma série de palavras, especialmente aquelas com considerável informação semântica e gramatical, utilizam tanto a memória de trabalho como a memória associativa. Esta última auxilia na recordação de informações que foram armazenadas a longo prazo, como nossa primeira bicicleta, nosso primeiro beijo ou outros "primeiros" memoráveis!

◆ De 50 a 150 milissegundos: reconhecimento das letras e alteração do cérebro

> Um passo crítico na aprendizagem da leitura envolve o domínio das propriedades perceptivas da linguagem escrita, para que o sistema visual possa se comunicar eficazmente com o sistema linguístico. O produto desse aprendizado é um novo conjunto de estruturas computacionais no córtex visual pré-estriado que não existia antes da leitura.[22]
>
> Thomas Carr

O aprendizado da leitura altera o córtex visual do cérebro. Como o sistema visual é capaz de realizar o reconhecimento e determinar a especialização de objetos, as áreas visuais do leitor experiente são, dessa forma, preenchidas com redes de células responsáveis por imagens visuais de letras, padrões de letras e palavras. Essas áreas funcionam a uma velocidade tremenda nesse tipo de leitor, graças a vários princípios de processamento muito importantes, alguns dos quais foram descritos por um psicólogo no século XX, Donald Hebb.[23] Hebb propôs a noção de conjuntos de células, grupos de células que aprendem a operar como unidades de trabalho. Se um padrão comum de letras ou uma palavra como "bolo" aparecer para o leitor experiente, ele irá acionar sua própria rede, em vez de ativar individualmente o grande número de células individuais não relacionadas, responsáveis pelas linhas, diagonais e círculos dentro de suas letras. Este princípio de funcionamento é o exemplo prático da máxima biológica "células que disparam juntas permanecem juntas", constituindo ferramenta básica do cérebro para criar circuitos cada vez maiores, que ligam conjuntos celulares num sistema de redes distribuídas por todo o cérebro. O cérebro do leitor experiente é uma verdadeira colagem dessas redes, para todo tipo de representação mental e em todo o cérebro, englobando desde representações de padrões visuais e ortográficos até representações fonológicas. Como vimos anteriormente na pesquisa de Stephen Kosslyn com letras imaginadas, podemos recuperar estas representações à velocidade da luz, mesmo quando o estímulo inicial não está realmente diante dos nossos olhos, mas apenas nos olhos da mente.

Outra contribuição para essa automatização envolve a maneira aparentemente simples como nossos olhos se movem pelo texto. É algo que pode parecer suave e sem esforço, mas, como aponta Keith Rayner[24] *– especialista em movimentos oculares –, trata-se apenas de uma ilusão. Pesquisas revelaram que nossos olhos realizam, continuamente, pequenos movimentos, denominados sacádicos, seguidos de momentos muito breves em que os olhos permanecem fixos e estáticos, chamados de fixações, enquanto recolhemos informações da nossa visão central (foveal). Pelo menos em 10% das vezes, nossos olhos reviram levemente para captar informações passadas. Quando adultos leem, o movimento sacádico típico cobre cerca de oito letras; no caso das crianças, contudo, o alcance é menor. Uma característica brilhante do design dos nossos olhos permite-nos ver "à frente", em uma região parafoveal, e ainda mais longe ao longo da linha de texto, na região periférica. Atualmente, sabemos que quando lemos, vemos na verdade cerca de 14 ou 15 letras à direita do nosso foco fixo, e veremos o mesmo número de letras à esquerda se lermos em hebraico.*

Como utilizamos informações foveais e parafoveais, sempre temos uma prévia do que está para acontecer. A pré-visualização torna-se, então – alguns milissegundos depois –, mais fácil de reconhecer, contribuindo ainda mais para nosso automatismo. Como descreve Rayner, o mais surpreendente neste domínio dos movimentos oculares e suas regras está na proximidade da conexão entre o olho e a mente.[25]

Essa conexão é observável. Examinando a linha do tempo, veremos que muitos processos representacionais de natureza visual e ortográfica acontecem em um período entre 50 e 150 milissegundos; e então, em algum momento entre 150 e 200 milissegundos, os sistemas executivo e de atenção dos lobos frontais são ativados. Trata-se do momento quando nosso sistema executivo exerce sua influência nos movimentos oculares seguintes.[26]

O sistema executivo determina se há informação suficiente sobre letras e formas de palavras para avançar para um novo movimento sacádico em 250 milissegundos, ou se será necessária uma regressão ao revirar os olhos, para obter mais informações.

Outra contribuição para a automatismo na sequência dos nossos movimentos oculares diz respeito à nossa capacidade de reconhecer quando um grupo de letras forma um padrão admissível em nossa língua (urso versus *rsou), e se uma palavra permitida é uma palavra real ou não (urso* versus *ruso). Por volta dos 150 milissegundos na linha do tempo, algumas áreas occipital-temporais relevantes (conhecidas pelos neurocientistas como área 37) ganham importância. Como mencionado brevemente em momento anterior, os investigadores Stanislas Dehaene e Bruce McCandliss*[27] *argumentam que, quando uma criança adquire a habilidade de leitura, alguns neurônios nessa área passam a se especializar nos padrões ortográficos de um sistema de escrita específico. A hipótese de ambos é que esta capacidade evoluiu a partir de circuitos de reconhecimento de objetos. Se isso procede, as observações de Victor Hugo sobre as origens naturais das letras e dos caracteres – Y para rios, S para cobras, C para luas crescentes – seriam não apenas fascinantes, mas premonitórias. Dehaene e seu grupo afirmam que as mesmas áreas usadas para reconhecer cobras, arados e luas passam a ser usadas para reconhecer letras. Essas mudanças na especialização visual atingem o zênite*[28] *no leitor experiente, que está equipado com circuitos no córtex visual que não existiam antes da leitura. Essas mudanças estão na base de uma das principais mudanças que o letramento imprimiu no cérebro humano. Até aqui, tudo bem.*

O grupo de Dehaene, no entanto, levantou a hipótese de algo mais controverso – que essas populações especializadas de neurônios na região occipital-temporal da área 37 se tornam uma "área visual de formação das palavras", que permitiria ao leitor saber se grupos de letras constituem uma palavra real ou não, isso tudo necessitando de algo em torno de 150 milissegundos. Um grupo de neurocientistas cognitivos na Inglaterra, contudo, discorda dessa visão,[29] *apresentando um cenário ainda mais complexo. Ao usar tecnologia de imagem cerebral sensível ao tempo, o magnetoencefalograma (MEG), que possibilita a visualização do momento em que várias estruturas são ativadas durante os primeiros milissegundos, os pesquisadores descobriram que mesmo antes da área 37 trazer informações sobre a forma de uma palavra à consciência, as áreas frontais possivelmente já mapearam as informações das letras em fonemas. Resta saber se tais áreas frontais ativadas realmente estão envolvidas no mapeamento fonológico ou em seu planejamento, uma vez que também podem estar relacionadas às funções executivas. Mas a quase simultaneidade dos primeiros processos de leitura especializada, mostrada nestas imagens do MEG, é notável. Independentemente de qual grupo esteja correto, juntos eles enfatizam os rápidos mecanismos de retroalimentação e antecipação atuando sempre que o cérebro colocar em cena o princípio alfabético, nos 100 a 200 milissegundos seguintes.*

◆ De 100 a 200 milissegundos: conectando letras a sons, ortografia a fonologia

Conhecer as regras de uma determinada língua para a correspondência letra-som ou grafema-fonema é a essência do princípio alfabético; assim, tornar-se especialista nessas conexões representa uma mudança na forma como o cérebro funciona. Uma pessoa que não aprendeu tais regras tem um cérebro diferente na idade adulta, um cérebro que está menos sintonizado com os sons da sua própria língua. Um conjunto intrigante de estudos realizados por pesquisadores portugueses[30] demonstra como o cérebro se torna diferente com base no letramento. Participaram da pesquisa habitantes das zonas rurais mais remotas de Portugal que, por razões sociais e políticas, nunca tiveram oportunidade de frequentar a escola. Esse grupo foi comparado com outro, semelhante, composto por pessoas também de zonas rurais que conseguiram adquirir algum grau de letramento posteriormente em suas vidas, encontrando-se diferenças comportamentais, cognitivo-linguísticas e neurológicas entre os dois grupos. Em tarefas linguísticas que revelam qual a nossa capacidade de perceber e compreender os fonemas da nossa língua (por exemplo, tentar dizer "nascimento" sem o som "n"), apenas os indivíduos letrados foram capazes de detectar fonemas na fala. Tornando-se alfabetizados, puderam entender que as palavras são formadas por sons, que podem ser divididos e reorganizados. Ao serem solicitados a repetir palavras sem sentido (por exemplo, "recimento"), os sujeitos que não tiveram acesso ao letramento não foram capazes de oferecer uma resposta de forma imediata e tentavam transformar a palavra sem sentido em uma palavra real semelhante (como "nascimento").

Figura 5 – Mapa fonológico

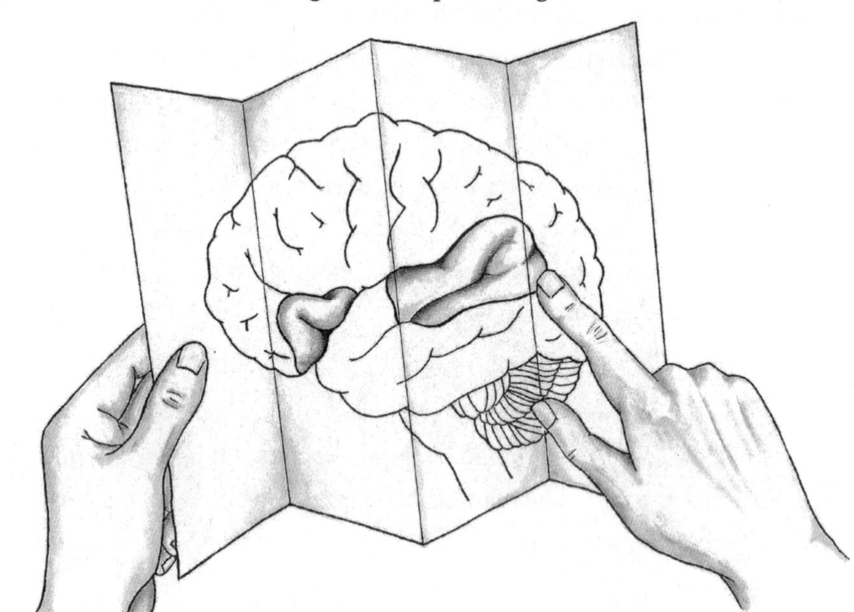

Posteriores exames cerebrais realizados nesses dois grupos,[31] *quando os membros de ambos estavam com 60 anos, revelaram diferenças ainda maiores. Os cérebros das pessoas do grupo que não recebeu letramento realizavam as tarefas de linguagem com áreas dos lobos frontais (como se fossem problemas a serem memorizados e resolvidos), enquanto o grupo letrado utilizava áreas de linguagem no lobo temporal. Ou seja, pessoas advindas de áreas rurais, criadas de maneira semelhante, processavam a linguagem de forma muito diferente nos seus cérebros, conforme tivessem ou não se tornado letradas. Aprender o princípio alfabético mudou a forma como o cérebro atuava não apenas na área do córtex visual,*

mas também nas regiões subjacentes às operações auditivas e fonológicas, como percepção, discriminação, análise, além da representação e da manipulação dos sons da fala. A explosão atual de pesquisas sobre processos fonológicos mostra a grande atividade anatômica para esses processos entre 150 e 200 milissegundos, em múltiplas áreas corticais, incluindo regiões frontal, temporal e algumas regiões parietais (Figura 5), bem como no cerebelo direito.

As habilidades fonológicas específicas utilizadas na leitura[32] *dependem da experiência do leitor, da palavra a ser lida e do sistema de escrita envolvido. Uma palavra altamente regular e frequente, como "tapete", exigirá muito menos processos fonológicos do que, digamos, "fonológico". Como vimos nas fases anteriores, o leitor iniciante em inglês estabelece, meticulosamente, as representações fonêmicas das letras e aprende a combiná-las em uma palavra. Esse processo por vezes se estende ao longo de vários anos. Por outro lado, em línguas mais regulares, como o alemão ou o italiano*[33] *(assim como o português), os leitores aprendem rapidamente regras muito mais consistentes entre letras e sons e evitam quase um ano de laboriosa decodificação. Tal diferença entre os sistemas de escrita alfabética afeta a forma como o córtex distribui as suas regiões fonológicas na linha do tempo. Leitores de alfabetos que possuem maior regularidade, como o finlandês, o alemão e o italiano,*[34] *alcançam áreas do lobo temporal com rapidez e as utilizam em uma amplitude maior que os leitores ingleses ou franceses. Estes leitores empregam as regiões temporais, mas parecem utilizar bem mais regiões dedicadas à identificação de palavras em uma possível área visual, relacionada à forma das palavras. Aparentemente, a maior ênfase em morfemas e palavras irregulares (por exemplo,* "yacht"*) em inglês e francês requer mais conhecimento das representações visuais e ortográficas durante esse período de 100 a 200 milissegundos. O mesmo princípio geral se aplica aos leitores de kanji chineses e japoneses,*[35] *que arregimenta tal região, occipital-temporal posterior esquerda, em torno da área 37, um pouco mais do que qualquer outro leitor adulto, bem como as áreas occipitais do hemisfério direito. Para os leitores chineses, as áreas fonológicas são menos proeminentes durante este período (de 100 a 200 milissegundos).*

◆ De 200 a 500 milissegundos: obtendo tudo o que se pode saber a respeito de uma palavra

O conhecimento sobre as palavras está em constante evolução, não apenas para o leitor mas também para o cientistas. Certos neurocientistas cognitivos rastreiam a atividade elétrica do cérebro durante as fases do processo semântico, no momento em que sentidos variados, associados às palavras, são ativados. Por exemplo, meu colega da Tufts, Phil Holcomb,[36] estuda o que fazemos quando processamos o significado de palavras em orações cujos finais são incongruentes. ("A lagosta engoliu uma sereia."). Usando uma técnica chamada potencial de resposta evocada (Evoked Response Potential, ERP), ele encontrou explosões de atividade elétrica entre 200 e 600 milissegundos depois da percepção de uma palavra incongruente como "sereia", com pico de 400 milissegundos. Pesquisas como essa fornecem dois tipos de informações para a linha de tempo: primeiro, indicam que a recuperação da informação semântica ocorre inicialmente em cerca de 200 milissegundos, para leitores típicos; segundo, mostra que continuamos a adicionar informações, especialmente em torno de 400 milissegundos, se houver incompatibilidade semântica com nossas previsões.

Na leitura na infância e na leitura experiente, quanto mais estabelecido for nosso conhecimento de uma palavra, mais velozmente e com precisão conseguiremos ler. Pensemos em uma das palavras um tanto intimidantes, apresentada em capítulo anterior: "morfofonêmico". Antes de ler este livro, tal palavra pode ter retardado consideravelmente sua leitura. Mas, doravante, ela representa um entendimento que acelera o reconhecimento e a compreensão. A rapidez com que lemos qualquer palavra é influenciada, em grande parte, pela qualidade e quantidade de conhecimento semântico que possuímos, cuja ativação se dá junto com a palavra. Tal como nas fases iniciais da infância,[37] existe um continuum de conhecimento das palavras para os adultos, que vai do desconhecido ao conhecido e ao bem estabelecido. A localização de uma palavra nesse continuum depende de sua frequência (quantas vezes aparece no texto), da familiaridade da pessoa e de quão recente foi a exposição. Pense em "sesquipedálico", que, como aponta a ensaísta Anne Fadiman,[38] *parece se referir a uma "palavra longa", e é exatamente isso. Em seu livro* Ex-libris: confissões de uma leitora comum, *Fadiman fornece uma lista de palavras incomuns, que seriam capazes de testar a coragem de qualquer leitor especialista em relação à frequência: monofisista, mefítico, diapasão, cunctatório e goécia são algumas que me deixaram de joelhos. Cada uma das palavras de Fadiman, que se qualificam para o nível inferior do continuum de familiaridade das palavras, prejudicaria nossa eficiência, embora cada uma delas também apresente morfemas altamente familiares, que nos inspirariam alguma esperança.*

Pesquisadores finlandeses[39] *descobriram que as regiões superiores do lobo temporal, envolvidas no processamento fonológico e semântico, são ativadas mais rapidamente para palavras na extremidade "estabelecida" do já mencionado continuum. E, como observado anteriormente, quanto mais "rica" for uma "vizinhança" semântica*[40] *(palavras associadas e significados que contribuem para o nosso conhecimento a respeito de determinada palavra), mais rápido será o reconhecimento dessa palavra. As implicações de tais princípios semânticos relacionados aplicam-se a pessoas de todas as idades: quando o conhecimento de uma palavra é mais refinado, quanto maior é a quantidade de informações sobre ela, mais rápida será a leitura. Além disso, ter um vocabulário ou rede semântica ricamente conectado e estabelecido se reflete fisicamente no cérebro: a distribuição ampla no período de 200 milissegundos a 500 milissegundos atesta o surgimento de uma variedade de processos fonológicos e de elaboradas redes semânticas. Quanto maior for o número dessas redes ativadas, mais rápida será a eficiência geral do cérebro para ler determinada palavra.*

Processos sintáticos e morfológicos

Assim como os processos semânticos, a informação sintática parece ser utilizada automaticamente em algum momento após os

200 milissegundos, a partir de áreas frontais como a de Broca, de áreas temporais esquerdas e também do cerebelo direito. Os processos sintáticos são empregados mais intensamente no caso de textos conectados (como frases ou passagens de texto) e, muitas vezes, requerem algumas operações de antecipação e realimentação – como aquelas empregadas no caso de "a manga da camisa" –, além de uma aplicação considerável de trabalho da memória. Palavras como "bolo" e "manga"[41] contêm informações sintaticamente ambíguas e precisam do contexto de uma frase ou sentença para transmitir mais informações. A informação sintática está intrinsecamente ligada tanto ao conhecimento semântico quanto à informação morfológica,[42] e a capacidade desses sistemas coletivos trabalharem juntos facilita a eficiência no período de 200 a 500 milissegundos. (Por exemplo, caso seja do conhecimento de determinado leitor que o morfema "va" é um marcador sintático para o pretérito imperfeito do indicativo, a identificação e compreensão de uma palavra como "falava" ocorrerá bem mais rapidamente). Como mostra a Figura 6,[43] quanto mais sabemos a respeito da vida interior de qualquer palavra, mais cumulativas e convergentes são as contribuições das diferentes áreas do cérebro, e melhor e mais rápido lemos essa palavra.

Figura 6 – Como o cérebro lê uma palavra em voz alta

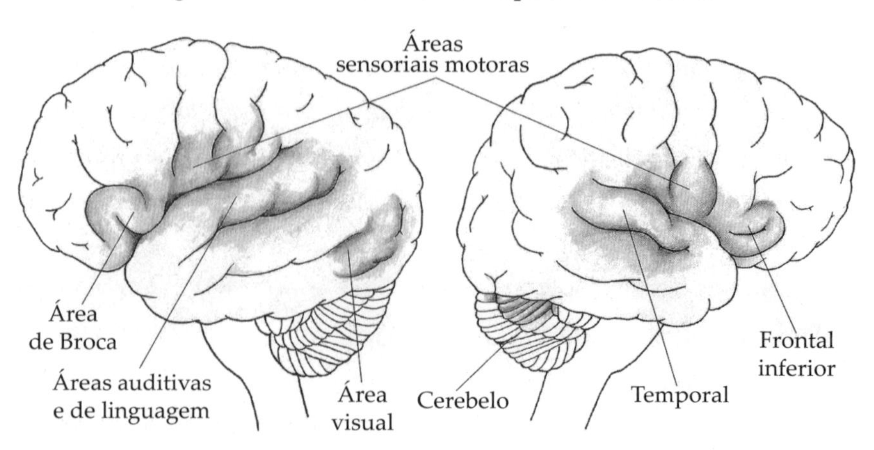

Assim que começamos a compreender o que é necessário para nosso cérebro ler uma única palavra, é impossível não questionar como é que conseguimos ler frases e parágrafos completos ou, mais espantoso ainda, livros inteiros. Para isso, precisamos sair da linha de tempo da palavra para analisar a impressionante conquista de ler e compreender *Moby Dick*, *Uma breve história do tempo*, do físico Stephen Hawking, ou *Endless Forms Most Beautiful*, do biólogo evolucionista Sean Carroll.[44]

Como aquilo que lemos nos altera ao longo do tempo

> *Ler é uma experiência. A biografia de qualquer pessoa do meio literário deve tratar, em detalhes, de tudo o que tal pessoa leu e quando, pois, em certo sentido, somos o que lemos.*[45]
>
> Joseph Epstein

> *Para cada pessoa pensante, cada verso de cada poeta será capaz de oferecer uma face nova e diferente a cada novo período de vida, pois despertará diferentes ressonâncias... O que há de imenso e de misterioso em tal experiência de leitura pode ser resumido assim: quanto mais refinado, sensível e associativo for nosso aprendizado de leitura, maior será a clareza com a qual perceberemos cada pensamento, cada poema na sua singularidade, na sua individualidade, nas suas limitações precisas.*[46]
>
> Hermann Hesse

O grau de modificação de uma leitura experiente ao longo de nossa vida adulta depende, em grande parte, daquilo que lemos e de como lemos. Talvez sejam os poetas – e não estudos cognitivos e imagens cerebrais – que captem melhor tais mudanças. William Stafford expressou o primeiro elemento dessas mudanças quando escreveu: "Uma qualidade de atenção lhe foi ofertada". Ele pode não estar se referindo a redes de atenção ou leitores experientes, mas essa qualidade quase inefável na forma como prestamos atenção a um texto muda ao longo do tempo, à medida que aprendemos a ler, nas palavras do romancista alemão Hermann Hesse, "de forma mais criteriosa, mais sensível, mais associativa". Enquanto amadurecemos, trazemos para o texto não apenas toda a experiência cognitiva descrita na linha de tempo das palavras, mas também o impacto de nossas experiências de vida – são os amores, as perdas, as alegrias, as tristezas, os sucessos e os fracassos. Nossa resposta interpretativa ao que lemos tem um tipo de profundidade que, na maioria das vezes, nos leva a novas direções, a partir de onde o pensamento do autor nos deixou. Isso explica como podemos ler a Bíblia, *Middlemarch* ou *Os irmãos Karamázov* em idades completamente diferentes – 17, 37, 57 e 77 anos – e terminar a leitura com uma compreensão nova a cada vez. Gostaria de utilizar vários exemplos das duas últimas obras para ilustrar tanto o que podemos ter deixado passar quanto o que compreendemos de forma diferente, com base na qualidade da atenção e nas experiências de vida que trazemos para cada leitura.

Primeiro, é preciso fornecer algum contexto para a passagem transcrita abaixo. No romance *Middlemarch*, escrito por George Eliot no século XIX, a bela, idealista e jovem heroína, Dorothea Brooke, não pôde ser dissuadida de se casar com um homem muito mais velho, um estudioso, o sr. Casaubon. Ela deseja se casar com o sr. Casaubon sobretudo para ajudá-lo a concretizar seu ambicioso projeto literário. Durante a lua de mel em Roma, enquanto o sr. Casaubon visitava algumas bibliotecas, Dorothea permanecia entregue aos seus próprios pensamentos.

> Como foi que nas semanas subsequentes a seu casamento Dorothea não percebeu claramente, mas sentiu com uma depressão sufocante, que as amplas perspectivas e os novos ares com os quais ela sonhara encontrar na mente de seu marido foram substituídos por antecâmaras e passagens sinuosas, que pareciam não levar a lugar algum?[47]

George Eliot usa uma série de metáforas, nesta passagem, para o leitor inferir gradualmente que Dorothea estava enxergando de forma mais clara o sr. Casaubon e suas notas enciclopédicas, e agora já sabia que seu marido não tinha nehuma grande obra reunida, nenhum livro, nada além dessas anotações desconectadas, preservadas em suas pequenas fichas brancas.

Essa simples frase de *Middlemarch* ilustra diversas dimensões de uma leitura experiente. Primeiro, se o leitor não perceber seu significado implícito, muitas das nuances das próximas 50 páginas também serão perdidas. As metáforas aqui mostram o quanto nossa "qualidade de atenção", para a compreensão das camadas de significado que existem dentro de um texto, tornou-se crítica. Sem tal dimensão, perderíamos o verdadeiro significado da situação de Dorothea. Em segundo lugar, essa frase, tão característica do século XIX, ilustra a importância da familiaridade com as variadas estruturas sintáticas para a compreensão, e também como as formas sintáticas podem reforçar um significado pretendido. Eliot alinhavou algumas poucas orações e frases neste trecho antes de nos entregar "à própria sorte". É quase como se ela empregasse o potencial recursivo da sintaxe para recriar as antecâmaras intermináveis que caracterizariam a mente do pobre sr. Casaubon. Ao final, a combinação nessa sentença, de exigências sintáticas e linguagem metafórica, conduz nossa atenção para inferências muito mais profundas sobre a realidade de Dorothea, nos convidando a uma identificação mais intensa com essa personagem.

Posteriormente, um segundo trecho, desta vez da perspectiva do sr. Casaubon, pode ser menos memorável, e por boas razões:

> Anteriormente, ele observara com aprovação a capacidade de adoração dela dirigida ao objeto certo; previa agora, com súbito terror, que tal capacidade poderia ser substituída pela presunção – aquela que percebe vagamente inúmeros propósitos elevados, mas não tem a menor noção do custo necessário para pesquisá-los.[48]

Li *Middlemarch* meia dúzia de vezes. Só quando fiz minha leitura ano passado é que percebi esta passagem sobre o sr. Casaubon a partir de uma luz diferente. Durante três décadas, identifiquei-me total e exclusivamente com a desilusão da idealista Dorothea. Só agora começo a compreender os medos de Casaubon, suas esperanças não satisfeitas e sua forma de desilusão, muito própria, por não ser compreendido pela jovem Dorothea. Nunca pensei que chegaria o dia em que sentiria empatia pelo sr. Casaubon, mas agora, com grande humildade, admito que sim, foi esse meu sentimento. O mesmo aconteceu com George Eliot, talvez por razões bastante semelhantes às minhas. Ler altera nossas vidas e nossas vidas alteram nossa leitura.

Para ilustrar os processos intelectuais que devem ser reunidos para as formas mais elevadas de leitura experiente, vejamos, neste momento, uma das passagens mais difíceis de um dos livros mais belos do mundo, *Os irmãos Karamázov*, de Dostoiévski. Em dado momento desse profundo romance russo, o cínico irmão Karamázov, Ivan, conta uma terrível história sobre bem e mal, chamada "O Grande Inquisidor", ao seu gentil e espiritual irmão mais novo, Aliócha. Essa história dentro de uma história apresenta um tenso diálogo que teria ocorrido durante a temida Inquisição. No diálogo, um monge de 90 anos interroga, de forma cáustica, uma divindade à qual se refere apenas como "Tu" e "Ele". Conheça por si mesmo todas as exigências que Dostoiévski faz ao leitor e observe como você deve conduzir a tarefa de compreender, ao menos, esse diálogo, no qual o monge repreende um "Tu" silencioso e diz o motivo pelo qual "Ele" deveria morrer.

> Pois essa exigência de *universalidade* do culto tem sido o principal tormento de cada homem individualmente e de toda a humanidade desde o início dos tempos. Por tal universalidade de culto, os homens mataram uns aos outros, empregando a espada. Criaram deuses e gritaram uns aos outros: "Deixem vossos deuses e venham adorar os nossos; caso contrário,

> recebam a morte, vós e vossos deuses!" ... Isso era de Vosso conhecimento, não poderia deixar de saber o segredo fundamental da natureza humana, mas Tu rejeitaste a única bandeira absoluta que te ofereceram para que fizesse com que todos os homens Te adorassem, de forma única... Tu rejeitaste, em nome da liberdade e do pão que viria dos céus. Mas veja o que fizestes desde então. E, novamente, tudo isso em nome da liberdade! Em vez de assumir o controle da liberdade humana, Tu a intensificastes, sobrecarregando o domínio espiritual do homem com seus tormentos para todo o sempre. Desejaste que o homem tivesse liberdade de escolha no amor, para que seguisse Vosso caminho livremente, atraído e cativado por Ti. Em vez da velha lei imutável, o homem deveria, doravante, decidir com o coração livre o que é bom e o que é mau... Eles não poderiam ter sido abandonados em maior confusão e tormento do que aquele em que Tu os deixastes, relegando-lhes tantos problemas, tantas questões jamais resolvidas.[49]

Considere o longo caminho percorrido simplesmente para entender, primeiro, o que o monge está realmente dizendo; segundo, por que Ivan relata essa história a Aliócha; e terceiro, como um inocente Aliócha poderia responder a tal visão do bem e do mal que subverte os preconceitos usualmente aceitos. Antes de começar a ler uma única palavra, as informações contextuais que forneci evocam um conjunto de processos executivos de previsão, antecipação e planejamento. Esses processos preparam o leitor para um gênero literário específico (romance russo) e um cenário histórico (o diálogo entre um monge e uma presença divina durante a Inquisição). Em seguida, ao decodificar o texto, o leitor deve colocar as representações superficiais das palavras em armazenamento temporário (memória de trabalho), para "guardar" conhecimento altamente sofisticado – não apenas a respeito dos significados de palavras e sentenças individuais ("universalidade de adoração") e de seus usos gramaticais, mas também de uma série de proposições difíceis, por vezes contraintuitivas, presentes no texto (adoração como tormento; liberdade como tortura; liberdade de escolha como engodo). Enquanto isso, os significados desses conceitos ativariam a memória de longo prazo, direcionada ao conhecimento geral de contexto – da Rússia no século XIX, da Inquisição, do pensamento filosófico que versa sobre bem e mal, da utilização desse romance, por Dostoiévski, para fins didáticos.

A seguir, provavelmente, o leitor passou a inferir possíveis significados, gerando uma série de hipóteses sobre as relações entre Ivan e Aliócha, o Inquisidor e Ele, Dostoiévski e seu leitor. Por exemplo, você provavelmente construiu hipóteses alternativas sobre o que o monge estava realmente dizendo e por quê. Ao longo do fragmento, pôde monitorar sua compreensão, para ter certeza de que as inferências correspondiam ao conhecimento prévio armazenado. Se ocorresse alguma incompatibilidade entre o que foi lido e o que havia sido inferido, você tornaria a ler para revisar a compreensão da parte considerada aberrante ou do todo.

Toda a gama de complexidade de qualquer texto afeta a compreensão do leitor experiente (Figura 7) – desde o significado das palavras e as exigências sintáticas até o número de proposições conceituais a serem mantidas na memória. Conforme foi iluminado nesse trecho, a flexibilidade intelectual vem à tona para dar sentido a conceitos que vão contra os pressupostos convencionais (por exemplo, liberdade como um valor negativo; monges que condenariam e perseguiriam a divindade). Como vimos nas passagens de *Middlemarch*, a compreensão costuma ser afetada por tudo o que o leitor traz para o texto. Ivan e o sr. Casaubon podem não melhorar com a idade, mas compreendemos ambos melhor aos 37, 57 ou 77 anos do que aos 17.

A interação dinâmica entre texto e experiências de vida é bidirecional: trazemos nossas experiências de vida para o texto, e o texto muda nossa experiência de vida. Poucos escritores capturaram melhor essa relação entrelaçada do que Alberto Manguel em sua obra *Uma história da leitura* – todo o livro é uma história de como ele, Manguel, e o texto mudaram um ao outro. Por vezes, emergimos, após esta imersão em outros mundos de pensamento, como Manguel, dotados de uma expansão da nossa capacidade de pensar, sentir e agir de formas novas e corajosas; mas para onde quer que sejamos levados, não somos os mesmos.

Há aspectos fisiológicos que ocorrem neste tipo de experiência, indicando mudanças no nível neuronal quando a leitura atinge o nível experiente. O neurocientista cognitivo Marcel Just e sua equipe de pesquisa na Carnegie Mellon[50] postularam a hipótese de que quando um leitor experiente faz inferências durante a leitura, há pelo menos um processo de dois estágios no cérebro, que inclui tanto a geração de hipóteses quanto sua integração no conhecimento do leitor sobre o texto. O uso dessas habilidades por leitores experientes corresponde à compreensão inicial que teve Frodo, ao final de sua jornada, a respeito de seu desgraçado e infeliz guia, Gollum. À medida que Frodo percebe a obsessão distorcida de Gollum pelo Anel, ele se vê forçado, em primeiro lugar, a analisar e reconstruir o que cada ação de Gollum realmente significa, depois integrar tais percepções na forma como deveria proceder e, finalmente, prever o que Gollum tentará em seguida.

Figura 7 – A compreensão em leitores experientes

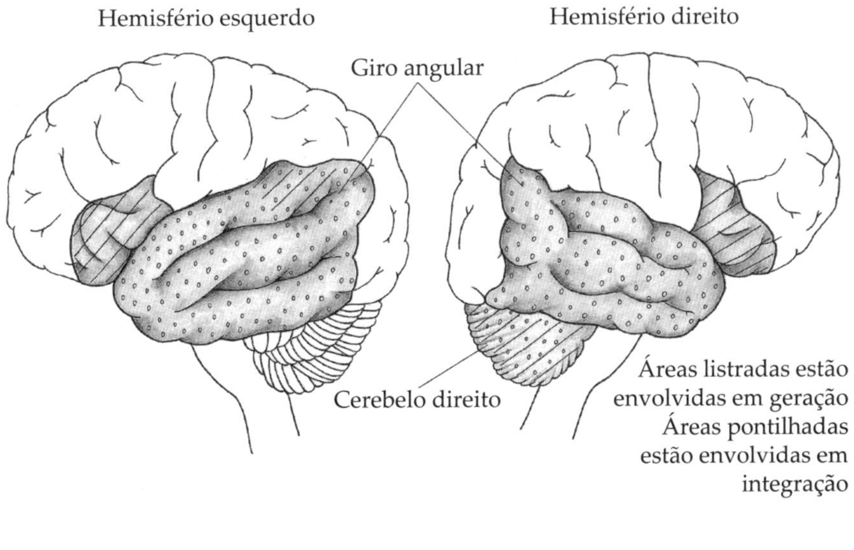

Hemisfério esquerdo
Hemisfério direito
Giro angular
Cerebelo direito
Áreas listradas estão envolvidas em geração
Áreas pontilhadas estão envolvidas em integração

Tal como Frodo, os leitores experientes utilizam diferentes processos de compreensão,[51] bem como diferentes processos semânticos e sintáticos – com todas suas regiões correspondentes no córtex – para compreender um texto. Por exemplo, quando leitores geraram inferências a respeito daquilo que o texto poderia significar, pesquisadores detectaram um sistema frontal bi-hemisférico ativado em torno da área de Broca. Além disso, sempre que palavras semântica e sintaticamente complexas foram utilizadas, tal área frontal estabeleceu interações com a área de Wernicke,[52] no lobo temporal, e também certas áreas parietais e com o cerebelo direito. Em segundo lugar, embora igualmente importante, quando leitores experientes integram essa inferência gerada com o restante de seu conhecimento prévio, aparentemente todo um sistema relacionado com a linguagem no hemisfério direito é utilizado. Esse segundo conjunto de processos inferenciais exige muito mais trabalho do sistema localizado no hemisfério direito do que o necessário para as primeiras tarefas, mais simples, de decodificação do leitor iniciante. O sistema de linguagem do hemisfério direito passa por diversas alterações durante o desenvolvimento da leitura, tornando-se tão expansivo e amplamente distribuído quanto as áreas dedicadas à linguagem no hemisfério esquerdo. Em última análise, no caso do leitor experiente, existe um maior envolvimento dos hemisférios esquerdo e direito da área de Broca, bem como em múltiplas áreas temporais e parietais, incluindo a área do giro angular direito e o hemisfério direito do cerebelo. Com base na pesquisa de Just, a Figura 7 mostra que o cérebro do leitor experiente com domínio de compreensão apresenta uma bela mudança em relação ao do leitor iniciante: ao usar muitas partes do cérebro, o leitor experiente oferece um testemunho vivo da nossa evolução intelectual em contínua expansão.

* * *

Se eu pudesse ter aquilo que Hemingway sempre procurou – "uma sentença verdadeira" – para encerrar esta história natural do desenvolvimento da leitura, seria a seguinte. O fim do desenvolvimento da leitura não existe; a interminável história da leitura avança sempre, impulsionando o olho, a língua, a palavra, o autor para um novo local, de onde a "verdade irrompe, fresca e verdejante",[53] mudando toda vez o cérebro e o leitor.

* * *

Ao olharmos agora para uma "história natural" muito diferente, aquela dos indivíduos com dislexia, e para a narrativa genética, esperançosa, que a acompanha, estaremos olhando tanto para o passado pré-letrado como para o futuro do cérebro leitor. Estaremos, portanto, trafegando por território desconhecido, para situar as conquistas da linguagem escrita em um contexto mais amplo, onde o mundo da palavra encontra o mundo da imagem e dos padrões inexprimíveis pela fala.

PARTE III
QUANDO O CÉREBRO NÃO CONSEGUE APRENDER A LER

Para ler e escrever, três anos ou mais, a partir dos 10 anos de idade, seria uma boa margem de tempo, no caso de um menino. Nenhum menino e nenhum pai terão permissão para prolongar ou reduzir esse período, por capricho ou desagrado. Evidentemente, o estudo das letras deve ser levado ao ponto de se atingir a capacidade de ler e escrever, mas não se deve insistir na perfeição da execução rápida e bem-sucedida, nos casos em que o progresso natural, dentro do prazo prescrito em anos, tenha sido mais lento.[1]

Platão

O ENIGMA DA DISLEXIA E O DESIGN DO CÉREBRO

O maior terror que uma criança pode sentir é não ser amada, e rejeição é o inferno que ela teme. Acho que todas as pessoas no mundo, em grande ou pequena medida, sentiram rejeição e, com o crime, a culpa – eis a história da humanidade. Uma criança, ao ter recusado o amor que ansiava, chutará o gato e ocultará sua culpa secreta; outra rouba para que o dinheiro a faça amada; e uma terceira conquista o mundo – sempre a culpa, a vingança e mais culpa."[1]

John Steinbeck

Prefiro limpar a sujeira que fica na banheira do que ler.[2]

Criança com dislexia

Jackie Stewart, o piloto de corridas escocês, ganhou 27 grandes prêmios de Fórmula 1, recebeu do príncipe Charles o título de cavaleiro e teve uma das mais bem-sucedidas carreiras no automobilismo antes de sua aposentadoria. Ele também tinha dislexia. Certa vez, ao concluir seu discurso em uma conferência científica internacional sobre dislexia, disse o seguinte: "Vocês nunca compreenderão aquilo que se sente quando se é disléxico. Não importa por quanto tempo estejam pesquisando nessa área, não importa se seus filhos são disléxicos, nunca entenderão o sentimento de ser humilhado durante toda a infância, e ouvir diariamente que você nunca terá sucesso em nada".[3]

Como mãe de uma criança com dislexia, sei que Jackie Stewart estava certo. O enredo da história da dislexia poderia ser contado com pequenas variações em todo o mundo. Uma criança inteligente, digamos um menino, chega à escola cheio de vida e entusiasmo; se esforça para aprender a ler como todo mundo, mas, diferentemente de todos, parece que não conseguirá aprender; seus pais lhe dizem para se esforçar mais um pouco; os professores lhe dizem que "não está trabalhando com todo seu potencial"; alguns colegas o chamam de "retardado", "idiota"; recebe a mensagem avassaladora de que não terá muito valor; e assim, essa criança deixa a escola sem qualquer traço do entusiasmo inicial de quando entrou. Podemos apenas imaginar quantas vezes essa história trágica foi repetida, e tudo por causa do fracasso na aprendizagem da leitura.

Contudo, se um jovem leitor em dificuldades tiver sorte – muita sorte –, alguém ao longo de seu caminho ajudará a descobrir nele algum "talento inesperado". Jackie Stewart disse que se não tivesse descoberto que podia pilotar carros de corrida, certamente estaria "na prisão, ou pior", pois *aprendera* a usar uma arma. Só bem mais tarde, depois que seus dois filhos foram diagnosticados com dislexia, Stewart passou a compreender sua própria infância. Ele jurou que seus filhos não passariam pelo que ele passou. O diagnóstico tardio é outra realidade frequente na história da dislexia. Depois que seus filhos foram diagnosticados com dislexia, o financista Charles Schwab, o escritor John Irving e o advogado David Boies reconheceram sua própria dislexia. Russell Cosby descobriu sua deficiência depois que seu sobrinho, Ennis, filho de Bill Cosby, foi diagnosticado na faculdade por Carolyn Olivier, educadora e especialista em dislexia.

Por vezes, essa história tem um final feliz. Após serem solicitados a deixar várias escolas no ensino médio, Paul Orfalea tornou-se o fundador da Kinko's, David Neeleman tornou-se o CEO da JetBlue e John Chambers, CEO da Cisco. Mas um final feliz não é necessariamente a norma. O que frustra a mim e a muitos dos meus colegas na pequisa da dislexia é saber que esse ciclo de fracasso pode ser amplamente evitado. Sabemos agora como identificar a maioria das crianças que estão em risco de fracassar na leitura, e isso muito antes de começarem a experimentar esse tipo de fracasso, que é devastador para os jovens. Quando as crianças se defrontam durante anos com o fracasso, por vezes ficam marcadas para o resto da vida. Jackie Stewart revelou que, quando adulto, não conseguia se sentir bem consigo mesmo, independentemente de quantos prêmios ganhasse ou quantos carros e aviões possuísse. A mortificação de sua infância durou muito tempo. Embora esta seja uma história de resiliência, é também um relato dos efeitos terríveis e duradouros da rejeição na aprendizagem precoce.

Examinar por que alguns cérebros não conseguem adquirir a linguagem escrita nos dá novas percepções a respeito de como o cérebro funciona, da mesma forma que o sistema nervoso central de uma lula que não consegue aprender a nadar rapidamente nos ensina sobre o que é necessário para nadar. E vice-versa: compreender o desenvolvimento do cérebro leitor lança nova luz sobre a dislexia. No processo de examinar ambos, somos convidados a ter uma visão mais ampla da evolução intelectual – percebendo que uma invenção cultural como a leitura é apenas uma das expressões do potencial espantoso do cérebro.

* * *

Ao embarcarmos no estudo da dislexia, descobrimos rapidamente que se trata de um empreendimento intrinsecamente complexo. Existem pelo menos três conjuntos de razões: os requisitos complexos para um cérebro leitor; o fato de tantas disciplinas terem sido envolvidas em seu estudo; e a desconcertante justaposição de forças singulares e fraquezas devastadoras nos indivíduos com dislexia. A história da dislexia reflete toda essa complexidade.

Reflete, igualmente, muitas mudanças na nossa história intelectual e na nossa sociedade ao longo dos últimos 100 anos – tais como a revolução linguística de Noam Chomsky e os efeitos da classe social no diagnóstico da dislexia. O que falta, ironicamente, é uma definição única e universalmente aceita da própria dislexia. (Discuto algumas das questões envolvidas sobre o tema e coloco as definições nos EUA e na Inglaterra nesta nota).[4] Há pesquisadores que evitam completamente o termo "dislexia" e usam descrições mais gerais, como "dificuldades de leitura" ou "dificuldades de aprendizagem". E apesar do fato de Platão e os antigos gregos estarem cientes do fenômeno, há quem ainda argumente que a dislexia não existe. Prefiro usar o termo "dislexia" por razões históricas, mas, em última análise, não faz diferença a forma como denominamos a incapacidade do cérebro de adquirir leitura e ortografia, desde que seja possível compreender os vislumbres fascinantes que ela fornece e o trágico desperdício que pode causar se não for discutida.

UMA HISTÓRIA DE DIMENSÕES PAQUIDÉRMICAS

Essa complicada história começa como deveria – em nosso passado evolutivo. Seu pano de fundo é muito bem captado pelo neuropsicólogo britânico Andrew Ellis,[5] que declarou que a dislexia, o que quer que se diga dela, "não é um distúrbio de leitura". Ellis estava se referindo ao fato de que, em termos de evolução humana, o cérebro não foi feito para ler; como vimos, não existem genes nem estruturas biológicas específicas apenas para a leitura. Em vez disso, para poder ler, cada cérebro deve aprender a criar novos circuitos, ligando regiões mais antigas, originalmente concebidas e geneticamente programadas para outras coisas, como reconhecer objetos e recuperar os seus nomes. A dislexia não pode ser simplesmente uma falha no "centro de leitura" do cérebro, pois tal coisa não existe. Para encontrar as causas da dislexia, devemos examinar as estruturas mais antigas do cérebro e seus múltiplos níveis de processos, estruturas, neurônios e genes. Todos esses elementos precisam se sincronizar rapidamente para formar o circuito de leitura.

Em outras palavras, devemos olhar mais uma vez, mas com mais atenção, para as cinco camadas da pirâmide da leitura apresentadas anteriormente. Mostrada novamente na Figura 1, a pirâmide representa a atividade que sustenta cada comportamento básico na camada superior, como ler uma palavra ou frase. Faço uso dela, neste momento, com uma nova intenção: auxiliar no mapeamento dos vários locais e formas pelas quais o desenvolvimento do circuito de leitura pode dar errado. A segunda camada cognitiva da pirâmide, que consiste em processos perceptivos, conceituais, linguísticos, atencionais e motores básicos, é o plano que muitos psicólogos estudam. A maioria dos teóricos do século XX acreditava que as dificuldades que ocorriam nessa camada constituíam a principal explicação para a dislexia. Os muitos processos desta camada, por sua vez, baseiam-se em estruturas neurológicas, que – quando conectadas – formam os circuitos que nos permitem aprender a ler. Muitas pesquisas recentes, feitas a partir de imagens,[6] investigaram essas estruturas e suas conexões, em um esforço para compreender a dislexia. Subjacente a essa camada estrutural, situa-se uma camada composta por grupos de trabalho, arregimentados a partir dos neurônios. Sua capacidade de criar e recuperar representações duradouras de várias formas de informação permite aos humanos tornarem-se especialistas em ver e ouvir – por exemplo – letras e fonemas, de maneira automática.

Figura 1 – Pirâmide dos comportamentos de leitura

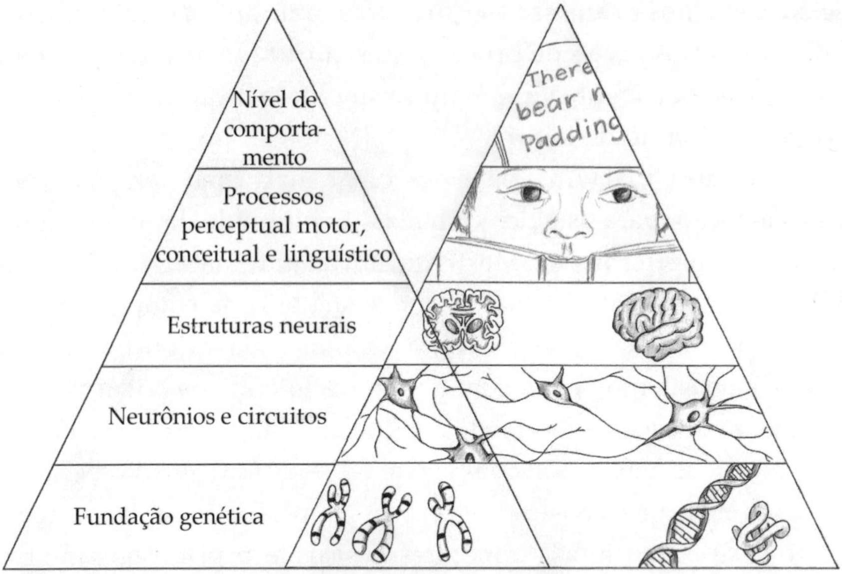

Nível de comportamento

Processos perceptual motor, conceitual e linguístico

Estruturas neurais

Neurônios e circuitos

Fundação genética

A camada final da pirâmide representa os genes que programam os neurônios para formar grupos de trabalho, estruturas e, em última análise, circuitos para processos mais antigos, como visão e linguagem. Algumas das pesquisas mais recentes sobre dislexia estão focadas nestas últimas camadas. Tal trabalho torna-se mais complicado pelo fato de que o circuito de leitura não possui genes exclusivos para transmiti-lo às gerações futuras. As quatro camadas superiores devem aprender como formar os caminhos necessários, toda vez que o processo de leitura é adquirido por um cérebro individual. Como resultado, a leitura e algumas invenções culturais diferem de outros processos; eles não chegam "naturalmente" às crianças, ao contrário da linguagem ou da visão, e os jovens leitores inexperientes são especialmente vulneráveis nesse sentido.

A perspectiva evolutiva do cérebro leitor, apresentada neste livro, começa com os três princípios de organização que permitiram ao cérebro ler o primeiro signo. Em todas as línguas escritas, o desenvolvimento da leitura sempre envolveu: um rearranjo de estruturas mais antigas para criar novos circuitos de aprendizagem; a capacidade de especialização em grupos de trabalho de neurônios dentro de certas estruturas de representação de informação; e a automatização – a capacidade desses grupos neuronais e circuitos de aprendizagem de recuperar e conectar tais informações em velocidades quase automáticas. Se aplicarmos esses princípios ao fracasso na leitura, várias fontes básicas, potenciais para o aparecimento da dislexia vão surgir: (1) uma falha de desenvolvimento, possivelmente genética, nas estruturas subjacentes à linguagem ou à visão (por exemplo, falhas dos grupos de trabalho no aprendizado de sua especialização dentro dessas estruturas); (2) um problema em alcançar o automatismo – na recuperação de representações dentro de determinados grupos de trabalho especializados, ou nas conexões entre estruturas no circuito, ou em ambos; (3) um obstáculo nas conexões do circuito entre e no meio dessas estruturas; (4) o rearranjo de um circuito totalmente diferente dos convencionais utilizados para determinados sistemas de escrita. Algumas causas dos problemas de leitura serão encontradas em todos os sistemas de escrita, e algumas provavelmente devem ser exclusivas de um sistema específico.

Ao longo dos últimos 120 anos de história desordenada da investigação a respeito da dislexia, cada um desses quatro tipos de fontes para o fracasso surgiu em uma hipótese ou outra. Na verdade, organizar as diversas hipóteses sobre o fracasso na leitura de acordo com tais princípios possibilitará uma considerável organização dessa história. Mais importante ainda: ao organizar a informação coletiva fornecida pelas diferentes teorias da dislexia de acordo com as linhas do desenho do cérebro, podemos perceber uma imagem muito mais clara de como o estudo do fracasso na leitura refina nosso conhecimento sobre o cérebro leitor.

Princípio 1:
uma falha nas antigas estruturas

A grande maioria das teorias do século XX a respeito da dislexia atribui o fenômeno a uma das mais antigas estruturas no circuito, começando pelo sistema visual. A primeira expressão para aquilo que, atualmente, chamamos de dislexia foi "cegueira para palavras". Ela remonta ao trabalho do pesquisador alemão Adolph Kussmaul na década de 1870.[7] A dislexia infantil passou a ser chamada de cegueira congênita para palavras, com base tanto no trabalho de Kussmaul quanto no estranho caso de Monsieur X – empresário e músico amador francês que, certo dia, ao acordar, percebeu que mal conseguia ler uma única palavra. O neurologista francês Joseph-Jules Déjerine[8] descobriu que Monsieur X não conseguia mais ler palavras, nomear cores ou ler notas musicais, apesar de ter a visão completamente intacta. Depois de vários anos, Monsieur X sofreu um derrame que destruiu toda a sua capacidade de ler e escrever e causou sua morte.

Figura 2 – O cérebro acometido por alexia

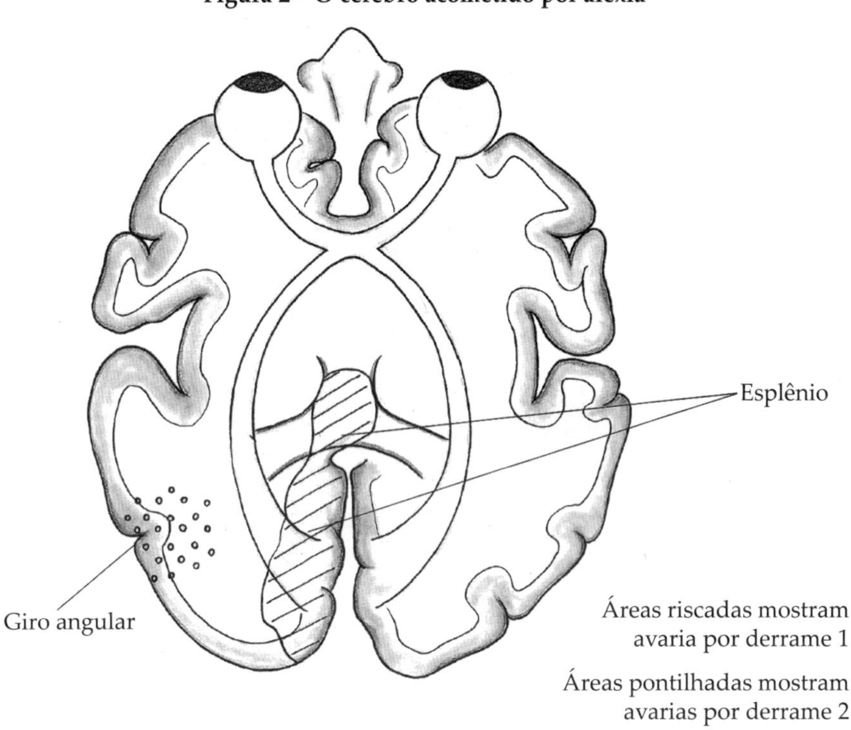

A autópsia de Monsieur X revelou dois derrames diferentes, que danificaram áreas distintas do cérebro. Déjerine usou essa informação como base para uma nova teoria sobre a leitura e o cérebro. O primeiro derrame causou uma lesão na área visual esquerda e na parte posterior do corpo caloso, onde está a faixa de fibras que conecta os dois hemisférios do cérebro (ver Figura 3). Nesse primeiro derrame, as áreas visuais do Monsieur X foram "desconectadas", permitindo-lhe ver com o hemisfério direito, mas não conectando o que via com as áreas de linguagem do hemisfério esquerdo ou com a área visual esquerda que estava danificada. Essa foi a causa inicial de sua incapacidade em ler. O segundo derrame, que causou a perda completa de leitura e de escrita, danificou a área do giro angular.

O caso de "alexia clássica" estudado por Déjerine marcou o início, de fato, da investigação sobre a dislexia adquirida e serviu de base para as primeiras hipóteses sobre o papel da visão e a importância das conexões.

Figura 3 – Processos visuais e processos auditivos

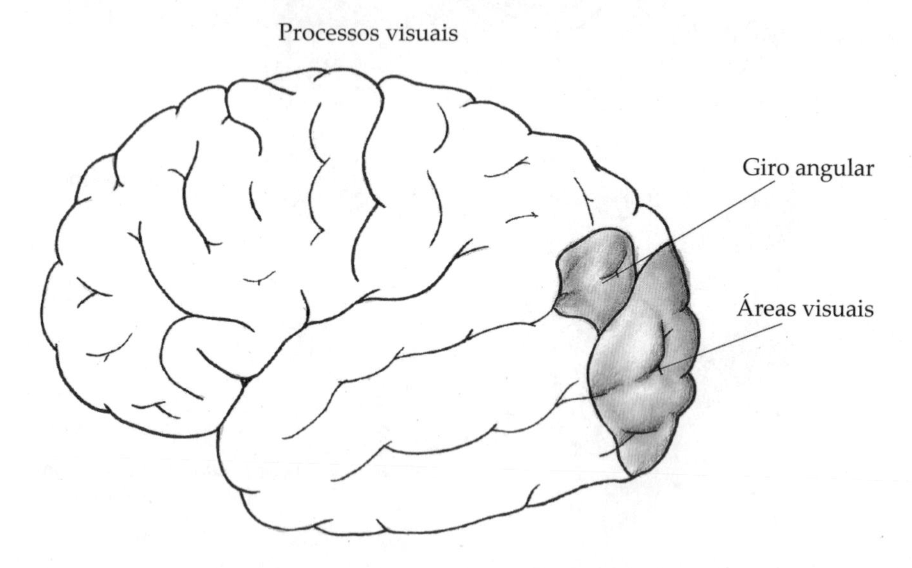

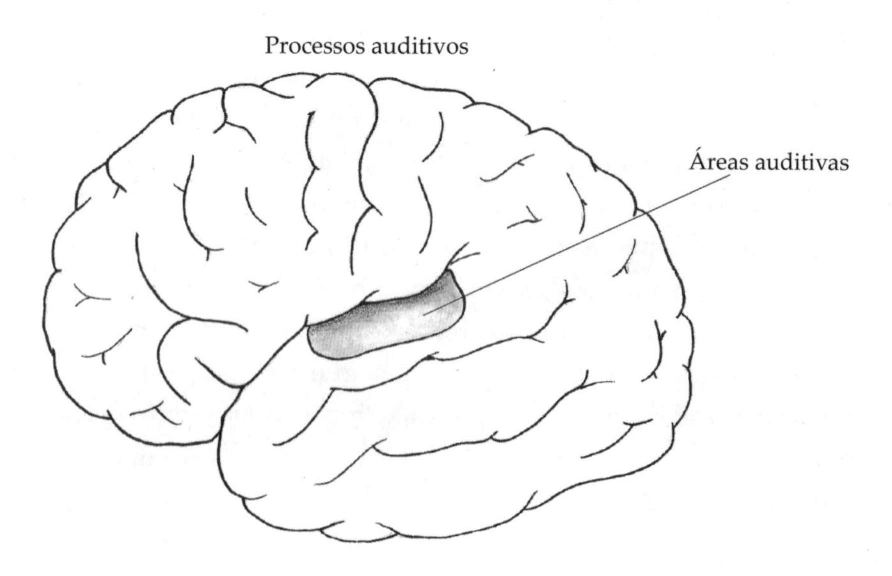

Norman Geschwind, neurologista do século XX, traduziu o caso de Déjerine como um exemplo de "síndrome de desconexão",[9] que ocorre quando diferentes partes do cérebro necessárias para uma determinada função – como a linguagem escrita – são isoladas umas das outras, causando a perda de controle dessa função. Assim, o caso do Monsieur X reflete, na verdade, duas hipóteses diferentes: a primeira delas, a respeito de danos a estruturas mais antigas, no sistema visual; e a segunda, em torno de obstruções nas conexões do circuito de leitura.

Outra explicação inicial e lógica para o fracasso na leitura atribuía o problema ao sistema auditivo (ver Figura 3). Lucy Fildes,[10] pesquisadora da leitura, argumentou, em 1921, que crianças com problemas de leitura não eram capazes de formar imagens auditivas (que são semelhantes à nossa noção de representações de fonemas) dos sons representados pelas letras. Em 1944, o neurologista e psiquiatra Paul Schilder[11] descreveu de forma perspicaz o leitor deficiente como alguém incapaz de relacionar letras com seus sons, incapaz de distinguir os sons de uma palavra falada. As percepções de Schilder e o trabalho anterior de Fildes sobre imagens acústicas são os precursores de uma das direções mais importantes na pesquisa moderna sobre dislexia – a incapacidade dessas crianças em processar fonemas dentro das palavras.[12]

No início da década de 1970, em grande parte com base na influência intelectual do linguista Noam Chomsky, o campo emergente da psicolinguística (o estudo da psicologia da linguagem) traçou um novo rumo para o estudo da leitura. O objetivo dos primeiros psicolinguistas era conseguir compreender as relações entre fala, linguagem, desenvolvimento e fracasso na leitura.[13] Eles sustentavam a visão da dislexia como um distúrbio baseado na linguagem, o que derrubava teorias anteriores, bem mais próximas de questões visuais e de percepção. Em um dos estudos mais instigantes dessa perspectiva, os psicólogos Isabelle Liberman e Don Shankweiler[14] estudaram um grupo de crianças completamente surdas, que evidentemente não tinham capacidade de ouvir a fala. Constataram que apenas um pequeno número de crianças conseguia ler bem, e tais leitores diferiam dos demais por alcançar uma representação fonológica dos sons dentro das palavras. Liberman e Shankweiler interpretaram essas e outras descobertas[15] como indicativo de que a leitura dependia mais das habilidades linguísticas de análise e consciência fonológica (Figura 4) do que da percepção auditiva dos sons da fala com base sensorial.

Figura 4 – Hipóteses de linguagem e processamento fonológico

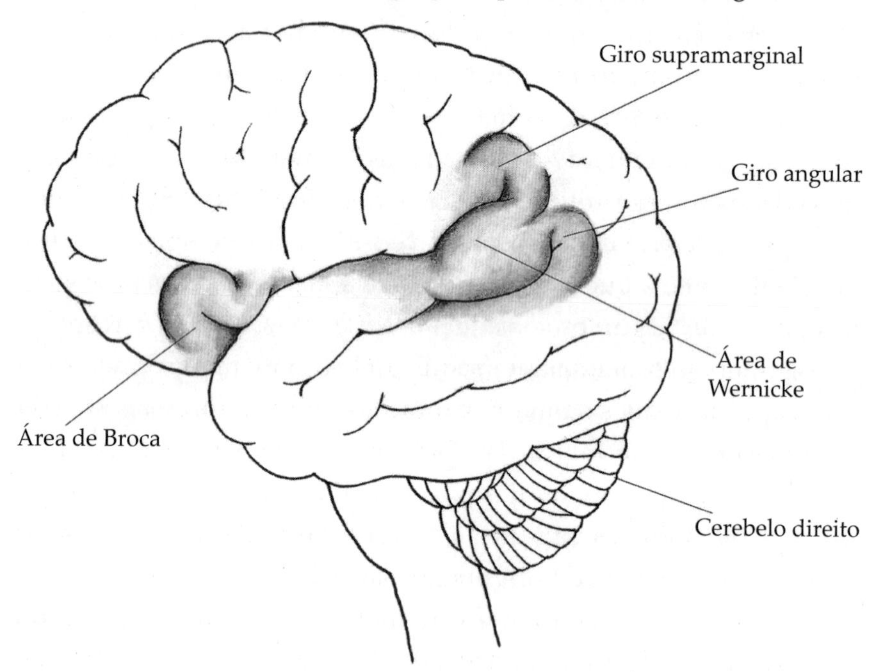

O psicólogo experimental Frank Vellutino[16] completou o processo de afastamento do campo das dificuldades de leitura das estruturas perceptivas como explicação para o fracasso. Vellutino e seus colegas demonstraram que os problemas de percepção mais comuns na dislexia, as bem conhecidas "reversões visuais" (como b por d, ou p por q), resultavam não de déficits perceptivos, mas da incapacidade da criança em recuperar os rótulos verbais para esses sons. Em um estudo incrivelmente perspicaz, Vellutino inicialmente mostrou, para crianças com dificuldades de leitura, vários pares de inversão típicos (como b e d) para, depois, pedir que desenhassem as letras (tarefa não verbal que invoca processos visuais) ou que dissessem quais eram (tarefa verbal). As crianças desenharam as letras com muita precisão, mas, de forma consistente, forneceram nomes errados, indicando a origem linguística do problema.

Existem hoje centenas de estudos fonológicos[17] demonstrando como inúmeras crianças, que possuem dificuldades de leitura, não percebem, não segmentam ou manipulam sílabas e fonemas individuais da mesma forma que as crianças cuja leitura é normal. A importância dessa descoberta foi de grande alcance. As crianças que não estão cientes de que a palavra "ave" possui três sons passíveis de separação terão dificuldade se um professor bem-intencionado começar a aula com: "Recite a palavra a partir de suas partes: \a\ - \v\ - \e\". Essas crianças não conseguem apagar facilmente um fonema do início ou do final de uma palavra, muito menos do meio, e depois pronunciá-lo; sua consciência dos padrões de rima (para decidir se duas palavras, como "gordo" e "acordo", rimam ou não) desenvolve-se muito mais lentamente. De forma ainda mais significativa, sabemos agora que essas crianças experimentam as maiores dificuldades em aprender a ler quando precisam induzir sozinhas as regras de correspondência entre letras e som.

Na verdade, a contribuição mais importante das explicações fonológicas da dislexia foi seu impacto no ensino e na correção precoce da leitura.[18] Os pesquisadores Joseph Torgesen e Richard Wagner[19] e seus colegas da Florida State University, demonstraram que programas que trabalham a compreensão sistemática e explícita da consciência fonêmica e da correspondência grafema-fonema são muito mais bem-sucedidos no tratamento das dificuldades de leitura de jovens leitores do que outros programas. A enorme quantidade de evidências que demonstram a eficácia da consciência fonêmica e do uso de instruções explícitas de decodificação, nas habilidades iniciais de leitura, poderia preencher diversas estantes de uma biblioteca. A pesquisa fonológica representa, portanto, a hipótese estrutural mais estudada na questão do fracasso na leitura.[20]

Outras hipóteses estruturais um pouco menos estudadas, mas ainda assim essenciais, vão desde aquelas centradas nos processos executivos dos lobos frontais – que incluem a organização da atenção, da memória e o monitoramento da compreensão – até outras que tratam das regiões posteriores do cerebelo, que estão envolvidas em muitos aspectos das noções de tempo, dos processos de linguagem e das conexões entre coordenação motora e ideação. A importância de qualquer dessas hipóteses estruturais é dupla. Algumas crianças, como demonstra Virginia Berninger,[21] da Universidade de Washington, têm problemas de leitura que decorrem de questões consideravelmente mais primárias em processos executivos,[22] como atenção e memória; outras, sofrem de problemas de comorbidade em leitura e atenção. Conforme elaborado adiante, outras crianças possuem questões relacionadas ao tempo. Alguns pesquisadores britânicos levantam a hipótese de que tais questões podem, pelo menos em algumas crianças, envolver distúrbios cerebelares.

O ponto geral desta seção, contudo, é o quadro coletivo que surge quando examinamos todos os tipos estruturais de hipóteses. Desde o início até meados do século XX, pesquisadores bem-intencionados tenderam a apontar uma área específica para a disfunção, afirmando que essa seria a principal explicação para a maioria dos fracassos na leitura. Embora possa muito bem ser a metáfora mais utilizada no campo da dislexia, a história dos cegos e do elefante* continua a ser uma representação adequada para grande parte desta investigação.

---

* N.T.: Trata-se da história de um grupo de homens cegos, que nunca se deparou com um elefante antes, e descrevem um desses animais através do tato. Cada um sente uma parte diferente do corpo do animal, tal como a pata, o rabo ou as presas. Sua descrição, portanto, baseia-se em experiências limitadas, diferentes umas das outras. A moral da parábola é que o ser humano possui certa tendência a compreender como verdade absoluta algo baseado em suas experiências limitadas e subjetivas.

Figura 5 – Hipótese da dislexia cumulativa

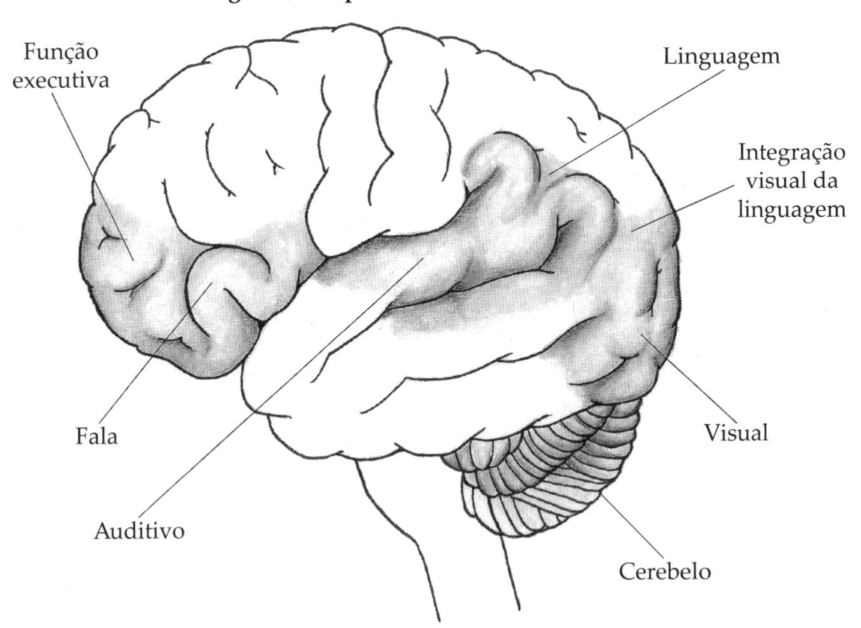

Não é de surpreender que muitos teóricos tenham dado um novo nome para suas explicações específicas sobre o fracasso da leitura. Consideremos o que ocorre se colocarmos todas as hipóteses históricas de fracasso em um nível estrutural de processo, como peças de um mapa do cérebro humano (ver Figura 5). *Voilà*: a soma dessas hipóteses parece uma aproximação razoável das principais partes do sistema de leitura universal.[23] É outra maneira de dizer que muitas das fontes hipotéticas, coletivas da dislexia refletem as principais estruturas que compõem o cérebro leitor.

Princípio 2: A falha em atingir a automatização

Um segundo tipo de hipótese destaca o fracasso em se atingir a automatização, ou taxas velozes o suficiente de processamento,[24] no interior ou entre todas essas estruturas. A premissa subjacente é que, como resultado de tal insucesso – seja ao nível dos neurônios ou dos processos estruturais –, as diversas partes do circuito de leitura não funcionam com fluência suficiente para alocar tempo destinado à compreensão.

Tal como ocorre com o primeiro conjunto de hipóteses, existem muitas explicações relacionadas com a fluência que abordam diferentes níveis da pirâmide e diferentes estruturas. Não é surpreendente que várias delas também comecem, como em momentos anteriores, com a visão. Por exemplo, Bruno Breitmeyer e o pesquisador australiano William Lovegrove[25] encontraram diferenças consideráveis na velocidade de processamento da informação visual em casos de dislexia. Pensemos na imagem de uma estrela seguida rapidamente por outra imagem de estrela. No cérebro de muitos indivíduos com dislexia, essas duas "cintilações" visuais, que são apresentadas rapidamente, aparecem fundidas em um único estímulo, porque essa pessoa não consegue processar tal informação visual com rapidez suficiente.

Pesquisas análogas que abordam a rapidez com que crianças com dislexia processam informações auditivas indicam diferenças semelhantes em relação aos leitores médios. Em ambos os processos, os leitores deficientes apresentam resultados iniciais semelhantes aos seus pares no nível mais básico de detecção: percebem prontamente quando ocorre um estímulo visual ou sonoro. Mas, quando a complexidade começa a ser ampliada, diferenças surgem. Algumas crianças com dificuldades de leitura e muitas com deficiências de linguagem necessitam de intervalos mais longos do que seus pares para processar dois tons breves e separados,[26] tal como acontece com imagens visuais. Pesquisas cada vez mais sofisticadas demonstram que essas dificuldades são agravadas por fatores que afetam as distinções fonêmicas e silábicas mais refinadas nas palavras.[27] Usha Goswami, da Universidade de Cambridge,[28] por exemplo, descobriu que as crianças com dislexia que ela estudou na Inglaterra, França e Finlândia eram menos sensíveis ao ritmo da fala natural, que é parcialmente determinado pela forma como os sons das palavras se alteram através da ênfase e dos "padrões de batida". Tudo isso pode levar a representações deficientes de fonemas que resultam, posteriormente, em insucessos na leitura.

A evidência a respeito das diferenças na velocidade dos processos motores na dislexia continua a ser algo bastante singular e, talvez, possa estar relacionada com as descobertas de Goswami sobre a fala. Depois de observar crianças tentando extrair padrões rítmicos de um metrônomo, Peter Wolff,[29] célebre psiquiatra de Boston, concluiu que o automatismo nas áreas motoras se torna problemático na dislexia quando os leitores devem reunir as partes individuais de dado comportamento em "conjuntos maiores ordenados temporalmente". Em outras palavras, podem ocorrer imprecisões nas funções motoras, oculares ou auditivas em muitas crianças com dislexia quando elas precisam conectar os componentes em uma tarefa de forma acurada, ordenada e rápida, não no nível mais básico de processamento sensorial.

A psicóloga israelense Zvia Breznitz[30] deu a essa história uma reviravolta incomum. Breznitz estudou crianças com dislexia empregando um amplo espectro de tarefas ao longo de duas décadas, e encontrou grande quantidade de problemas com a velocidade de processamento. Ao longo do percurso, ela fez uma descoberta singular. Tal como outros, constatou que leitores deficientes poderiam ser caracterizados pelo processamento mais lento em cada modalidade, mas, além disso, pareciam ter uma "lacuna no tempo" – o que Breznitz denominou "assincronia"[31] – entre seus processos visuais e auditivos. Era como se as duas áreas mais necessárias para estabelecer correspondência letra-som na leitura não estivessem suficientemente sincronizadas para que a informação individual se tornasse integrada, com implicações para a leitura ao longo de toda a linha de desenvolvimento. Também observado anos atrás por Charles Perfetti, o conceito de Breznitz de uma assincronia no tempo persiste como uma das peças mais fascinantes do quebra-cabeça da dislexia.

Na verdade, um dos melhores indicadores de dislexia, em todas as línguas testadas, é uma tarefa relacionada com o tempo denominada "velocidade de nomeação", que incorpora quase todos os processos de nível cognitivo localizados no segundo nível de nossa pirâmide. A história da velocidade de nomeação remonta ao caso de Monsieur X, cuja rara combinação de danos o tornou incapaz de ler e também de nomear cores. A partir desse ponto, Geschwind concluiu que os sistemas de nomeação de cores e de leitura devem usar algumas das mesmas estruturas neurológicas e compartilhar muitos processos cognitivos, linguísticos e perceptivos. Dessa forma, concluiu que a capacidade de uma criança de nomear cores, que se desenvolve bem antes dos 5 anos, seria um bom indicador de aquisição da leitura e eventual insucesso.

Martha Bridge Denckla,[32] neurologista pediátrica da Universidade Johns Hopkins, testou esses achados e descobriu que os leitores com dislexia conseguem nomear as cores sem qualquer problema, mas não conseguem nomeá-las velozmente. O tempo que o cérebro levava para conectar processos visuais e linguísticos necessários na nomeação de cores (ou letras e números) serviu como indicador de quem seria incapaz de aprender a ler. A descoberta de Denckla[33] e seu trabalho com a neuropsicóloga Rita Rudel, do MIT, tornaram-se a base das tarefas de "nomeação automática rápida" (*rapid automatized naming*, RAN),[34] nas quais a criança nomeia linhas de elementos repetidos – letras, números, cores ou objetos – o mais rápido possível. Uma longa pesquisa em meu laboratório – e em todo o mundo – demonstrou que as tarefas RAN são "um dos melhores indicadores de desempenho da leitura" em todos os idiomas testados. Esse trabalho, por sua vez, tornou-se a base de uma nova tarefa relacionada à velocidade de nomeação, denominada "nomeação de estímulos alternados" (*rapid alternating stimulus*, RAS), que projetei para adicionar processos de atenção e semântica adicionais aos requisitos de nomeação presentes em RAN. Se considerarmos que todo o desenvolvimento da leitura está direcionado à capacidade de decodificar tão rapidamente que o cérebro tenha tempo para processar as informações que chegam, será compreensível o profundo significado das descobertas relacionadas à velocidade de nomeação. Em muitos casos de dislexia, o cérebro nunca atinge os estágios mais elevados de desenvolvimento da leitura, pois leva muito tempo para conectar as primeiras partes do processo. Muitas crianças com dislexia literalmente não têm tempo para processar a informação escrita.

Contudo, os déficits na velocidade de nomeação nunca foram vistos como uma explicação para a dislexia; em vez disso, representam um índice de algum problema subjacente que está impedindo o ganho de velocidade nos processos de leitura. Tal como Geschwind suspeitava,[35] descobrimos que os processos e estruturas subjacentes à nomeação são um subconjunto dos principais processos e estruturas latentes à leitura. Um desajuste em qualquer dos principais processos e estruturas envolvidos na velocidade de nomeação – incluindo suas conexões, seu automatismo ou o uso de um circuito diferente – poderia causar déficits em processos de nomeação ou de leitura.

Uma história evolutiva se esconde sob a superfície da velocidade de nomeação, contribuindo para a evolução da história do primeiro cérebro leitor. Na Figura 6, imagens cerebrais da velocidade de nomeação[36] feitas pelo neurocientista Russ Poldrack, da UCLA, e pelo nosso grupo de pesquisa mostram algo bastante esclarecedor. Tal como foi projetado hipoteticamente por outros investigadores no passado,[37] o cérebro nessas imagens utiliza vias mais antigas de reconhecimento de objetos na zona occipital-temporal (área 37) para nomear letras e objetos. As imagens por ressonância magnética funcional (IRMf) apoiam as hipóteses de tais investigadores de que os humanos são "recicladores neuronais". Contudo, uma história mais significativa nestas imagens envolve três diferenças entre letras e objetos.

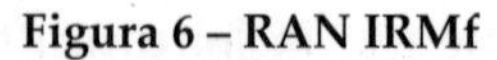

Figura 6 – RAN IRMf

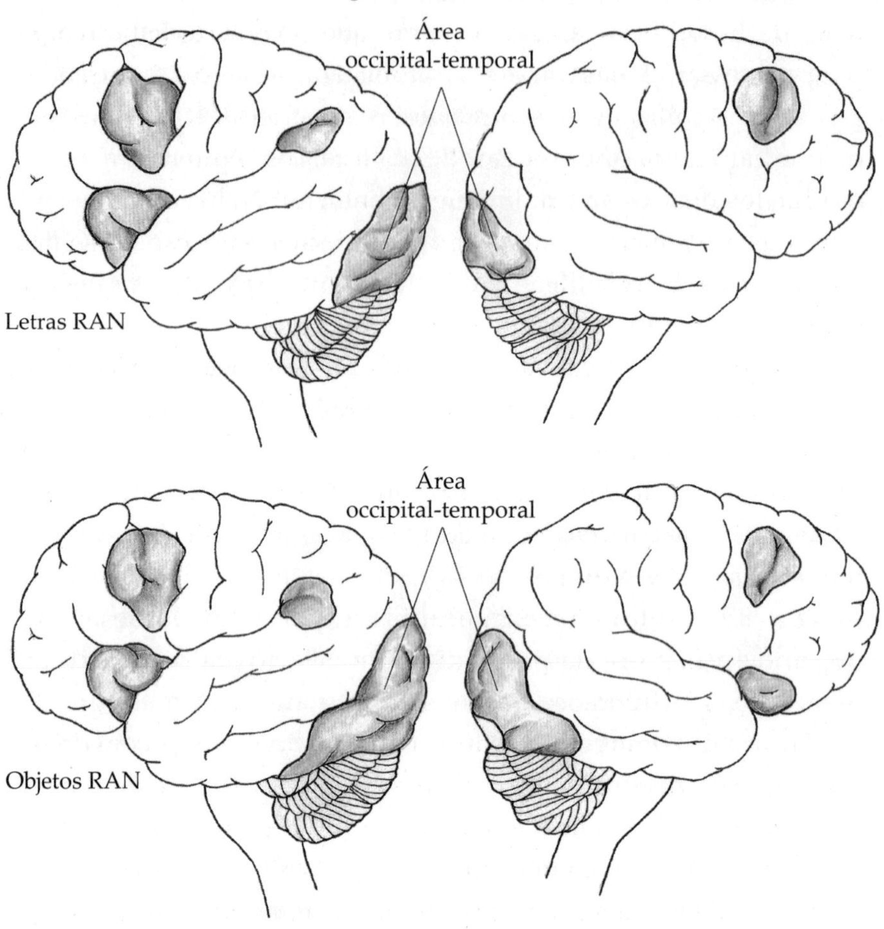

Em primeiro lugar, a importante área occipital-temporal esquerda é muito mais ativada durante a nomeação de objetos do que durante a nomeação de letras. Os objetos, em geral, não demandam nossa capacidade de superespecialização (exceto em casos interessantes, como os pássaros para observadores de pássaros), porque existem muitos objetos possíveis. Assim, o reconhecimento de objetos não se torna totalmente automatizado, além de também necessitar de mais espaço cortical. O circuito de nomeação de objetos é uma imagem de *todos* nós antes do letramento.

Em segundo lugar, o uso mais simplificado da área occipital-temporal pelas letras destaca a capacidade do cérebro letrado para a especialização visual e para a automatização de sua informação especializada. É por esse motivo que nomear letras RAN é sempre mais rápido do que objetos RAN, para todos os leitores.

Em terceiro lugar, e muito importante: letras culturalmente inventadas provocam mais ativação do que objetos em cada uma das outras "estruturas antigas" (especialmente áreas de linguagem temporal-parietal), usadas para leitura no cérebro leitor universal. É por isso que medidas de velocidade de nomeação, como RAN e RAS, podem ser empregadass como indicadores para a leitura em todos os idiomas conhecidos.[38] É também por isso que, lado a lado, as imagens cerebrais para as tarefas de nomeação de objetos e letras são como fotos evolutivas comparativas de um cérebro pré-leitura e pós-leitura.

Por fim, pode haver implicações importantes do desenvolvimento na história da pesquisa sobre velocidade de nomeação para a detecção precoce da dislexia em crianças no estágio de pré-leitura. Sabemos que a grande maioria das crianças com dislexia[39] são significativamente mais lentas na recuperação de nomes de letras e de objetos no início da educação infantil e que as letras se tornam então muito mais fáceis de prever que os objetos. Se a nomeação de objetos e a nomeação de letras retratam um cérebro pré e pós-leitura, já seria possível observar no cérebro em desenvolvimento de crianças a partir dos 3 anos eventuais dificuldades na recuperação de nomes de objetos. Caso fosse possível descobrir antecipadamente se um determinado cérebro está desenvolvendo uma velocidade muito diferente ou mesmo um circuito de outro tipo para trabalhar com objetos e cores – por exemplo, se a pesquisa de imagens mostrasse uma diferença muito óbvia, como nos circuitos do hemisfério direito –, poderíamos obter um indicador bem mais precoce de futuros problemas na leitura e uma oportunidade de intervenção antecipada. Minha esperança é que futuros pesquisadores sejam capazes de rastrear por imagens a nomeação de objetos *antes* mesmo que as crianças aprendam a ler, para que seja possível estudar se o uso de um determinado conjunto de estruturas em um circuito pode ser uma causa ou uma consequência de não sermos capazes de nos adaptar para a nova tarefa do letramento.

Tais noções complexas nos levam de questões sobre velocidade e automatismo para causas subjacentes desses déficits relacionados ao tempo. Uma possibilidade tem a ver com as conexões do circuito.

Princípio 3: Um obstáculo nas conexões do circuito entre as estruturas

Esse grupo de hipóteses enfatiza a importância de compreender a conectividade entre estruturas, ao invés de localizar o problema dentro de uma única estrutura. Na sua versão do primeiro caso de alexia clássica de Déjerine, Norman Geschwind ressuscitou o conceito de "síndrome de desconexão"[40] – estabelecido por Carl Wernicke, um neurologista do século XIX – para descrever como é importante que todos os componentes dos sistemas trabalhem juntos para cada função cognitiva. Assim, o fato de a informação visual no hemisfério direito não poder passar, através do corpo caloso, para os processos visuais-verbais do hemisfério esquerdo do cérebro foi tão importante no colapso do Monsieur X quanto o dano estrutural no hemisfério esquerdo. As conexões dentro do circuito de leitura são tão importantes quanto as próprias estruturas.

Muitos teóricos de meados do século XX enfatizaram esse terceiro tipo de hipótese, ao considerar as conexões entre estruturas e processos no circuito de leitura. As duas ideias mais comuns[41] localizam a fonte dos insucessos nas conexões entre os processos visual-verbal ou entre os sistemas visual-auditivo. A neurociência moderna avança abaixo da superfície dessas explicações[42] para examinar a conectividade funcional ou a força das interações entre várias estruturas importantes para a leitura. Neurocientistas interessados na conectividade funcional investigam a eficiência e a robustez das interações entre os principais componentes do circuito de leitura.

Pelo menos três formas de desconexões são consistentemente estudadas nesse tipo de investigação; mais uma vez, a sua informação cumulativa revela uma história maior. Um exemplo da primeira forma de disfunção do circuito foi encontrado por neurocientistas italianos:[43] nos leitores italianos com dislexia parecia haver uma desconexão entre as regiões frontais e posteriores da linguagem, embasada na hipoatividade de uma área de conexão expansiva, denominada "ínsula".[44] Essa importante região faz a mediação entre regiões cerebrais relativamente distantes e é crítica para o processamento automático.

Pesquisadores da Universidade de Yale[45] e do Laboratório Haskins encontraram um tipo de desconexão diferente, mas potencialmente relacionada. Ao estudarem a importantíssima região occipital-temporal, que parece ser ativada no início da leitura em qualquer idioma, descobriram que a tal área 37 não está conectada da mesma forma para leitores com dislexia.[46] Em leitores sem dificuldades, as conexões mais fortes e automáticas são forjadas entre tal região posterior e áreas frontais no hemisfério esquerdo. Na dislexia, entretanto, as conexões mais robustas aparecem entre a área occipital-temporal esquerda e as áreas frontais do hemisfério direito. Além disso, alguns neurocientistas[47] descobriram que, na dislexia, a região do giro angular esquerdo, utilizada pelos bons leitores novatos, parece funcionalmente desconectada das outras regiões da linguagem do hemisfério esquerdo durante a leitura e o processamento de informações fonológicas.

Uma última forma de desconexão observada nos estudos baseados em imagens foi de grande auxílio para englobar todos os achados anteriores. Um grupo de pesquisa em Houston[48] usou imagens obtidas a partir de um procedimento chamado magnetoencefalograma

(MEG), que forneceram uma percepção aproximada da região que seria ativada durante a leitura, e quando tal ativação ocorreria. Descobriram que as crianças com dislexia vão das regiões visuais nos lobos occipitais esquerdo e direito para a região do giro angular direito e depois para as áreas frontais. Ou seja, as crianças com dislexia usavam um circuito de leitura totalmente diferente. Essas descobertas inesperadas ajudaram a explicar muitos mistérios, incluindo o motivo pelo qual alguns de meus colegas do MIT[49] encontram hipoativação da região do giro angular esquerdo em casos de dislexia e muito menos ativação da onipresente área occipital-temporal esquerda. Essas descobertas conduziram as pesquisas das discussões sobre as aparentes desconexões dentro dos circuitos para a mais provocativa das quatro hipóteses, a possibilidade de um cérebro reorganizado de forma diferente.

Princípio 4:
Um circuito diferente para a leitura

Historicamente, o relato mais singular e abrangente da dislexia surgiu a partir do trabalho de Samuel T. Orton – brilhante neurologista – e de sua colega, Anna Gillingham.[50] Com base em seus estudos clínicos nas décadas de 1920 e 1930, Orton renomeou a deficiência de leitura como "estrefossimbolia" ou "simbolização distorcida". Ele argumentou que, na distribuição normal do trabalho no cérebro, o geralmente dominante hemisfério esquerdo seleciona a orientação correta de uma letra (b ou d) ou de uma sequência de letras ("não" em vez de "oãn"). Na dislexia, entretanto, esse padrão de dominância hemisférica não se dá ou ocorre de forma dramaticamente atrasada. Como consequência de uma falha na comunicação entre os hemisférios direito e esquerdo, escreveu Orton, certas crianças não conseguem selecionar a orientação correta das letras. Isso leva à confusão visual espacial, inversões de letras e dificuldades de leitura, ortografia e escrita manual – ou seja, à dislexia.

Figura 7 – A hipótese da estrefossimbolia de Orton

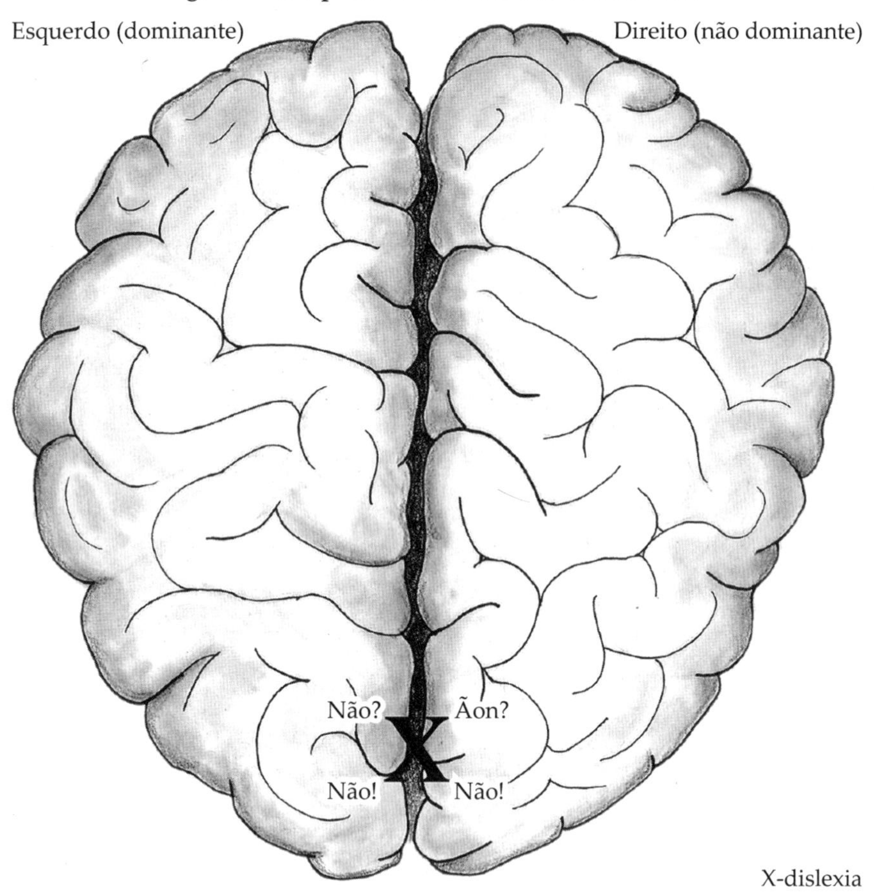

Pesquisadores das décadas de 1960 e 1970 ficaram fascinados[51] pela ideia de que, na dislexia, o hemisfério esquerdo parece menos robusto do que o direito no processamento de uma variedade de tarefas relacionadas com a leitura. Por exemplo, tarefas em que uma criança ouve estímulos apresentados de várias maneiras em diferentes orelhas (conhecidas como tarefas dicóticas) mostraram regularmente que os leitores disléxicos não utilizavam o seu hemisfério esquerdo nos processos auditivos da mesma forma que os leitores normais. Em 1970, neuropsicólogos do Boston VA Hospital testaram leitores comuns e um grupo com dislexia em uma série de tarefas visuais, auditivas e motoras. A velocidade dos leitores com dificuldades foi significativamente pior para cada uma dessas tarefas[52] e, nas tarefas de escuta dicótica, esses leitores mostraram superioridade no hemisfério direito.

Da mesma forma, na década de 1970, pesquisadores encontraram[53] uma simetria inesperada nas áreas visuais de pessoas com dislexia durante testes de reconhecimento de palavras, com o hemisfério esquerdo surpreendentemente mais fraco no tratamento de informações linguísticas. Estudos de lateralidade* realizados em sequência,[54] um após outro, demonstraram uma dependência incomum do hemisfério direito para uma série de tarefas na dislexia. Durante muitos anos, tais descobertas foram consideradas o produto de uma visão demasiado simplificada do processamento do cérebro direito e do cérebro esquerdo, mas, como veremos em breve, os pesquisadores que empregam exames por imagem começam a reconsiderar tanto as ideias de Orton como essas teorias mais antigas sobre o processamento hemisférico.

A partir de estudos em andamento sobre o desenvolvimento neural da leitura típica, o grupo de pesquisa da Universidade de Georgetown[55] descobriu que, com o tempo, há um "desengajamento progressivo" do maior sistema de reconhecimento visual no hemisfério direito para a leitura de palavras, e um envolvimento crescente das regiões frontal, temporal e occipital-temporal do hemisfério esquerdo. Isso reforça a convicção de Orton de que, durante o desenvolvimento, o hemisfério esquerdo passa a assumir o processamento das palavras.

No entanto, esse desenvolvimento progressivo de um circuito de leitura não é constatado da mesma forma na dislexia.[56]

---

* N.T.: Lateralidade está relacionada à consciência de que o corpo possui uma linha média que o divide nos lados direito e esquerdo. Esse conceito vem sendo aprofundado desde os primeiros estudos sobre dominância cerebral.

Pesquisadores de Yale,[57] liderados por Sally e Bennett Shaywitz, primeiro observaram um circuito inesperado em ação nas crianças com dislexia em um continuum de tarefas relacionadas à leitura, desde tarefas visuais simples até tarefas de rima mais complexas. Essas crianças usaram mais regiões frontais e também mostraram muito menos atividade nas regiões posteriores esquerdas, particularmente no giro angular do hemisfério esquerdo, tão importante para o desenvolvimento. E mais que isso, o grupo encontrou regiões "auxiliares" do hemisfério direito potencialmente compensatórias, desempenhando funções normalmente desempenhadas pelas áreas mais eficientes do hemisfério esquerdo. Em um trabalho mais recente, a equipe de Yale estudou adultos sem dificuldades e dois grupos de adultos com problemas de leitura – um com algum nível de compensação, mas ainda sem fluência; o outro sem compensação, com déficits persistentes e potencialmente influenciados pelo ambiente. Para surpresa de todos, os circuitos básicos de leitores sem dificuldades e de leitores não compensados, com mais apoio no ambiente, seguiram linhas semelhantes. Os leitores compensados, mais próximos do perfil clássico de dislexia, usaram mais regiões do hemisfério direito, incluindo as regiões occipital-temporais, e subativaram as regiões posteriores esquerdas, usadas pelos outros dois grupos. Além disso, os leitores com déficits persistentes utilizaram mais a região occipital-temporal esquerda do que os sem dificuldades, sugerindo maior uso de estratégias de memória, em relação às analíticas, neste grupo.

Figura 8 – Linha do tempo para a dislexia

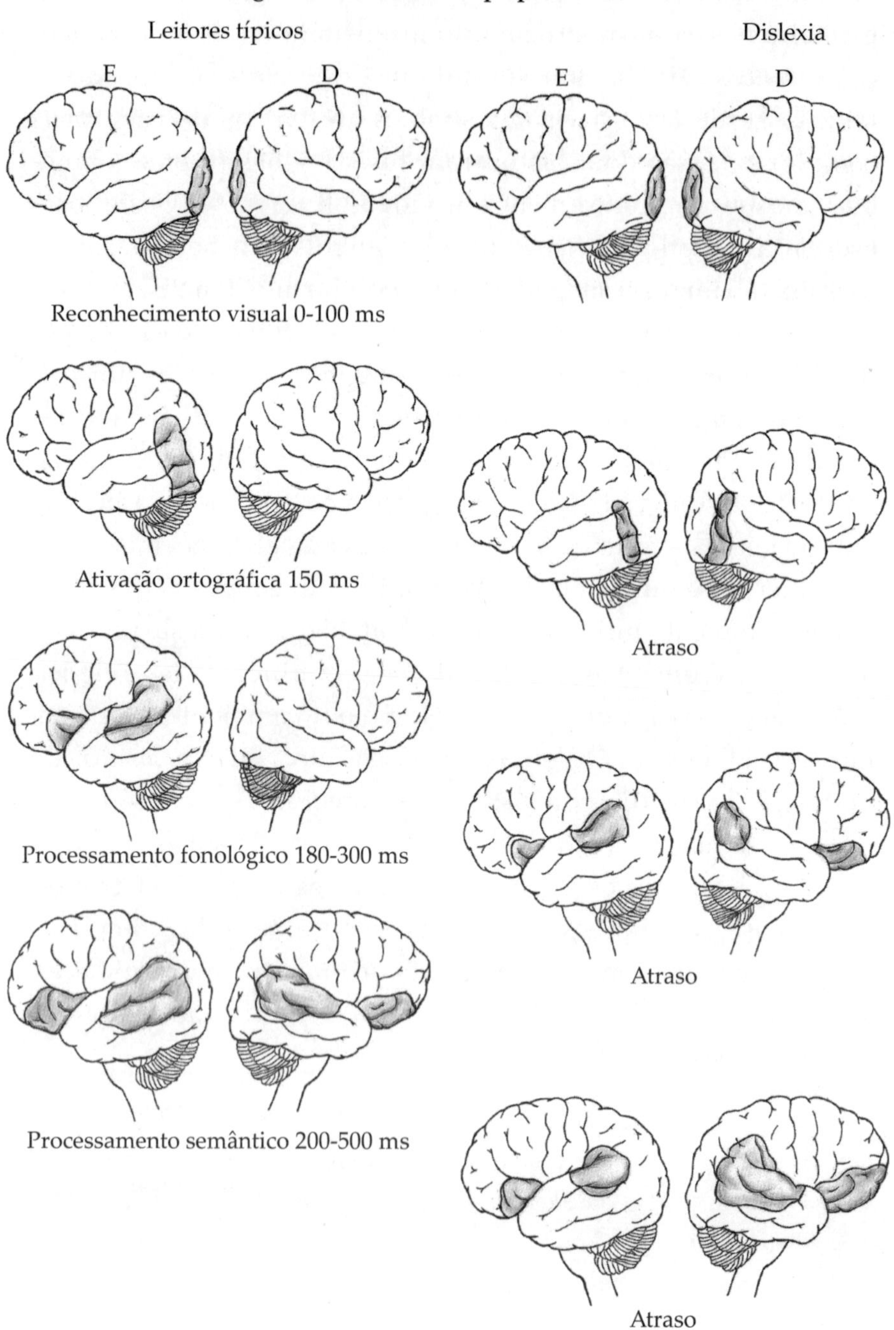

Para aguçar o seu apetite para pesquisas que chegarão em um futuro próximo, a artista Catherine Stoodley criou um esboço composto de algumas importantes descobertas de imagens cerebrais sobre como as pessoas com dislexia processam informações visuais, ortográficas, fonológicas e semânticas. O padrão apresentado na Figura 8 revela algo que, hoje, é inteiramente previsível a partir do trabalho sobre automatismo e fluência na dislexia: atrasos em cada etapa do processamento, desde o reconhecimento visual-ortográfico até o processamento semântico. A partir de 150 milissegundos (ms), os leitores disléxicos estão sempre em atraso.

Além disso, algo que há pouco tempo teria sido bastante surpreendente também surge aqui. Leitores com dislexia parecem usar circuitos cerebrais diferentes dos de um leitor típico. O cérebro disléxico emprega, de forma constante, mais estruturas do hemisfério direito em comparação ao hemisfério esquerdo, começando com áreas de associação visual e zona occipital-temporal, estendendo-se através do giro angular direito, giro supramarginal e regiões temporais. Há ainda o uso bilateral de regiões frontais cruciais, mas essa ativação frontal é tardia.

Essa linha de tempo é fruto de pesquisas cumulativas,[58] em muitos laboratórios de várias partes do mundo, incluindo Estados Unidos, Israel e Finlândia. E está longe de seu final. Na melhor das hipóteses, é instigante; na pior das hipóteses, enganosa. Na pesquisa baseada em imagens ou tendo por alicerce questões educacionais, tenha em mente que a advertência de Sócrates sobre o texto se aplica igualmente às imagens cerebrais. "Sua aparente impermeabilidade dá a ilusão de verdade", quando, de fato, são simplesmente a nossa melhor interpretação das médias estatísticas a partir do número de experimentos que temos até o presente momento. Só o tempo, e mais evidências, serão capazes de dizer qual é a verdade sobre a capacidade de um hemisfério diferente. Mas se o conceito emergente de um circuito de leitura dominado pelo hemisfério direito com dislexia se provar correto para alguns leitores, então o cérebro disléxico de tais crianças não apenas vê, ouve, recupera e integra processos ortográficos, fonológicos, semânticos, sintáticos e inferenciais mais lentamente; ele também está fazendo tudo isso com um circuito de estruturas bastante diferente, em um hemisfério que não foi projetado para precisão temporal.

Como observaram anos atrás os eminentes pesquisadores Ovid Tzeng e William Wang,[59] o hemisfério esquerdo evoluiu para lidar com a precisão e a sincronização necessárias para a fala humana e a linguagem escrita; por outro lado, o hemisfério direito tornou-se mais adequado para operações em maior escala, como criatividade, dedução de padrões e habilidades contextuais. A imagem evocativa de um circuito dominado pelo hemisfério direito poderia ajudar a explicar um século de diferentes hipóteses,[60] cada uma das quais descrevendo com precisão as manifestações de síndromes mais amplas. No contexto da "pirâmide de leitura", a partir da organização estabelecida pelos princípios básicos do design do cérebro aqui apresentados, a história das hipóteses sobre a dislexia sugere uma visão abrangente – pois nenhuma hipótese jamais explicará todas as formas possíveis de dificuldades de leitura, especialmente em diferentes línguas.

Isso nos leva a questões prementes sobre a dislexia hoje e à questão da heterogeneidade entre leitores com limitações, não apenas em línguas diferentes, mas também no mesmo sistema de escrita. A compreensão dos princípios de design do cérebro na leitura[61] afasta-nos de qualquer abordagem unidimensional das dificuldades de leitura, por mais válida que possa ser, para uma visão multidimensional. Existem várias causas para o fracasso na leitura – com todas as implicações complexas que isso tem para possíveis intervenções. Isso altera o foco de investigação – da descoberta de uma "causa primária" da dislexia para a descoberta dos subtipos de leitores com dislexia que são predominantes.

Princípio indesejado: múltiplas estruturas, múltiplos déficits, múltiplos subtipos

Aceitar a ideia dos subtipos[62] é muito mais fácil que enquadrar crianças reais, com sua mistura de características que mudam ao longo do desenvolvimento, em qualquer sistema de classificação com base empírica. Junto de Pat Bowers, minha colega canadense,[63] adotei uma abordagem intencionalmente simples para considerar múltiplos déficits. Nosso estudo buscava saber se crianças com problemas de leitura se enquadravam em subtipos baseados em déficits nos dois melhores indicadores de dislexia – subtipo 1, problemas de consciência fonêmica (uma hipótese estrutural); subtipo 2, velocidade de nomeação lenta (um substituto para velocidade e fluência de processamento); e subtipo 3, ambos os déficits anteriores. Cerca de um quarto dos leitores com dificuldades, falantes de inglês, apresentavam apenas déficits fonológicos. Muito importante: pouco menos de 20% dos leitores que enfrentavam dificuldades tinham apenas déficits de fluência.[64] O subtipo "apenas fluência" de dislexia, embora constitua um grupo relativamente pequeno em inglês, é muito maior em línguas como o alemão e o espanhol, que têm um sistema de escrita mais regular.[65] Em inglês, esse subtipo de fluência é exemplificado por Lucas, que aparece no capítulo "A história sem fim do desenvolvimento da leitura", cujo problema era não conseguir uma velocidade de leitura que permitisse cantar suas árias, mas não era considerado deficiente em leitura por seus professores. Tais alunos são rotineiramente ignorados na maioria das escolas porque começam sem problemas reais de decodificação e só mais tarde apresentam déficits de fluência e compreensão limitada.

O subtipo de leitor mais comum e mais difícil que encontramos em inglês é o subtipo 3: a criança com duplo déficit,[66] na velocidade de nomeação e na fonologia, o que é acompanhado por problemas mais graves em todos os aspectos da leitura. Com déficits estruturais e de velocidade de processamento, essas crianças são historicamente descritas como portadoras da dislexia clássica.

Curiosamente, cerca de 10% dos maus leitores não poderiam ser classificados em nenhum dos três subtipos. Segundo o psicólogo Bruce Pennington,[67] isso sugere a necessidade de classificações com múltiplos subtipos mais abrangentes, que possam algum dia vincular dados estruturais e genéticos. Em uma dessas análises sofisticadas, o grupo de Robin Morris,[68] no estado da Geórgia, demonstrou que o grupo de crianças com dislexia que poderia ser visto como o mais deficitário apresentava não só os déficits combinados, mas também um déficit de memória de curto prazo.

Até que todos os nossos subtipos se tornem mais compreensíveis, já aprendemos algumas coisas úteis utilizando o quadro de duplo déficit transicional internacional, para vários dialetos e sistemas linguísticos. Por exemplo, as proporções de crianças em cada subtipo parecem semelhantes na maioria dos estudos do inglês, mas as crianças que falam um dialeto diferente do dialeto inglês americano padrão sofrem considerável variação. Nosso grupo de pesquisa encontrou diferenças pouco usuais entre os leitores com deficiência de origem afro-americana, que eram equiparados em todos os aspectos às crianças euro-americanas – ou seja, em termos de inteligência, instrução e nível socioeconômico. Havia muito mais crianças afro-americanas nos subtipos de duplo déficit e fonológico, e elas estavam super-representadas na população com dificuldades de leitura.

Uma hipótese promissora diz respeito ao uso, por muitas crianças afro-americanas, do dialeto inglês afro-americano vernacular (African-American Vernacular English, AAVE), um dos vários dialetos da língua inglesa. O sociolinguista Chip Gidney,[69] da Tufts, e nosso grupo de pesquisa estamos trabalhando para compreender as diferenças sutis entre o inglês americano padrão e o AAVE. Queremos saber se as diferenças constituem um impedimento quando crianças, há muito habituadas ao seu primeiro dialeto, tentam aprender regras de correspondência grafema-fonema em um segundo dialeto. Esperamos compreender se a própria sutileza presente nas diferenças dialetais representa um problema maior na consciência fonêmica de uma criança do que se ela usasse uma língua com fonemas completamente diferentes, como espanhol ou francês.

O que sabemos com alguma certeza é que as crianças que utilizam AAVE parecem ter mais problemas fonológicos. Nisso diferem muito das crianças que falam línguas diferentes, como o espanhol ou o chinês. E tal fato nos traz de volta questões mais universais sobre o design do cérebro leitor e como a dislexia se manifesta em diferentes idiomas.

LEGASTHENIE, DYSLEXI, DYSLEXIE: AS MUITAS FACES DA DISLEXIA AO REDOR DO MUNDO

Com seu inglês carregado por sotaque alemão, embora perfeito, o psicólogo austríaco Heinz Wimmer[70] soa como Henry Kissinger quando descreve diferenças significativas na forma como a dislexia se manifesta em alemão, em holandês e em outras ortografias. Dependendo do que é enfatizado em qualquer língua (fluência, em alemão; memória visual-espacial, em chinês; habilidades fonológicas, em inglês), haverá diferentes faces da dislexia, bem como diferentes indicadores de fracasso na leitura. Como vimos na evolução do cérebro leitor, diferentes sistemas de escrita fazem usos algo diferentes das principais estruturas envolvidas no circuito de leitura.[71] Não é por acaso, portanto, que a dislexia na China tenha uma natureza ligeiramente diferente. Pesquisadores em Hong Kong[72] encontraram vários subtipos de crianças disléxicas na língua chinesa, semelhantes ao nosso subtipo de duplo déficit, mas com um subtipo adicional fascinante, cujo maior déficit está, sem surpresa, nos processos ortográficos.

Entre os falantes de espanhol,[73] pesquisadores em Madri encontraram subtipos semelhantes à nossa classificação de duplo déficit, com uma diferença marcante: entre os subtipos mais afetados a compreensão parecia muito menos prejudicada nos leitores espanhóis com dislexia do que nos leitores ingleses com dislexia. Dados semelhantes surgiram para o hebraico.[74] Em comparação entre falantes de hebraico e falantes de inglês cuidadosamente comparados em todos os aspectos, pesquisadores em Haifa descobriram que os leitores de hebraico tinham menos dificuldades de compreensão. Parece que a necessidade de menos tempo para a decodificação nessas línguas permite mais tempo para a compreensão do que no inglês.

A moral da história de tais estudos interlinguísticos é que as ênfases específicas de um sistema de escrita influenciam na forma como ele se decompõe. Quando as competências fonológicas desempenham um papel mais significativo na aquisição da leitura, como acontece em línguas menos regulares como o inglês e o francês, a consciência fonêmica e a precisão da decodificação são, em geral, bem mais deficientes – convertendo-se em bons indicadores de dislexia. Quando essas habilidades desempenham um papel menos dominante na leitura (nas ortografias transparentes como o alemão e nos sistemas de escrita de tendência logográfica), a velocidade de processamento torna-se o mais forte indicador no diagnóstico do desempenho da leitura, e os problemas de fluência e compreensão da leitura dominam o perfil da dislexia. Em línguas que possuem maior transparência[75] – como português, espanhol, alemão, finlandês, holandês, grego e italiano –, a criança com dislexia apresenta menos problemas para decodificar palavras e mais problemas para ler textos conectados com fluência e boa compreensão.

* * *

A pesquisa acumulada de um século, organizada a partir de princípios do design cerebral para o desenvolvimento da leitura em diferentes dialetos e idiomas, fornece-nos uma ampla visão sobre o cérebro leitor. Leva-nos além do que aprendemos com a evolução dos sistemas de escrita e o desenvolvimento da aquisição da leitura na criança. E nos mostra que tudo importa na leitura: os mais ínfimos indicadores de características nos processos visuais e auditivos; as diferentes frações de tempo necessárias para conectar os vários processos em diferentes sistemas de escrita; a questão de qual hemisfério realiza o quê.

Preparados com todo esse conhecimento, os pesquisadores do século XXI começam a questionar se as descobertas na história gigantesca da dislexia não se baseia, em última análise, em um conjunto bastante limitado de genes que governam o desenvolvimento das estruturas mais antigas e sua capacidade de trabalhar juntos de forma proficiente. Essas hipóteses, a serem elaboradas no próximo capítulo, podem, em última análise, apontar para uma síntese de todas as quatro hipóteses, em que alguns genes incomuns causam vários padrões aberrantes de desenvolvimento neuronal em estruturas necessárias para a leitura, resultando na criação de circuitos totalmente novos e menos eficientes, que não surgiram para a leitura.

O MISTÉRIO DE UM SÉCULO

Há cem anos, quase ninguém sabia da existência daquilo que se tornaria a dislexia. Nessa época, meu tataravô empurrava um carrinho de mão em Indiana e construía um pequeno império econômico. Conforme descrito em uma história do sul de Indiana do século XIX, ele enviava milhões de quilos de tabaco por ano para a Inglaterra, apesar de apresentar uma característica muito interessante: "Diz-se que o sr. Beckmann não sabia ler nem escrever. Em vez de cifras, ele fazia tantos traços quantas unidades tivesse em suas contas. Às vezes ele usava cifras, mas ao fazer isso as confundia, então 10 se transformava em 01".[76] Nunca saberei como meu ancestral se sentia em relação à sua incapacidade de ler e sua tendência para inverter os números, mas aposto que houve momentos em que ele se sentiu, de certa forma, como Jackie Stewart – frustrado e talvez inferiorizado, apesar de todo o seu sucesso material.

Felizmente, chegamos a um ponto em que graves deficiências de leitura são uma parte familiar daquilo que todo professor vivencia em sala de aula. Nosso conhecimento sobre como prever os problemas com a leitura começou a impactar a prática do ensino. Jackie Stewart, Paul Orfalea, Russell Cosby e muitos outros forneceram testemunhos eloquentes sobre a lacuna entre o conhecimento e a aplicação, que afetou suas vidas. Ainda assim, bem poucos professores sabem algo sobre a história da dislexia e menos ainda estão conscientes das tendências atuais. Se me fossem dados cinco minutos para falar com todos os professores e pais no mundo, resumiria as implicações dessa complicada história da dislexia no século XX da seguinte maneira:

- Aprender a ler, como o beisebol dos Red Sox, é uma coisa maravilhosa que pode dar errado por uma série de razões. Se uma criança não consegue aprender a ler, aparentemente sem motivo óbvio (como visão anormal ou falta de instruções de leitura adequadas), é fundamental que seja avaliada por especialistas em leitura e médicos.
- Não existe uma forma única de dislexia; ao invés disso, há um continuum de dificuldades de desenvolvimento da leitura que reflete os muitos componentes dessa prática, bem como o sistema de escrita específico em determinada língua. Assim, crianças com dificuldades de leitura podem apresentar, e apresentam, certa variedade de déficits. Alguns deles são sutis e envolvem apenas fluência e compreensão, posteriormente, na escola, mas, pelo menos entre os falantes de inglês, a maioria das crianças começa com problemas de

decodificação e uma incapacidade de aprender as regras da correspondência grafema-fonema. Tal déficit, muitas vezes, manifesta-se também na ortografia e na escrita.

- Dois dos déficits mais conhecidos envolvem processos subjacentes à fonologia e à fluência na leitura. As medições da consciência fonêmica e de processos ligados à velocidade de nomeação são, portanto, nossos dois melhores indicadores de futuro fracasso na leitura, juntamente com o vocabulário, em muitas línguas. Crianças com déficits fonológicos normalmente encontram dificuldades com as regras de correspondência entre letras e sons e com a aprendizagem da decodificação. Medições de consciência fonêmica serão úteis para identificar essas crianças no último ano da educação infantil e no primeiro ano do ensino fundamental. Por outro lado, crianças que têm apenas problemas de fluência muitas vezes apresentam déficits precoces na velocidade de nomeação. Tais crianças são ignoradas com frequência, uma vez que sua decodificação é adequada, embora lenta. Como acontece com estudantes mais velhos ou adultos, elas enfrentam dificuldades quando a quantidade de leitura necessária supera sua taxa de leitura, que é mais lenta. Assemelham-se bastante às crianças com dislexia que falam línguas mais regulares, como alemão e espanhol, que muitas vezes manifestam apenas problemas de fluência e compreensão. Medições de nomeação rápida, como RAN e RAS,[77] poderão prever essas deficiências já na educação infantil e no primeiro ano do ensino fundamental. Crianças com déficits tanto na consciência fonêmica quanto na velocidade de nomeação requerem intervenção intensiva desde o início. Um pequeno grupo de crianças possui dificuldades de leitura, mas não encontra problemas de velocidade de nomeação ou fonológico – precisamos conhecer melhor esse grupo.

- Algumas crianças pequenas com dificuldades graves de leitura são provenientes de meios tão empobrecidos em termos linguísticos que o vocabulário desempenha um papel crítico. Algumas crianças que estão aprendendo o inglês ou que falam um dialeto (como AAVE ou pidgin* havaiano) diferente do usado na sala de aula podem manifestar dificuldades de leitura baseadas, em grande parte, na aprendizagem de uma segunda língua ou dialeto. Essas crianças não processam os fonemas do inglês da mesma maneira. É essencial descobrir se elas enfrentam dificuldades de leitura combinadas ao aprendizado do inglês americano padrão, ou se a sua leitura deficiente se baseia apenas em questões de bilinguismo ou dialeto.
- A intervenção em crianças com dislexia deve atuar no desenvolvimento de cada um dos componentes que contribuem para a leitura – da ortografia e fonologia ao vocabulário e morfologia –, suas conexões, sua fluência e a integração necessária para a compreensão.
- Crianças com qualquer forma de dislexia não são "burras" ou "teimosas"; nem estão "longe de usar seu potencial" – as três descrições mais frequentes que lhes atribuem. E por diversas vezes serão erroneamente descritas dessa forma por muitas pessoas e por elas próprias. É vital que pais e professores trabalhem para garantir que todas as crianças, com qualquer tipo de problema de leitura, recebam intervenção imediata e intensiva, e que nenhuma criança ou adulto associe problemas de leitura a algum déficit de inteligência. É preciso que haja um sistema de apoio abrangente, desde

---

* N.T.: "Pidgin" ou "língua de contato" são termos que designam línguas veiculares simples, de uso restrito, como línguas acessórias, subsidiárias, e que não substituem a língua de origem dos que as falam, sendo usadas em diferentes contextos e situações de intercâmbio. É uma forma de linguagem que facilita a comunicação imediata entre populações heterogêneas.

a primeira indicação de dificuldade até o ponto em que a criança possa se tornar um leitor independente e fluente; ou as frustrações advindas das dificuldades na leitura acabarão por levar a um ciclo de fracasso na aprendizagem, abandono escolar e delinquência. E mais importante: lembrar que o potencial considerável dessas crianças será perdido para elas próprias e para a sociedade.

Figura 9 – Ilustração da Torre de Pisa feita por Ben Noam aos 17 anos

Um exemplo disso é meu primeiro filho, Ben. Um século depois de seu tetravô materno enfrentar dificuldades para ler, Ben também passou por isso, embora – como muitas outras crianças com dislexia – tivesse inteligência e talentos consideráveis, além de pais interessados. Um dos momentos mais comoventes na elaboração deste livro ocorreu quando escrevi a respeito das desconcertantes hipóteses de lateralização, propostas por Samuel T. Orton. Por vezes, quando estava no ensino médio, meu filho sentava-se à mesa da sala de jantar, ao meu lado, concentrado em suas ilustrações, enquanto eu escrevia sobre o motivo pelo qual Orton, provavelmente, estava errado. Levantei os olhos e vi Ben desenhando, com extrema precisão e detalhes, toda a Torre de Pisa – de cabeça para baixo (Figura 9)! Quando perguntei o motivo, ele disse que era mais fácil para ele desenhar daquela forma. Nenhum de nós, que conduzimos pesquisas, conseguiríamos explicar adequadamente tal fenômeno com base no conhecimento atual. Já conhecemos muito, mas muito ainda precisa ser explicado na história e nos mistérios da dislexia. Ainda não foram resolvidas questões referentes às descobertas bastante provocativas sobre a possibilidade de um circuito de leitura dominado pelo hemisfério direito, algo que auxiliaria na explicação das diferentes capacidades espaciais de Ben.

Quando Ben completou 18 anos e estava prestes a ingressar na Escola de Design de Rhode Island, decidi discutir com ele toda essa linha de especulação. Desenhamos, em primeiro lugar, diagramas de fluxo representando a forma como o cérebro usa cada hemisfério em leitores típicos e para quais propósitos gerais; depois, como os caminhos se tornam fortalecidos e mais automáticos com seu uso ao longo do tempo; finalmente, como os caminhos do circuito podem diferir drasticamente no caso da dislexia. Eu e meu marido, Gil, estamos acostumados a ser surpreendidos por Ben; no entanto, suas primeiras perguntas me abalaram: "Então isso significa que sou mais criativo porque uso esse hemisfério direito mais do que outras pessoas e minhas conexões direitas foram fortalecidas dessa forma? Ou significa que os disléxicos nascem com cérebros mais criativos desde o início?". Não sei a resposta às perguntas de Ben. O que sei é que estão intimamente ligadas a questões recorrentes em grande parte das novas pesquisas sobre se os circuitos de leitura do hemisfério direito são a causa da incapacidade de nomear letras e ler palavras com facilidade, ou a consequência disso.

Nós, no século XXI, temos os desdobramentos de um mistério na ponta de nossos dedos. Como estamos reunindo pistas bem conhecidas e negligenciadas do passado histórico da dislexia com novas informações de estudos de imagem recentes, começa a surgir uma compreensão muito mais abrangente do que acontece quando o cérebro não consegue aprender a ler. Ainda não sei o final da história, que se desenrola nos novos trabalhos sobre a dislexia e, como pesquisadora, não me sinto muito confortável em escrever a respeito de meus palpites. Mas se estiverem certos, a dislexia acabará por ser um exemplo impressionante das estratégias utilizadas pelo cérebro para compensações: quando não consegue desempenhar certa função de uma forma, reorganiza-se para encontrar outra, literalmente. A questão de saber o motivo disso nos leva até as duas últimas camadas da pirâmide, e a questões intrigantes da nossa composição genética.

GENES, DÁDIVAS E DISLEXIA

"As letras flutuam para fora da página quando você lê, certo? Isso acontece porque sua mente está programada para o grego antigo", explica uma colega de acampamento, Annabeth, de olhos cinzentos. "E o TDAH – você é impulsivo, não consegue ficar parado na sala de aula. Esses são os seus reflexos do campo de batalha. Em uma luta real, eles te manteriam vivo. Quanto aos problemas de atenção, é porque você vê muito, Percy, não pouco. Seus sentidos são melhores que os de um mortal normal... Encare isso. Você é meio-sangue."

Rick Riordan

Se ao menos soubéssemos,
como o escultor sabia, a forma que as falhas
na madeira levariam seu cinzel a alcançar o âmago.[1]

David Whyte

Thomas Edison, Leonardo da Vinci e Albert Einstein são as três pessoas mais famosas que, dizem, tinham dislexia. As dificuldades que Edison enfrentou na infância com a leitura, somadas à sua saúde frágil, quase o impossibilitaram de seguir o ensino formal. Mesmo assim, Edison receberia o maior número de patentes concedidas pelo escritório de patentes dos Estados Unidos a um único indivíduo, além de criar invenções surpreendentes, uma das quais literalmente iluminou o mundo.

Leonardo da Vinci foi uma das pessoas mais criativas da história: inventor, pintor, escultor, músico, engenheiro, cientista. Detentor de um talento extraordinário em tudo o que realizou, ele é frequentemente considerado disléxico – tal conclusão se baseia, em grande parte, nas suas notas bizarras e volumosas. Escritos da direita para a esquerda, em um tipo de "escrita espelhada" e invertida, estavam repletos de erros ortográficos, sintáticos e estranhos equívocos de linguagem. Vários de seus biógrafos mencionam certo desconforto com a linguagem, bem como suas frequentes referências à falta de capacidade de leitura. Em uma comovente descrição da vida ideal de um pintor, Leonardo escreveu que sempre incluiria uma pessoa próxima que pudesse ler para ele. O neuropsicólogo P. G. Aaron[2] defende, de forma convincente, que os problemas de Leonardo com a leitura e a escrita eram produto de um poderoso "mecanismo compensatório do hemisfério direito".

Albert Einstein não falou muito até os 3 anos de idade e era medíocre em qualquer matéria que exigisse recuperação de palavras, como língua estrangeira. Certa vez, disse: "Minha principal fraqueza era uma memória ruim, especialmente para palavras e textos".[3] Chegou ao ponto de dizer que as palavras "pareciam não desempenhar nenhum papel"[4] em seu pensamento teórico, que atingia através de "imagens mais ou menos claras". Não se sabe se Einstein poderia ter preenchido os critérios para alguma forma de dislexia,[5] como ele próprio e Norman Geschwind acreditavam. Mas seria uma bela reviravolta se o teórico que transformou a nossa compreensão do tempo e do espaço revelasse ter um déficit de sincronização temporal. Uma pista para esse mistério pode ser o cérebro dele. Neurocientistas canadenses conduziram uma autópsia fascinante, mas ainda controversa,[6] do cérebro de Einstein e descobriram simetrias inesperadas entre os hemisférios nos seus lobos parietais alargados, em vez do padrão assimétrico, bem mais usual.[7]

A maioria das pessoas com dislexia não possui talentos espetaculares como os de Edison ou Leonardo, mas parece haver um grande número de pessoas portadoras de dislexia extraordinariamente talentosas. Certa vez, mantive um registro de pessoas com dislexia que se tornaram conhecidas em suas áreas. Conforme a lista foi ficando mais longa, passei a manter um registro apenas das áreas. Na medicina, os indivíduos com dislexia eram, com maior probabilidade, encontrados na radiologia, onde a capacidade de ler padrões é fundamental. Na engenharia e na tecnologia computacional, gravitaram em torno do design e do reconhecimento de padrões. Nos negócios, indivíduos com dislexia, como Paul Orfalea e Charles Schwab, tendiam a concentrar-se nas altas finanças ou na gestão do dinheiro, onde a previsão de tendências e a realização de inferências a partir de grandes padrões de dados são fundamentais. Meu cunhado, que é arquiteto, me disse que seu antigo escritório nunca permitia que cartas de seus arquitetos fossem enviadas sem ao menos duas correções ortográficas. Artistas com dislexia incluem escultores como Rodin e os pintores Andy Warhol e Picasso. Entre os atores, a lista inclui Danny Glover, Keira Knightley, Whoopi Goldberg, Patrick Dempsey e Johnny Depp.

Dois outros exemplos estão mais próximos de meu lar. Quando estava grávida, fui encaminhada a uma radiologista mundialmente renomada em Boston, para fazer um ultrassom. Enquanto esperava minha vez, ouvi técnicos falando sobre como pessoas de todo o mundo voaram para a clínica dessa radiologista, porque ela era a melhor. Minhas antenas subiram. Da forma mais discreta possível, perguntei para eles o que a tornava excelente, e eles imediatamente responderam que era sua capacidade infalível de encontrar padrões não reconhecidos em segundos. Mais tarde, descobriria que ela e o pai tinham histórico familiar de dislexia.

Tive uma experiência semelhante durante uma recente viagem para Barcelona. Durante cinco dias, caminhei pelas ruas hipnotizada pelo design excepcional, pelas criações extravagantes e pelo uso arrojado de cores nas igrejas e edifícios projetados pelo grande arquiteto espanhol Antonio Gaudi. Fiquei convencida de que Gaudi era disléxico. Bingo. Toda biografia de Gaudí relata os momentos terríveis que ele passou na infância, quanto ao ensino e à leitura. Ele mal conseguiu finalizar os anos escolares, mas quando o fez, tornou-se um dos mais destacados artistas espanhóis do fim do século e o arquiteto patrono de Barcelona.

Como podemos explicar a preponderância da criatividade e do "pensamento fora dos padrões" em muitas pessoas com dislexia? Como perguntou meu filho Ben, o cérebro de uma pessoa com dislexia seria forçado a usar o hemisfério direito devido a problemas no hemisfério esquerdo, fortalecendo assim todas as ligações entre o hemisfério direito e desenvolvendo estratégias, por vezes únicas, para fazer todo o tipo de coisa? Ou serão as ligações do hemisfério direito, mais dominantes e criativas desde o início, que assumiriam o controle de atividades como a leitura? O neurologista Al Galaburda[8] suspeitou que ambos os cenários poderiam estar parcialmente corretos: "Inicialmente, os circuitos do tipo hemisfério esquerdo, que não se formaram, permitiriam que os circuitos do hemisfério direito preenchessem sinapses vazias. Mais tarde, como não conseguem ler, teriam melhorado em outros aspectos, principalmente por possuírem um bom maquinário para tanto".

Não existem respostas definitivas às questões levantadas pelas evidências preliminares, mas abordagens de tipo multinível, que integram informações relativas ao comportamento, à cognição, às estruturas neurológicas e à genética da dislexia proporcionam um bom ponto de partida. A base genética é fundamental. Não existem genes específicos de "leitura" propriamente ditos, mas isso não significa que não existam genes ligados a fraquezas em algumas das regiões ancestrais, que formam o cérebro leitor, e que estão potencialmente ligados a pontos fortes em outras. Uma direção futura na investigação da dislexia será ligar o nosso conhecimento sobre os pontos comportamentais fortes e fraquezas estruturais na informação genética com o objetivo de verificar se, desde o início, algumas crianças com dislexia possuem hemisférios direitos preparados para construir catedrais.

Há mais de 80 anos, Samuel Orton[9] apresentou pela primeira vez sua provocativa hipótese a respeito da incapacidade dos dois hemisférios do cérebro em integrar as imagens armazenadas. Mais de 50 anos depois, Norman Geschwind[10] escreveu um artigo intitulado simplesmente "Por que Orton estava certo". Geschwind listou 13 conclusões sobre a dislexia que ele e Orton compartilhavam e que deveriam ser incorporadas em qualquer explicação dessa condição. Começando com a base genética da dislexia e possíveis diferenças estruturais na organização cerebral, a lista segue com a inclusão de talentos espaciais notáveis encontrados em membros da família afetados e também em alguns parentes não afetados; uma capacidade inesperada de ler igualmente bem de cabeça para baixo ou no espelho (como meu filho e Leonardo da Vinci ficaram conhecidos por fazer); outros traços incomuns como disgrafia*; características motoras, de fala e de afeto incomuns, que não são expressas em todos os casos, mas que precisam de exploração mais intensa (como gagueira, ambidestria, descoordenação e problemas emocionais); lentidão na aquisição e desenvolvimento dos sistemas de fala e de linguagem.

O argumento de Geschwind apoiando as revelações de Orton fornece uma lista do que os pesquisadores ainda precisam abordar para explicar o enigma da dislexia de forma satisfatória. Usando o exemplo de uma doença, a anemia falciforme (cujo gene protege contra a malária), Geschwind fez algumas observações tão argutas atualmente como foram em sua época:

---

* N.T.: Transtorno na habilidade para escrever – inicialmente perceptível em termos de caligrafia, mas também em termos de coerência.

> Os próprios disléxicos são frequentemente dotados de talentos consideráveis em muitas áreas... Minha sugestão é de que isso não é acidente. Se certas alterações no lado esquerdo do cérebro levam à superioridade de outras regiões, particularmente no lado direito do cérebro, então haveria pouca desvantagem para o portador dessas alterações numa sociedade não letrada; seus talentos os tornariam cidadãos altamente bem-sucedidos... Somos, portanto, levados à noção paradoxal de que as mesmas anomalias do lado esquerdo do cérebro que levaram à incapacidade da dislexia em certas sociedades letradas também determinam a superioridade nos mesmos cérebros.[11]

Essas observações, tal como a maioria das ideias lendárias de Geschwind, foram precursoras da investigação empírica sobre a dislexia que só agora parece alcançar seus passos. A morte precoce de Geschwind impediu-o de ver quantos dos seus conhecimentos continuam a moldar a área, através das contribuições diretas dele próprio, do trabalho dos seus alunos e de um programa de investigação sobre a dislexia que começou com ele e que continua até hoje, ligando comportamento e estrutura, neurônios e, finalmente, genes.

O programa de pesquisa idealizado por Geschwind começou há mais de duas décadas com uma descoberta casual no Boston City Hospital: o cérebro cuidadosamente preservado de uma pessoa com dislexia. Ninguém sabia o que fazer com ele, então o cérebro foi entregue a Geschwind, que sabia exatamente o que fazer. Prontamente, entregou esse cérebro a dois de seus jovens estudantes de neurologia, Al Galaburda e Thomas Kemper, que procederam a estudos cuidadosos, primeiro da macroestrutura de diversas áreas anatômicas do cérebro e, depois, da microestrutura de regiões importantes para a leitura.

Pouco tempo depois disso, ocorreu outro evento significativo. Geschwind e Galaburda, juntamente com a Orton Dyslexia

Society, criaram um banco de cérebros que, com o passar do tempo, transformou-se em uma coleção de cérebros preservados de indivíduos com dislexia, no Hospital Beth Israel. Isso levou a uma descoberta que continua a ter implicações para as pesquisas atuais em imagens do hemisfério direito. Na maioria das pessoas, o *planum temporale* (PT)[12] – área triangular no lobo temporal que está envolvida na linguagem e inclui parte da área de Wernicke – é maior no hemisfério esquerdo do que no direito. Galaburda e Kemper descobriram que tal assimetria não estava presente nos cérebros de adultos com dislexia; em vez disso, os dois hemisférios eram simétricos, porque o PT do hemisfério direito era maior que o normal.

Galaburda e sua equipe consideraram que tais descobertas seriam uma indicação de que a lateralização não é completada ou não é a mesma na dislexia – uma interpretação que tem implicações para o desenvolvimento de muitos processos de linguagem. Sugeriram que o plano temporal atipicamente maior no hemisfério direito poderia resultar de uma redução da poda natural das células que ocorre durante o desenvolvimento pré-natal. Isso poderia levar a um aumento do número de neurônios PT, que, então, formariam novas conexões no hemisfério direito e uma arquitetura cortical totalmente nova com a dislexia. O potencial de importância dessa explicação perdeu terreno quando as tentativas de encontrar simetrias semelhantes em pessoas disléxicas vivas por meio de IRMf obtiveram resultados inconsistentes.[13]

Essa tendência inconclusiva no nível estrutural motivou investigações em nível celular. Usando rigorosa metodologia citoarquitetônica, Galaburda e seus colegas estudaram a microestrutura, o número e os padrões de migração neuronal de células encontradas em áreas suspeitas de serem anormais dentro da dislexia. Encontraram células ectópicas que migraram durante o desenvolvimento pré-natal inicial em diversas áreas relacionadas à linguagem e à leitura: o *planum temporale* esquerdo, várias áreas do tálamo e as regiões do córtex visual. Mudanças na migração neuronal em qualquer uma dessas áreas poderia afetar a comunicação neuronal precisa e eficiente nas regiões que compõem as partes do circuito de leitura.

Por exemplo, a equipe de pesquisa de Galaburda descobriu que o sistema magnocelular – células responsáveis pelo processamento rápido ou transitório[14] – surgia de forma consistentemente irregular em pelo menos dois centros que são críticos para a leitura no interior do tálamo, o painel de controle interno do cérebro: o núcleo geniculado lateral (*lateral geniculate nucleus*, LGN), que auxilia na coordenação do processamento visual; e o núcleo geniculado medial (*medial geniculate nucleus*, MGN), que auxilia na coordenação do processamento auditivo. Mais uma vez, foram encontradas diferenças entre os hemisférios, com o hemisfério direito tendo mais neurônios grandes do que o esquerdo. Galaburda argumentou[15] que essas diferenças celulares poderiam afetar a velocidade da informação necessária para processar a linguagem escrita e indicar que um circuito de leitura diferente estaria sendo usado na dislexia.

Como Galaburda observou cautelosamente, ainda não sabemos se alguma dessas diferenças são a origem ou uma consequência dos problemas com a leitura. O que parece se revelar é que várias alterações neuronais, se encontradas em regiões importantes (isto é, nas estruturas ancestrais, necessárias para a leitura), poderiam prejudicar a eficiência neuronal exigida para o ato de ler, promovendo a formação de um circuito de leitura completamente diferente. Tal perspectiva reuniria muitas das hipóteses históricas sobre a dislexia, baseadas em déficits estruturais, velocidade de processamento e alteração de circuitos.

Dois tipos incomuns de pesquisa iluminam tal conclusão. Um deles envolve testar os efeitos da disfunção que atinge níveis neuronais em camundongos geneticamente selecionados, por vezes chamados, não sem certa ironia, de super-ratos. Quando o neurocientista Glenn Rosen,[16] do Beth Israel, induziu uma pequena lesão no córtex auditivo desses ratos, formaram-se anomalias neuronais no tálamo, semelhantes às já encontradas nos cérebros de disléxicos. O mais importante, como resultado das lesões, é que os ratos não conseguiam mais processar com rapidez as informações auditivas com as quais se deparavam.[17] Em outras palavras, o modelo animal de Glenn mostra como células instáveis em regiões importantes podem causar problemas no processamento eficiente de informações.

Um estudo realizado por neurologistas em Boston[18] ilustra conjunto semelhante de princípios para humanos acometidos por raro distúrbio convulsivo de origem genética, a heterotopia nodular periventricular. Nesse distúrbio, células nocivas formam nódulos em locais pouco usuais, próximos aos ventrículos do cérebro, antes do nascimento. Esses nós são análogos às lesões induzidas nos superratos: não deveriam estar lá e, a certa altura, tornam-se perturbadores. Nesse caso, os nódulos causaram convulsões ao longo da vida dos acometidos – e também outra coisa.

Um dos autores desse estudo, Bernard Chang, veio até mim e minha colega, Tami Katzir, perplexo diante de uma característica comportamental encontrada em todos os pacientes: fluência de leitura bastante ineficiente. Alguns pacientes tiveram diagnóstico infantil de dislexia; outros, não. Alguns apresentavam deficiências fonológicas; outros, não. Mas todos eram leitores inesperadamente lentos. Tami e eu percebemos que esses pacientes forneciam evidências inesperadas das muitas fontes dos problemas de fluência, seja em adultos ou em crianças com dificuldades de leitura.[19]

Esses estudos ilustram coletivamente vários princípios importantes. Mostram quão diferentes podem ser os caminhos da ineficiência e da fluência na leitura, quão variadas podem ser as fontes de dislexia em desenvolvimento. Os pacientes com convulsões indicam que a falha na leitura pode resultar de disfunção em múltiplas regiões: por exemplo, havia nódulos em áreas que poderiam ter afetado a eficiência visual e outros nódulos em áreas que poderiam ter afetado o processamento fonológico debilitado. Ambos levaram a uma leitura ineficiente. O que esses casos não fornecem é uma razão para a dependência excessiva do hemisfério direito em alguns casos de dislexia, mas mostram como uma grande variedade de deficiências do hemisfério esquerdo podem forçar o cérebro a utilizar áreas análogas do hemisfério direito.

* * *

Uma hipótese que emerge desse trabalho segue a lógica de Geschwind. Os genes que formam a base para um hemisfério direito fortalecido poderiam ter sido altamente produtivos em sociedades pré-letradas, mas quando esses mesmos genes são expressos em uma sociedade letrada, criam estruturas no hemisfério direito encarregadas das funções precisas e baseadas em tempo da leitura. Essas funções, então, passaram a ser executadas de maneira única pelo hemisfério direito, em vez da maneira mais precisa e eficiente, em termos de tempo, no hemisfério esquerdo. No caso da leitura, tal situação conduz, inevitavelmente, a dificuldades.

Como observou um eminente geneticista,[20] a leitura é influenciada por uma série de genes cuja presença pode aumentar o risco de problemas de leitura, mas não causam problemas da mesma forma que um único gene pode causar determinada doença. Por exemplo, na fibrose cística, apenas um gene determina o fenótipo ou resultado genético. Mas como a leitura é baseada em muitos processos mais antigos, ela é muito complexa e provavelmente nenhum gene individualmente determinaria todas as formas de insuficiência. Ou seja, haverá mais de um fenótipo.

A geneticista Elena Grigorenko,[21] de Yale, ressalta o seguinte ponto. Depois de realizar uma análise abrangente das pesquisas a respeito das regiões genéticas associadas à dislexia, ela concluiu que os estudos indicam múltiplos loci,* e não genes únicos. Essa conclusão faz muito sentido à luz dos subtipos emergentes de leitores. Conforme observado por Bruce Pennington e o grupo de pesquisa do Colorado,[22] subtipos – como, por exemplo, leitores que possuem déficit fonológico, déficit de fluência, "duplo déficit" e déficit ortográfico – podem, em última análise, revelar-se manifestações comportamentais de vários fenótipos. E devido às diferentes exigências de várias línguas escritas, alguns fenótipos podem ser mais prevalentes em ortografias regulares como o alemão, enquanto outros podem ser preponderantes em línguas menos transparentes como o inglês, ou em sistemas diferentes, como os logossilabários chineses e japoneses.

A ideia de que existem diferenças genéticas na dislexia dependendo da língua recebeu apoio preliminar de algumas pesquisas internacionais. Pesquisadores finlandeses e suecos[23] apresentaram dados sobre uma localização genética – chamada DCDC2 – encontrada no cromossomo 6, que caracterizava muitas pessoas com dislexia em alemão, com sua usual preponderância em déficits de fluência. Para os falantes de inglês, investigadores de Yale e do Colorado[24] encontraram dados que apoiavam tal posição, mas apenas para 17% dos indivíduos com dislexia por eles estudados. Curiosamente, descobrimos em nossa pesquisa sobre subtipos que cerca de 17% dos nossos sujeitos apresentam apenas déficits relacionados à fluência.

Ocorreu uma reviravolta fascinante na história do DCDC2, que remete à noção de um circuito de leitura diferente na dislexia. Utilizando um modelo animal, os investigadores de Yale descobriram que quando este lócus genético não pode ser expresso, os neurônios jovens não migram para o córtex do hemisfério direito. Esses investigadores levantaram a hipótese de que variações genéticas

* N.T.: Esse termo é o plural de lócus, que designa uma posição fixa e específica em um cromossomo, onde está localizado determinado gene ou marcador genético. Cada cromossomo carrega muitos genes, com cada gene ocupando uma posição ou lócus diferente.

semelhantes em crianças com dislexia poderiam levar à formação e utilização de "circuitos de leitura menos eficientes".

Em um estudo diferente, a partir de uma grande família finlandesa com longa história genética de dislexia,[25] surgiram variações genéticas em uma área chamada ROBO1. De forma fascinante, à luz das hipóteses mais antigas de Orton, ROBO1 auxiliaria na "formação de conexões neurais entre os dois lados do cérebro durante o desenvolvimento e pode ser prejudicado em casos de dislexia". Além disso, tais estudos apontam duas áreas distintas presentes em duas línguas regulares – um fato que reforça as explicações multidimensionais para a dislexia e para o trabalho com subtipos dentro de uma única língua.

Outro apoio, nesse sentido, surgiu de um dos maiores e mais estabelecidos programas genéticos dos Estados Unidos, o Colorado Twin Study,[26] no qual o psicólogo Dick Olson e outros pesquisadores acompanharam mais de 300 pares de gêmeos dizigóticos (fraternos) e monozigóticos (idênticos), do fim da educação infantil em diante. Esse grupo descobriu que as capacidades das crianças em termos de leitura, consciência fonêmica e nomeação rápida (RAN) mostraram efeitos genéticos substanciais, além de alguns efeitos ambientais. Mais importante para a compreensão dos possíveis subtipos de dislexia: as habilidades fonológicas e de nomeação rápida apresentaram hereditariedade específica e significativa.

Se tais resultados puderem ser replicados, isso poderia significar que existem genes separados em ação para os dois conjuntos de processos conhecidos por caracterizarem subtipos bem documentados das dificuldades de leitura em inglês e que, igualmente, podem antecipar a dislexia em muitas línguas. Se estudos futuros identificarem os diferentes fenótipos, suas características estruturais e comportamentais, déficits e pontos fortes, será possível encontrar muitas das peças do quebra-cabeça que ainda faltam na história da dislexia.

E se existirem vários fenótipos, algumas crianças podem herdar a dislexia de ambos os lados da família. Ao pensar na história genética das dificuldades de leitura, sutis ou evidentes, na árvore genealógica do meu próprio filho Ben, ele e o seu irmão, David, parecem exemplos claros do que Orton e Geschwind observaram. Apesar de David ser um escritor talentoso, um ávido jogador de futebol e, supostamente, não ter sido afetado pela dislexia, seus problemas com a recuperação de palavras e a disgrafia desafiaram todos os esforços de superação. O perfil de David e os duplos déficits de Ben poderiam derivar de uma combinação genética de ambos os lados da família. O pai de meu marido, Ernst Noam, era um intelectual europeu com formação em direito alemão, mas não conseguiu exercer a advocacia na Alemanha de Hitler. A irmã de meu marido está convencida, pelo histórico de aprendizagem incomum do pai, de que ele tinha algum tipo de deficiência para a leitura, apesar de ler em quatro línguas. Meu tataravô materno inverteu números e letras tão claramente que o fato foi considerado digno de nota em uma descrição dele, feita na história do estado de Indiana. Irmãos, primos, sobrinhas e sobrinhos de Gil e meus, de ambos os lados, constituem uma variedade de artistas, engenheiros, advogados, empresários e cirurgiões de sucesso, vários dos quais lidaram com questões de aprendizagem sutis e não tão sutis.

Geschwind escreveu longamente sobre a necessidade de compreender geneticamente tudo o que se passa abaixo da superfície de nosso entendimento sobre parentes "não afetados". Observou, por exemplo, os "notáveis talentos espaciais" de Orton. Não preciso ir muito longe para observar a disgrafia e os problemas de recuperação de palavras enfrentados por David, mas nunca examinei minha própria história de aprendizagem até me sentar para escrever este capítulo. Aparentemente, meu processo de leitura é normal, mas meus processos de recuperação de palavras exigem certos esforços – algo invisível apenas porque meu grande amor pelas palavras me fornece alternativas.

E há outra coisa, algo com o qual nunca fiz qualquer conexão até agora. Anos atrás, minha fantasia secreta era me tornar pianista.

Foi uma fantasia muito breve, frustrada quando minha em geral gentil professora me disse que sempre adorou me ouvir tocar Mozart, Chopin ou Beethoven, mas o resultado não era aquilo que o compositor pretendia. Ela dizia que eu tinha o meu próprio ritmo, sempre diferente daquele pretendido pelo compositor, e acreditava que isso dificilmente mudaria. Foi em um piscar de olhos que compreendi o motivo pelo qual todos aqueles pobres garotos que eu acompanhava ao piano em seus recitais sempre soavam um pouco fora do ritmo. O problema estava em minha sincronização, não na deles! Só agora me ocorre que meus padrões de tempo incomuns na leitura da notação musical podem ser uma manifestação das minhas próprias diferenças genéticas na velocidade de processamento. Quando uma criança tem dislexia, não há parentes "não afetados" na família. Todos somos afetados, todos os dias, como bem sabe qualquer pessoa que tenha um filho, neto ou irmão com dislexia. Mas podemos ser afetados de maneiras mais diversas daquelas que imaginamos – maneiras que podem abrir portas para a compreensão de muitas idiossincrasias, que fazem de todos nós, na família genética da dislexia, um grupo tão rico e diversificado.

> *Estou menos interessado no peso e nas circunvoluções do cérebro de Einstein do que na quase certeza de que pessoas de igual talento viveram e morreram em campos de algodão e sob o jugo do trabalho inclemente das fábricas.*[27]
>
> Stephen Jay Gould

Finalmente, a implicação mais importante da investigação sobre a dislexia não é garantir que nós, no final das contas, não terminemos por inviabilizar o desenvolvimento de um futuro Leonardo ou Edison; mas, sim, garantir que o potencial de qualquer criança não seja desperdiçado. Nem todas as crianças com dislexia dispõem de talentos extraordinários, mas cada uma delas possui um potencial único, que muitas vezes não é realizado porque não sabemos como aproveitá-lo.

Nós, que trabalhamos com essas crianças, procuramos encontrar métodos que possam concretizar o seu potencial. Depois de tudo dito e feito, a investigação sobre a dislexia necessita em última análise, desde o comportamento até o gene, ligar o que sabemos ao o que e como ensinamos, para verificar se funciona ou não para determinada criança. Pelas razões aqui expostas, as crianças que apresentam dificuldades na leitura não terão auxílio se dependerem da abordagem de tipo único, comum em tantas escolas. Em vez disso, precisamos de professores treinados na utilização de uma caixa de ferramentas com princípios que possam ser aplicados a diferentes tipos de crianças. E necessitamos de pesquisas educacionais[28] que, como o especialista em decisões políticas Reid Lyon disse muitas vezes, procure investigar e compreender quais ênfases funcionam melhor, em quais condições e para quais crianças. Não existem programas universalmente eficazes, mas sim princípios conhecidos que precisam ser incorporados a todos os programas de ensino da linguagem escrita.

Alguns dos princípios mais importantes são tão antigos quanto a própria linguagem escrita. Durante anos, meus colegas de trabalho e eu no Center for Reading and Language Research (Centro de Pesquisa em Leitura e Linguagem) utilizamos nosso conhecimento sobre o que o cérebro faz quando lê uma palavra ou uma história para projetar e avaliar um programa de intervenção (batizado de RAVE-O)[29] que poderia lidar com muitas deficiências linguísticas de leitores que necessitam se esforçar. Jamais nos demos conta de estar reinventando um programa que tinha os mesmos princípios das primeira pedagogia da leitura conhecida – a dos sumérios. Podemos apresentar o nosso ensino de formas totalmente diferentes, mas, tal como os sumérios, nossa ênfase diária está em cada um dos principais processos linguísticos e cognitivos utilizados pelo cérebro para ler: famílias semânticas de palavras para trabalhar a profundidade semântica e facilitar a recuperação;

percepção dos sons nas palavras e suas conexões com a representação das letras; aprendizagem automatizada dos padrões de letras ortográficas; conhecimento sintático; conhecimento morfológico. Ao contrário dos sumérios, usamos também múltiplas estratégias para obter fluência e compreensão. Mas tal como os sumérios, queremos que cada leitor que necessita se esforçar saiba o máximo possível a respeito de cada palavra; talvez ao contrário dos sumérios, pretendemos que as crianças se divirtam aprendendo.

Quem como nós trabalha com crianças deseja que percebam que, embora seu aprendizado seja um pouco diferente, todas têm potencial para dominar a leitura. É nosso trabalho, e não delas, descobrir a melhor forma para ensinar. Uma década de investigação a respeito das várias intervenções, em conjunto com meus colegas Robin Morris e Maureen Lovett, convergiu para esforços exatamente nessa direção.

Esforços futuros em nosso laboratório e em centros de todo o país visam conectar as intervenções não apenas a mudanças comportamentais decorrentes de intervenções mas também a alterações neuronais. Por exemplo, trabalhamos com o grupo de John Gabrieli no MIT com o objetivo de verificar se áreas importantes do cérebro nos leitores com dislexia sofrem alterações antes e depois de nosso programa ser ministrado para eles. Bons professores não precisam da neurociência para saber que múltiplos aspectos da linguagem oral e escrita são importantes, mas a pesquisa educacional informada pela neurociência possui o potencial de identificar o que funciona melhor para determinada criança. Isso pode ser feito nos permitindo observar quais regiões estruturais do cérebro das crianças são ativadas durante tarefas específicas e como essas regiões podem ou não mudar após um conjunto específico de ênfases no tratamento.

* * *

Essas novas linhas estão mudando minha maneira de pensar a dislexia como pesquisadora e mãe. Se alguma versão das teorias emergentes sobre a dependência do hemisfério direito na dislexia se revelar verdadeira para algumas crianças, ou para muitas, tal descoberta poderá abrir caminhos relativamente inexplorados no que diz respeito ao ensino do cérebro organizado de forma diferente, com sua combinação única de pontos fortes e desafios. Por fim, toda essa pesquisa sobre crianças que aprendem a ler de diferentes maneiras torna-se parte do grande corpo de conhecimento relacionado à questão de como todos nós aprendemos a ler. Independentemente de alguma interpretação final que possa ser obtida com o tempo, tal área de investigação insiste que devemos ir além daquilo que aprendemos nas últimas duas décadas, adentrando territórios pouco explorados. Em suma, ultrapassar o que já sabemos é, na verdade, a última tarefa deste livro.

CONCLUSÕES – DO CÉREBRO LEITOR AO "QUE VEM A SEGUIR"

Para cada reviravolta entorpecida do mundo surgem crianças deserdadas, que não pertencem nem ao que foi, nem ao que está por vir, pois o que vem a seguir é muito grande, muito remoto, para a humanidade.[1]

Rainer Maria Rilke

Ler é um ato de interioridade, puro e simples. Seu objetivo não é o mero consumo de informação... Pelo contrário, a leitura é a ocasião de um encontro consigo mesmo... O livro é a melhor coisa que o ser humano já fez.[2]

James Carroll

No conflito entre as convenções do livro e os protocolos da tela, a tela prevalecerá. Nessa tela, que agora é visível para bilhões de pessoas na Terra, a tecnologia de pesquisa transformará livros isolados em uma biblioteca universal de todo o conhecimento humano.[3]

Kevin Kelly

Toda sociedade se preocupa com o futuro de seus jovens e com os desafios que terão de enfrentar. Ninguém descreveu o ritmo acelerado desses desafios neste momento da evolução humana de forma mais convincente que o futurista e inventor Ray Kurweil. Seu trabalho visionário descreve as mudanças surpreendentes que podem ocorrer à medida que as

100 trilhões de conexões neurais em nossos cérebros forem se ampliando exponencialmente pela inteligência tecnológica, não biológica, que inventamos:

> Podemos acreditar que teremos tanto a captação de dados quanto as ferramentas computacionais necessárias até a década de 2020, para modelar e simular todo o cérebro, o que tornará possível combinar os princípios de funcionamento da inteligência humana com as formas de processamento inteligente de informação. Também nos beneficiaremos da potência inerente às máquinas no que tange ao armazenamento, recuperação e compartilhamento rápido de grandes quantidades de informações. Teremos, então, condições de implementar esses poderosos sistemas híbridos em plataformas computacionais, que excederão em muito as capacidades da arquitetura relativamente fixa do cérebro humano...
>
> Como podemos nós, limitados pela capacidade atual do nosso cérebro, de 10^{16} a 10^{19} cálculos por segundo, sequer começar a imaginar o que a nossa futura civilização em 2099 – com cérebros capazes de 10^{60} cálculos por segundo – será capaz de pensar e fazer?[4]

Uma coisa que podemos imaginar é que as nossas capacidades para o bem e para a destruição também aumentarão exponencialmente. Se quisermos nos preparar para esse futuro, a nossa capacidade de fazer escolhas profundas deve ser aperfeiçoada com um rigor raramente praticado pelos alunos das gerações passadas. Para que a espécie tenha um progresso no sentido mais pleno, tais preparativos requerem capacidades singulares de atenção e tomada de decisão que incorporem o desejo pelo bem comum. Em outras palavras, preparar-se para o que vem a seguir exige o melhor que possuímos na atual adaptação do cérebro leitor, uma vez que este já começa a sofrer a sua próxima geração de mudanças.

Discordo da conjectura implícita de Kurzweil – de que uma aceleração exponencial dos processos de pensamento seria completamente positiva. Na música, na poesia e na vida, o descanso, a pausa, os movimentos cadenciados são essenciais para a compreensão do todo. De fato, em nosso cérebro existem "neurônios de atraso", cuja única função é retardar a transmissão neuronal por outros neurônios durante alguns poucos milissegundos. São os inestimáveis milissegundos que possibilitam a sequência e a ordem na nossa apreensão da realidade e nos permitem planejar e sincronizar desde jogadas no futebol até movimentos sinfônicos.

A suposição de que "maior quantidade" e "maior rapidez" são necessariamente melhores deve ser muito questionada, sobretudo porque já influencia exponencialmente (e com benefícios duvidosos) tudo na sociedade americana, incluindo a forma como comemos e como aprendemos. Por exemplo, será que o ritmo acelerado de mudança já experimentado pelos nossos filhos tem consequências que afetam radicalmente a qualidade da atenção, transformando uma palavra em um pensamento e o pensamento em um universo de possibilidades inimagináveis? Será que a capacidade da próxima geração de encontrar *insights*, prazer, dor e sabedoria na linguagem oral e escrita passará por dramática alteração? Será que a relação com a linguagem sofrerá mudanças fundamentais? Será que a geração atual ficará tão habituada ao acesso imediato à informação na tela que a gama de potencialidade relacionada a elementos como atenção, inferência e reflexão do cérebro leitor atual terá algum decréscimo em termos de desenvolvimento? E o que dizer das gerações futuras? Seriam as preocupações de Sócrates sobre o acesso não orientado à informação mais justificadas hoje do que na Grécia antiga?

Ou será que as exigências das nossas novas tecnologias de informação – realizar multitarefas e integrar e priorizar grandes quantidades de informação – serão úteis no desenvolvimento de novas competências, tão ou mais valiosas, que aumentarão as capacidades intelectuais humanas, nossa qualidade de vida e nossa sabedoria coletiva como espécie? Poderia a aceleração dessa inteligência permitir a nós mais tempo dedicado à reflexão e à busca do bem para a humanidade? Se assim for, será que este próximo conjunto de competências intelectuais produzirá um novo grupo marginalizado de crianças com ligações diferentes, equivalente aos leitores disléxicos do presente? Ou estaremos, doravante, mais bem preparados para perceber as diferenças de aprendizagem das crianças em termos de diferentes padrões de organização cerebral, com variações genéticas que conferem pontos fortes e fracos?

A dislexia é a nossa melhor e mais visível evidência de que o cérebro nunca foi programado para ler. Percebo na dislexia uma espécie de lembrete evolutivo diário de que são possíveis organizações cerebrais muito diferentes. Algumas organizações podem não funcionar bem para a leitura, mas são essenciais para a criação de edifícios e de arte, bem como para o reconhecimento de padrões – seja em campos de batalha antigos ou em lâminas de biópsia. Algumas dessas variações da organização do cérebro podem prestar-se às exigências dos modos de comunicação que estão no horizonte.

Estamos no limiar de mudanças rápidas e significativas que a maioria de nós mal consegue prever ou compreender plenamente. É nesse sentido evidente de transição que situo os temas centrais deste livro sobre evolução, desenvolvimento e diferentes organizações do cérebro leitor. A evolução da escrita e o desenvolvimento do cérebro leitor fornecem uma visão notável a respeito de nós mesmos como espécie, como criadores de muitas culturas linguísticas orais e escritas, como aprendizes individuais com formas diferentes, e em expansão, de inteligência.

Neste capítulo final, utilizo a lente da leitura para relembrar várias visões importantes e depois me aventurar "além do texto". Nesse território desconhecido, desejo considerar as implicações desse tipo de informação para a atual geração de crianças e para a próxima. E, ao fim, reflito sobre aquilo que devemos nos esforçar, com todas as nossas forças, para preservar no cérebro leitor, antes que a transição para seu próximo rearranjo esteja completa.

REFLEXÕES SOBRE A EVOLUÇÃO DA LEITURA

Minha reação, de forma abrangente, à evolução do cérebro leitor é de surpresa. Como poderia esse pequeno conjunto de elementos simbólicos florescer, em tempo relativamente curto, para se transformar em um sistema de escrita completo? Seria possível que uma única invenção cultural com menos de 6.000 anos pudesse mudar as conexões interiores do cérebro e as possibilidades intelectuais da nossa espécie? E depois há uma surpresa mais profunda: o quão milagroso é o fato de que o cérebro possa ir além de si mesmo, ampliando tanto suas funções quanto nossas capacidades intelectuais nesse processo. A leitura esclarece como o cérebro aprende novas habilidades e amplia sua inteligência, ao reorganizar circuitos e conexões entre estruturas mais antigas; ela também se aproveita da capacidade de destinar áreas à especialização particularmente reconhecimento de padrões; e também ilustra como novos circuitos podem tornar-se tão automáticos, que mais tempo e espaço cortical podem ser alocados para outros processos de pensamento mais complexos. Em outras palavras, a leitura mostra como os princípios mais básicos na organização do cérebro fundamentam e moldam nosso desenvolvimento cognitivo em constante evolução.

A configuração do cérebro tornou a leitura possível, e a configuração da leitura mudou o cérebro de diversas maneiras críticas e que ainda estão em evolução. A dinâmica recíproca brilha através do nascimento da escrita em nossa espécie e da aquisição da leitura pela criança. Aprender a ler libertou a espécie de muitas das antigas limitações da memória humana. De repente, nossos antepassados puderam acessar conhecimentos que já não precisariam ser repetidos continuamente e que, como resultado, poderiam expandir-se imensamente. O letramento tornou desnecessária a reinvenção da roda e, assim, possibilitou invenções mais sofisticadas que se seguiriam, como uma máquina que pode ler para quem não sabe, inventada por Ray Kurzweil.[5]

Simultaneamente, a capacidade de ler com rapidez libertou o leitor individual não apenas das restrições da memória, mas também dos limites do tempo. Pela sua capacidade de se tornar virtualmente automático, o letramento permitiu ao indivíduo dedicar menos tempo aos processos iniciais de decodificação e alocar mais tempo cognitivo e, em última análise, mais espaço cortical para a análise mais profunda do pensamento armazenado. As diferenças de desenvolvimento dos sistemas de circuito de um cérebro iniciante, para um decodificador e, por fim, totalmente automático e com compreensão abrangem toda a extensão dos dois hemisférios do cérebro. Um sistema que pode ser simplificado através da especialização e da automatização tem mais tempo para pensar. Esse é o dom milagroso do cérebro leitor.

Poucas invenções fizeram mais para preparar o cérebro e nossa espécie para o seu próprio avanço. À medida que o letramento se generalizou em uma cultura, o ato de ler tornou-se silencioso convite para cada leitor ir além do texto; ao fazê-lo, impulsionou ainda mais o desenvolvimento intelectual do indivíduo e da cultura. Essa é a generatividade da leitura, enraizada na biologia e cultivada pelo intelecto, que representa o fruto imensurável do tempo proporcionado pelo cérebro.

A evidência biológica para essa percepção começou com a constatação de que, estruturalmente, não há muita diferença do nosso cérebro de hoje do de humanos não letrados de 40 mil anos atrás. Compartilhamos nossas estruturas cerebrais com nossos ancestrais sumérios e egípcios. A maneira como usamos e conectamos essas estruturas, contudo, cria uma distinção, algo ilustrado pela leitura comparativa de diferentes sistemas de escrita, como hieróglifos e alfabetos. O trabalho pioneiro de Charles Perfetti, Li-Hai Tan e seu grupo[6] demonstrou que cada sistema de escrita – antigo ou atual – emprega muitas conexões estruturais semelhantes, e algumas que são únicas. Um cérebro programado para ler hieróglifos egípcios ou caracteres chineses necessita ativar algumas áreas que não seriam utilizadas para ler o alfabeto grego ou inglês, e vice-versa. A variedade dessas adaptações é outra evidência do potencial inato do cérebro para se reorganizar e desempenhar novas funções.

Com o surgimento dos sistemas de escrita, ocorreram mudanças não apenas nos circuitos cerebrais. Como afirmava Eric Havelock,[7] especialista em cultura clássica, o alfabeto grego representou uma revolução psicológica e pedagógica na história humana: o processo de escrita liberou uma capacidade sem precedentes para alcançar novos pensamentos. Alguns de nossos melhores neurocientistas cognitivos[8] estudaram a base neurológica dessa nova habilidade em todos os sistemas de escrita disponíveis, não apenas nos alfabéticos. Eles descreveram como a reordenação dos cálculos básicos do cérebro, que ocorre durante a aquisição da leitura, se torna a base neuronal para novos pensamentos. Ou seja, os novos circuitos e caminhos que o cérebro estabelece para a leitura tornam-se a base para nossa capacidade de pensar empregando formas diferentes e inovadoras.

A revolução da leitura, portanto, teve bases neuronais e culturais, começando com o surgimento dos primeiros sistemas de escrita e não se restringindo ao primeiro alfabeto. A eficiência ampliada da escrita e da memória que ela liberou contribuíram para novas formas de pensamento, e o mesmo aconteceu com os sistemas neuronais preparados para a leitura. Novos pensamentos chegaram mais facilmente a um cérebro que já havia aprendido a se reorganizar para ler; competências intelectuais cada vez mais sofisticadas, promovidas pela leitura e pela escrita, foram acrescentadas ao nosso repertório intelectual, ampliando-o continuamente.

Para chegar a tal entendimento, devemos refletir sobre uma questão: quais são as competências promovidas pelo letramento que não são encontradas em culturas orais? Com a criação dos primeiros elementos simbólicos, surgiu o primeiro sistema de contagem conhecido e, com ele, a tomada de decisões melhorada que ocorre quando mais e melhores informações se tornam disponíveis. Aparentemente os primeiros símbolos conhecidos (além dos desenhos rupestres) surgiram a serviço da economia – e dos economistas. Com os primeiros sistemas de escrita abrangentes – o cuneiforme sumério e os hieróglifos egípcios –, a contabilidade simples tornou-se documentação sistemática, o que levou a sistemas organizacionais e à codificação, que por sua vez facilitaram avanços intelectuais significativos. No segundo milênio a.e.c., as obras literárias acadianas começaram a classificar todo o mundo conhecido, como exemplificado pelo enciclopédico *Todas as coisas conhecidas no Universo*, a obra-prima jurídica *Código de Hamurabi* e vários textos médicos notáveis. O próprio método científico teve a sua origem na crescente capacidade dos nossos antepassados para documentar, codificar e classificar.

Uma crescente consciência linguística torna-se evidente em muitas áreas, começando com os métodos sumérios de ensino da leitura. Os métodos que utilizaram em seus *e-dubba* ("casa das tabuletas") contribuíram para ampliar a compreensão das diferentes propriedades das palavras: as múltiplas relações semânticas ou de significado entre as palavras; suas diferentes funções gramaticais; as possibilidades combinatórias no interior das palavras, que permitem a formação de novas palavras a partir de radicais e morfemas existentes; as diferentes pronúncias em dialetos e idiomas.

A tarefa dos jovens sumérios de copiar meticulosamente listas de palavras escritas no outro lado da tabuleta do professor fornecia aos alunos tempo para refletir sobre as palavras que estavam inscrevendo. Isso contribuiu não só para o desenvolvimento gradual de uma consciência linguística, mas também para o próprio processo de deliberação. Séculos mais tarde, obras acadianas como *Gilgamesh, Diálogo sobre o pessimismo* e muitos documentos ugaríticos preservados ajudaram a tornar visíveis sentimentos, pensamentos, provações e alegrias desses alunos já adultos e revelaram suas vidas interiores. Essas obras ancestrais tornaram-se testemunhos perenes da emergência daquilo que muitas vezes consideramos como sendo a consciência moderna.

Poucos estudiosos foram mais eloquentes ao tratar das contribuições do letramento para o surgimento da consciência no mundo antigo do que o historiador cultural jesuíta Walter Ong.[9] Ao longo de uma vida de estudos sobre a relação entre a palavra falada e o letramento, Ong reformulou a questão das contribuições únicas da leitura de uma forma que poderá ser útil para a compreensão de nossa própria transição atual para modos de comunicação de natureza digital.

Duas décadas atrás, Ong afirmou que a verdadeira questão na evolução intelectual humana não é o conjunto de competências desenvolvidas por um modo cultural de comunicação em oposição a outro diverso, mas as mudanças transformadoras concedidas aos humanos imersos em ambos. Em uma passagem premonitória, Ong escreveu:

> A interação entre oralidade, em que todos os seres humanos nascem, e a tecnologia da escrita, na qual ninguém nasce, atinge as profundezas da psique. É a palavra oral que, em primeiro lugar, ilumina a consciência com a linguagem articulada, aquela que, pela primeira vez, divide sujeito e predicado para depois relacionar ambos entre si, e estabelece a ligação dos seres humanos uns aos outros em uma sociedade. A escrita introduz divisão e alienação, mas também uma união superior. Intensifica o senso de identidade e promove um tipo de interação mais consciente entre as pessoas. Escrever é amplificar a consciência.

Para Ong, os novos entendimentos da consciência humana foram as verdadeiras mudanças produzidas quando a linguagem oral e escrita convergiram pois a leitura mudou a forma como os seres humanos podiam pensar a respeito do pensamento. Das revelações de Levin em *Anna Karenina* à situação difícil de uma aranha em *A menina e o porquinho*, a capacidade de vislumbrar os pensamentos de outra pessoa nos torna duplamente conscientes – da consciência do outro e da nossa própria. Através de nossa habilidade para estudar os processos de pensamento das pessoas ao longo de três mil anos, fomos capazes de internalizar a consciência de seres humanos que não poderíamos sequer imaginar, incluindo aquela pertencente ao maior apologista das tradições orais, Sócrates. É apenas porque podemos ler o produto da ambivalência de Platão que somos capazes de compreender Sócrates e a natureza universal de suas preocupações.

No final das contas, é claro que as preocupações de Sócrates não eram tanto sobre letramento, mas estavam, isso sim, centradas naquilo que poderia acontecer ao conhecimento se os jovens tivessem acesso não orientado e acrítico à informação. Para Sócrates, a busca pelo conhecimento real não girava em torno da informação. Em vez disso, tratava-se de encontrar a essência e o propósito da vida. Tal busca exigia um compromisso perene com o desenvolvimento das mais profundas habilidades críticas e analíticas e com a internalização do conhecimento pessoal, através do uso prodigioso da memória e de longo esforço. Somente essas condições garantiriam a Sócrates que um aluno seria capaz de passar da exploração do conhecimento em diálogo com um professor para o caminho de princípios que conduziriam à ação, à virtude e, em última análise, a uma "amizade com seu deus". Sócrates via o conhecimento como uma força para o bem maior; qualquer coisa – como o letramento, por exemplo – que pudesse colocá-la em perigo tornava-se anátema.

As preocupações de Sócrates podem ter sido parcialmente resolvidas através de uma compreensão mais matizada da relação íntima entre conhecimento e letramento, bem como da importância de ambos para o desenvolvimento dos jovens. Ironicamente, o hipertexto e o texto on-line da atualidade proporcionam uma dimensão de diálogo virtual à leitura em apresentações baseadas no uso do computador. O estudioso contemporâneo John McEneaney[10] argumenta que a "o agenciamento dinâmico da leitura on-line desafia os papéis tradicionais de leitor e autor, bem como a autoridade do texto". Tal leitura requer novas habilidades cognitivas que nem Sócrates nem os educadores modernos conseguiram compreender. Estamos apenas no início da análise das implicações cognitivas do uso, por exemplo, do botão "voltar" no navegador, da sintaxe URL, dos "cookies" e das "tags pedagógicas", para melhorar a compreensão e a memória. Todas essas ferramentas têm implicações extremamente promissoras para o desenvolvimento intelectual de seus usuários, particularmente aqueles com áreas específicas de fraqueza que as tecnologias de aprendizagem aplicadas podem resolver diretamente e muito bem. Como demonstrado de forma convincente pelo especialista em tecnologia aplicada David Rose e seu grupo, os textos digitais podem oferecer opções ao professor e ao aluno: "escolha na aparência, no nível de apoio, no tipo de apoio, no método de resposta, no conteúdo... tudo fundamental para o engajamento."[11] E o engajamento dos nossos alunos é tão importante nos dias de hoje como foi nos pátios atenienses.

Contudo, há significados mais profundos em tais preocupações socráticas. Ao longo da história da humanidade, desde o Jardim do Éden até o acesso universal proporcionado pela internet, questões a respeito de quem deveria saber o que, quando e como, permanecem por resolver. Em um momento no qual mais de um bilhão de pessoas têm acesso à mais ampla expansão de informação alguma vez compilada, precisamos voltar nossas capacidades analíticas para questões sobre a responsabilidade de uma sociedade na transmissão do conhecimento. Em última análise, as questões que Sócrates levantou para a juventude ateniense aplicam-se igualmente à nossa juventude. Será que a informação não orientada conduzirá a uma ilusão de conhecimento e, assim, restringirá os processos de pensamento crítico mais difíceis, exigentes e que conduzem ao próprio conhecimento? Será que a rapidez de uma fração de segundo da informação obtida a partir de um mecanismo de busca e o grande volume do que está disponível inviabilizarão os processos mais lentos e deliberativos, que aprofundam nossa compreensão de conceitos complexos, dos processos de pensamento internos dos outros e da nossa própria consciência?

No início do livro, citei o especialista em tecnologia Edward Tenner,[12] que questionava se nossa nova tecnologia da informação "ameaçaria o próprio intelecto que a criou". As questões desse autor não são esforços quixotescos para impedir a propagação da tecnologia – cujo valor indiscutível representa a transformação de nossas vidas como um todo. As preocupações de Tenner são o análogo tecnológico das preocupações de Sócrates e das questões discutidas sobre qual a contribuição do cérebro leitor para a formação intelectual da espécie e da criança. A questão que surge, portanto, é a seguinte: o que perderíamos se substituíssemos as competências aperfeiçoadas pelo cérebro leitor por essas que estão agora se formando na nova geração de "nativos digitais", que se sentam e leem paralisados em uma tela?

A evolução da escrita forneceu a plataforma cognitiva para o surgimento de habilidades tremendamente importantes, que compõem os primeiros capítulos da nossa história intelectual: documentação, codificação, classificação, organização, interiorização da linguagem, consciência de si mesmo e dos outros, consciência da própria consciência. Não é que a leitura tenha causado diretamente o florescimento de todas essas habilidades, mas a dádiva secreta do tempo para pensar, que está no cerne do design encontrado no cérebro leitor, foi um impulso sem precedentes para o seu crescimento. O exame do desenvolvimento dessas competências através da "história natural da leitura" mostra, em câmara lenta, o quanto nossa espécie avançou nos 6 mil anos desde que o letramento surgiu, bem como o que ela arrisca perder.

REFLEXÕES SOBRE A "HISTÓRIA NATURAL" DA LEITURA

Cada cérebro de cada leitor ancestral teve de aprender a conectar múltiplas regiões, para que fosse possível ler caracteres simbólicos. Cada criança nos dias de hoje deve fazer o mesmo. Jovens leitores iniciantes em todo o mundo precisam aprender como interligar todos os sistemas perceptivos, cognitivos, linguísticos e motores necessários para ler. Tais sistemas, por sua vez, dependem da utilização de estruturas cerebrais mais antigas, cujas regiões especializadas precisam ser adaptadas, estar disponíveis para ação e colocadas em prática até que se tornem automáticas.

Para que isso aconteça na ausência de qualquer transmissão genética específica da leitura, é necessária uma aprendizagem explícita e um ensino explícito, tudo em um tempo relativamente breve. Apesar de nossos antepassados terem levado cerca de 2 mil anos para desenvolver um código alfabético, espera-se normalmente que as crianças decifrem esse código em cerca de 2 mil dias (isto é, aos 6 ou 7 anos de idade), ou entrarão em conflito com toda a estrutura educacional – professores, diretores, família e colegas. Se a leitura não for adquirida de acordo com o calendário da sociedade, essas crianças subitamente deserdadas nunca se aceitarão. Saberão que são diferentes e ninguém lhes dirá que, em termos evolutivos, isso pode ter ocorrido por uma boa razão.

À medida que reconhecemos o complexo processo neuronal que o cérebro jovem precisa realizar para adquirir a leitura, nós, como sociedade, podemos começar a ensinar cada criança individualmente. Algumas crianças precisam de mais ajuda do que outras em uma ou mais partes da leitura. Quanto mais aprendermos sobre tais partes, mais capazes seremos de ensinar todas as crianças. Dentro de tal perspectiva, não pode haver uma instrução que sirva para todos. O nosso conhecimento crescente sobre o desenvolvimento da leitura tem o potencial de contribuir para dois objetivos muito importantes: compreender a magnitude das realizações do cérebro leitor e refinar as oportunidades para cada criança da próxima geração aprender a ler.

As transformações de desenvolvimento que marcam o caminho para a competência em leitura começam na infância e não na escola. A quantidade de tempo que a criança passa ouvindo a leitura dos pais e de outros entes queridos continua a ser um dos melhores indicadores da capacidade posterior de leitura. Enquanto ouvem histórias de Babar, Toad e George, o Curioso, ou dizem "boa noite, lua" todas as noites, as crianças aprendem gradualmente que as notações misteriosas nas páginas se tornam palavras, as palavras se tornam histórias, as histórias nos ensinam todos os tipos de coisas que compõem o universo conhecido.

Esse mundo de histórias, palavras e letras mágicas é um microcosmo de milhares de palavras, conceitos e percepções que contribuem para o desenvolvimento do cérebro jovem, em preparação para a leitura. Quanto mais envolvidas as crianças estiverem na conversa, maior será a aquisição de palavras e de conceitos. Quanto mais frequente for a leitura para as crianças,[13] maior será a compreensão delas a respeito da linguagem dos livros e haverá um aumento significativo em seu vocabulário, além do conhecimento da gramática e da consciência dos pequenos mas muito importantes sons, no interior das palavras. A soma total desse conhecimento tácito – os sons semelhantes em "*hickory, dickory, dock*"; os múltiplos significados de "bolo"; os pensamentos amedrontados do porco Wilbur, servem de preparação do cérebro da criança para a conexão dos símbolos visuais a todo esse conhecimento previamente armazenado.

O desenvolvimento da leitura, portanto, se dá em duas partes. Na primeira parte, a aquisição ideal da leitura baseia-se no desenvolvimento de um incrível conjunto de sistemas fonológicos, semânticos, sintáticos, morfológicos, pragmáticos, conceituais, sociais, afetivos, articulatórios e motores, e na capacidade desses sistemas de se tornarem integrados e sincronizados para uma compreensão cada vez mais fluente. E como segunda parte, conforme a leitura se desenvolve, cada uma dessas capacidades torna-se gradativamente facilitada por esse desenvolvimento. Saber "o que existe na palavra" auxilia na leitura dessa palavra; ler uma palavra aprofunda a compreensão do lugar dela no continuum do conhecimento.

Essa é a relação dinâmica entre a contribuição do cérebro para a leitura e a contribuição da leitura para as capacidades cognitivas do cérebro. Os sistemas fonológicos das crianças fornecem um auxílio para que elas possam desenvolver a consciência dos sons contidos em uma palavra; essa consciência, por sua vez, auxilia na compreensão das regras de letras e sons; e tais regras são úteis para o aprendizado mais fácil da leitura. Então, conforme as crianças passam a ler cada vez mais, elas ficam perfeitamente sintonizadas com os aspectos fonêmicos das palavras, o que torna a leitura mais fácil. Da mesma forma, as crianças cujos sistemas semânticos estão bem desenvolvidos conhecem o significado de um número maior de palavras, sendo assim capazes de decodificar palavras já conhecidas com mais rapidez. Isso aumenta seu repertório de palavras escritas, o que estimula seu vocabulário oral; é uma boa preparação para a leitura de histórias mais sofisticadas; e amplia o conhecimento disponível no que diz respeito à gramática, morfologia e relações entre as palavras. "Os ricos ficam mais ricos e os pobres mais pobres."[14] As dinâmicas presentes nesse ambiente de desenvolvimento formam a base que determina se ocorrerá – ou não – a grande transição de "aprender a ler" para a leitura real.

A compreensão fluente e silenciosa nas fases posteriores do desenvolvimento da leitura teria simbolizado, para Sócrates, o momento mais perigoso do letramento, pois torna o leitor autônomo. Fornece a cada novo leitor tempo para fazer previsões, formar novos pensamentos, ir além do texto e se tornar um aprendiz independente. Estudos de imagem confirmam que o cérebro com leitura fluente ativa regiões corticais recém-expandidas nos lobos frontal, parietal e temporal de ambos os hemisférios durante processos de compreensão, como inferência, análise e avaliação crítica.[15] Essas são algumas das competências intelectuais que Sócrates temia que fossem perdidas se o letramento se espalhasse.

Outras preocupações de Sócrates foram menos resolvidas durante a transição do desenvolvimento para a "leitura experiente". Primeiro, será que a maioria dos jovens leitores realmente aprende a usar plenamente a imaginação ou a empregar seus processos analíticos independentes e investigativos? Ou será que essas competências, que exigem mais tempo, são cada vez mais prejudicadas pelas informações aparentemente ilimitadas que as crianças recebem agora nas telas? Será que jovens leitores, ao passar uma quantidade desproporcional do seu tempo de leitura nas telas, e não nas páginas de um livro, desenvolvem, de forma diferente, sua capacidade de se identificar com Jane Eyre, Atticus Finch e Celie?

Não questiono as formas extraordinárias como o mundo digital dá vida às realidades e às perspectivas de outras pessoas e culturas. Mas eu me pergunto se os jovens leitores típicos veem a análise textual e a busca por níveis mais profundos de significado como cada vez mais anacrônicas, porque estão tão acostumados com o imediatismo e a aparente abrangência das informações na tela – todas elas disponíveis sem crítica, esforço e sem qualquer necessidade aparente de ir além daquilo que foi fornecido. Pergunto, portanto, se nossos filhos estão aprendendo o cerne do processo de leitura: ir além do texto.

Recentemente, li um ensaio no *Wall Street Journal* intitulado "How Low Can They Go?".[16] Tratava do atual declínio nas pontuações de leitura e escrita do SAT*. O autor descreveu alterações

---

* N.T.: O título do artigo seria algo como "Quão baixo eles podem chegar?" O SAT (sigla para *Scholastic Aptitude Test* ou *Scholastic Assessment Test*) é um exame educacional padronizado, realizado nos EUA e aplicado a estudantes do ensino médio, que serve de critério para admissão em algumas universidades americanas (semelhante ao Exame Nacional do Ensino Médio brasileiro, embora as universidades locais não se baseiem exclusivamente nas notas dos alunos obtidas nesse exame para aprová-los).

recentes no teste SAT que resultaram em uma maior ênfase nas competências de leitura do que no vocabulário, recompensando assim os alunos com competências analíticas mais refinadas e penalizando os menos preparados para discernir e avaliar o significado subjacente de um texto. Ele observou que os estudantes de 40 anos atrás provavelmente se sairiam melhor nesse formato de teste do que os de hoje, que parecem muito menos capazes de ler criticamente. E culpa as escolas, não o teste, por essa situação.

A culpa raramente é bem distribuída. O autor do ensaio mencionado acima pode, talvez, estar correto, mas há muitas razões para um declínio: algumas delas sociológicas, outras políticas e até mesmo algumas de natureza cognitiva. Muitos estudantes, que estudaram tendo acesso relativamente fácil à internet, podem ainda não saber como pensar por si próprios. Suas visões estão restritas ao que enxergam e escutam com rapidez e facilidade, e eles têm poucos motivos para pensar fora dessas caixas mais novas e sofisticadas. Tais estudantes não são iletrados, mas talvez nunca se tornem leitores experientes de verdade. Durante a fase de desenvolvimento da leitura, quando as habilidades críticas são orientadas, modeladas, praticadas e aprimoradas, eles talvez não tivessem sido desafiados a explorar o ápice do cérebro totalmente desenvolvido – ou seja, tempo para pensar por si próprios.

Todos os envolvidos na educação dos jovens – pais, professores, acadêmicos, responsáveis por políticas – precisam garantir que cada componente do processo de leitura seja preparado e ensinado de forma sensata, cuidadosa e explícita, desde o nascimento do aluno até a plenitude da idade adulta. Nada, desde o conhecimento sobre os menores sons da palavra no fim da educação infantil até a capacidade de interpretar as inferências mais sutis de T. S. Eliot em "Little Gidding", deve ser dado como certo ao longo do caminho. Assim, na transição particularmente vulnerável das crianças para o nível de leitor fluente com domínio da compreensão, devemos exercer nossos maiores esforços para garantir que a imersão em recursos digitais não prejudique sua capacidade de avaliar, analisar, priorizar e sondar o que está por trás de qualquer forma de informação. Devemos ensinar nossas crianças a serem "bitextuais" ou "multitextuais", capazes de ler e analisar textos de forma flexível e de diferentes maneiras, com instruções mais deliberadas em cada fase do desenvolvimento no que diz respeito aos aspectos inferenciais e exigências de qualquer texto. Ensinar as crianças a descobrirem o mundo invisível que reside nas palavras escritas precisa ser uma prática constante, parte de um diálogo entre aluno e professor, se quisermos promover os processos que conduzem a uma leitura experiente plenamente formada nos nossos cidadãos.

Minha principal conclusão de um exame do leitor em desenvolvimento é uma advertência. Receio que muitas de nossas crianças corram o risco de se tornarem exatamente aquilo contra o que Sócrates nos alertou – decodificadores de informação, cuja ilusão de dominar o conhecimento desvia-os de buscar seu potencial intelectual mais profundo. Não precisa ser assim, se os ensinarmos bem – um dever que se estende também às nossas crianças com dislexia.

REFLEXÕES SOBRE A DISLEXIA E PENSAR FORA DA CAIXA

Neste livro dedicado ao cérebro leitor, seria muito fácil ignorar as contribuições de um cérebro inadequado para a leitura. Mas a lula que não nada rapidamente tem muito a ensinar sobre como aprendeu a compensar essa falta de velocidade. Trata-se de uma analogia imperfeita, com certeza, porque a capacidade da lula de nadar é genética e uma lula que não soubesse nadar muito bem, provavelmente morreria. Mas *se* uma lula "incompetente" não morresse, mas gerasse entre 5% e 10% da população de lulas, teríamos de perguntar o que diabos aquela lula tinha a seu favor, que a tornou tão bem-sucedida, apesar das dificuldades numa habilidade que lhe era tão essencial. A leitura não é herança genética e as crianças que não conseguem aprender a ler não perecerão por causa disso. Ou seja, os genes associados à dislexia sobreviverão de forma robusta.

A lista de figuras talentosas com dislexia – pessoas como Rodin e Charles Schwab – pode ser uma das razões. Outra razão está ligada à nossa diversidade humana. Como Norman Geschwind afirmou inúmeras vezes,[17] a diversidade das nossas forças e fraquezas, com as quais fomos geneticamente conformados, nos permite construir uma sociedade capaz de satisfazer todas as nossas diversas necessidades. A dislexia, com sua mistura aparentemente desordenada de talentos genéticos e fraquezas culturais, exemplifica a diversidade humana – com todos os dons importantes que essa diversidade confere à cultura humana. *Guernica,* de Picasso, *O Pensador,* de Rodin, *La Pedrera,* de Gaudí e *A Última Ceia,* de Leonardo, são ícones tão reais e expressivos da nossa evolução intelectual como qualquer texto escrito. O fato de todos esses exemplos terem sido produzidos por indivíduos que provavelmente eram disléxicos não é coincidência.

A verdadeira tragédia da dislexia é que ninguém conta isso às crianças que, ano após ano, publicamente e de forma humilhante, não conseguem aprender a ler, apesar de toda a sua inteligência e da importância crítica de seu tipo de inteligência para a espécie. E também ninguém diz isso aos colegas dessas crianças. Essa maneira de ver não minimiza as dificuldades que toda criança com dislexia enfrenta na aprendizagem. No entanto, mostra o quão importante ela é para todos nós; e que cabe a nós encontrar melhores caminhos para ensinar a ler um cérebro que é organizado de forma diferente.

Uma das aplicabilidades mais promissoras da neurociência[18] tem a ver com isso. Quanto mais soubermos sobre o desenvolvimento do cérebro leitor e do cérebro disléxico, melhor será nossa capacidade, em nossas intervenções, de atingir, de maneira mais específica, as partes ou conexões individuais que não conseguem se desenvolver em certas crianças. A intervenção na dislexia – tal como na leitura que se desenvolve de forma típica – necessita abordar explicitamente todos os componentes do sistema de leitura de forma intensiva e imaginativa, até o ponto em que algum nível de automatização e compreensão seja alcançado. Esta é uma tarefa muito mais difícil e exigente para um cérebro que está preparado de forma menos eficiente para muitos processos de linguagem escrita, algo que, talvez, represente uma adaptação diferente do cérebro para a leitura.

Proteger as potenciais contribuições de crianças com dislexia é interesse importante da nossa sociedade. Tal como descrito no trabalho de Gil Noam, acadêmico de Harvard, faz-se necessário auxiliá-las a suportar as dificuldades e promover sua resiliência,[19] para que estejam aptas a inventar a próxima lâmpada quando estiverem prontas. Não quero insistir no desperdício ocorrido por anos de ignorância sobre a dislexia e muitas outras formas de dificuldades de aprendizagem. É um capítulo triste de uma história mais ampla, que começou quando alguns de nós aprenderam a ler enquanto outros prosseguiram construindo, criando coisas maravilhosas e pensando de forma diferente dos demais. Felizmente, as histórias do cérebro leitor e do cérebro disléxico estão emergindo como contos gêmeos na saga mais ampla da grande família humana.

Uma apreciação da diversidade genética que impulsiona todas essas diferenças nas nossas características e competências intelectuais é especialmente importante durante nossa transição para o futuro próximo. Não muito diferente da ambivalência de Platão, este livro foi escrito a partir de duas perspectivas: a de uma apaixonada apologista das contribuições do cérebro leitor para nosso repertório intelectual; e a de alguém que é participante, contribuinte e observadora vigilante das mudanças tecnológicas que ajudarão a moldar os próximos cérebros reorganizados. Os humanos de hoje não precisam ser pensadores binários, e as gerações futuras certamente não terão tal necessidade. Como diz uma expressão vienense, bastante adequada: "Se duas escolhas estiverem em sua frente, geralmente há uma terceira".

Na transmissão de conhecimento, as crianças e os professores do futuro não deverão ser confrontados com uma escolha entre livros e telas, entre jornais e versões encapsuladas de notícias na internet, ou entre mídia impressa e outros meios de comunicação. Nossa geração, que representa uma transição, tem uma grande oportunidade se a aproveitarmos para fazer uma pausa e usarmos as nossas capacidades mais reflexivas, e tudo o que está à nossa disposição, para nos prepararmos para o que virá. O cérebro analítico, inferencial, que adota perspectivas e realiza leituras, com toda a sua capacidade voltada para a consciência humana, e as capacidades ágeis, multifuncionais, multimodais e integradoras de informações advindas da mentalidade digital não precisam habitar domínios exclusivos. Muitas das nossas crianças aprendem a alternar códigos entre duas ou mais línguas orais, de forma que podemos ensiná-las também a alternar entre diferentes apresentações da linguagem escrita e diferentes modos de análise. Talvez, como a imagem memorável capturada em 600 a.e.c. de um escriba sumério transcrevendo pacientemente os cuneiformes ao lado de um escriba acadiano, seremos capazes de preservar as capacidades de dois sistemas e compreender por que ambos são preciosos.

* * *

Em suma, a história natural do desenvolvimento da leitura apresenta uma narrativa extremamente promissora, mas também uma advertência sobre como alcançar os níveis mais elevados e profundos de leitura. É uma história magnífica, por vezes comovente, embora algumas vezes humilhante, que começou há milhares de anos, em culturas que só conhecemos porque alguns antepassados humanos tiveram a ousadia e a adaptabilidade neuronal de preservar as suas histórias e os seus anseios em tábuas de barro e rolos de papiro.

Igualmente corajoso, Sócrates temia, acima de tudo, que a "aparência de verdade" transmitida pela aparente permanência dessa linguagem escrita levasse ao fim da busca pelo verdadeiro conhecimento, e que tal perda significasse a morte da virtude humana como nós a conhecemos. Sócrates nunca conheceu o segredo da leitura: o tempo que ela libera para o cérebro ter pensamentos mais profundos do que aqueles que já apareceram. Proust conhecia esse segredo, e nós também. A misteriosa e invisível dádiva de tempo para pensar além é a maior conquista do cérebro leitor; esses milissegundos integrados formam a base da nossa capacidade de impulsionar o conhecimento, de refletir sobre a virtude e de articular o que antes era inexprimível – algo que, quando expresso, é responsável pela construção da próxima plataforma a partir da qual mergulharemos nas profundezas ou galgaremos elevadas altitudes.

PARA O LEITOR: UMA REFLEXÃO FINAL

Um livro sobre como nossa espécie aprendeu a saltar além do texto não deveria ter uma última sentença. Caros leitores, deixo essa sentença em suas mãos...

NOTAS

PREFÁCIO (p. 13-15)

[1] HUEY, E. *The Psychology and Pedagogy of Reading*. Cambridge, Massachusetts: MIT Press, 1968, p. 6.

[2] ROBINSON, M. *Gilead*. New York: Farrar, Straus, and Giroux, 2004, p. 19.

PARTE I: COMO O CÉREBRO APRENDEU A LER (p. 17)

[1] DUNNE, J. S. *A Vision Quest*. Notre Dame, Ind.: University of Notre Dame Press, 2006, p. viii.

[2] DEACON, T. *The Symbolic Species*. New York: Norton, 1997, p. 23.

LIÇÕES DE LEITURA DE PROUST E DA LULA (p. 19-43)

[1] PROUST, M. *On Reading*. Organizado por J. Autret e W. Burford. New York: Macmillan, 1971, p. 31.

[2] LEDOUX, J. *Synaptic Self*. New York: Viking Penguin, 2002, p. 9.

[3] NEVILLE, H. J. e BAVELIER, D. "Specificity and Plasticity in Neurocognitive Development in Humans." In: GAZZANIGA, M. (Org.). *The New Cognitive Neurosciences*. Cambridge, Massachusetts: MIT Press, 2000.

[4] TAN, L. H.; SPINKS, J.; FENG, J.; SIOK, W.; PERFETTI, C.; XIONG, J.; FOX, P.; GAO, J. "Neural Systems of Second Language Reading Are Shaped by Native Language." In: *Human Brain Mapping*, 18, 2003, pp. 158–166.

[5] EPSTEIN, J. "The Noblest Distraction." In: EPSTEIN, J. *Plausible Prejudices: Essays on American Writing*. London: Norton, 1985.

[6] Cf. PROUST, *On Reading*.

[7] Os neurocientistas contemporâneos foram muito além da lula. Na atualidade, os cientistas usam a lesma-do-mar *Aplysia*, a mosca da fruta, o minúsculo verme *C. elegans* e outras criaturas úteis para aprender como as células neurais, as moléculas e os genes se ajustam ao processo de aprendizagem. Adaptações desses processos de aprendizagem são implementadas em nossos cérebros para fins de leitura.

[8] HODGKIN, A. L. e HUXLEY, A. F. "A Quantitative Description of Membrane Current and Its Application to Conduction and Excitation in Nerve." In: *Journal of Physiology*, 117, 1952, pp. 500–544.

[9] Carta datada do dia 10 de dezembro de 1513, de Maquiavel para Francesco Vettori. ATKINSON, J. e SICES, D. (Orgs). *Machiavelli and His Friends: Their Personal Correspondence*. Dekalb: Northern Illinois University Press, 1996.

[10] PROUST, *On Reading*.

[11] DUNNE, J. *Time and Myth*. New York: Doubleday, 1973. DUNNE, J. *Love's Mind: An Essay on Contemplative Life*. Notre Dame, Indiana: University of Notre Dame Press, 1993.

[12] SWINNEY, D. A. "Lexical Access during Sentence Comprehension: (Re)considerations of Context Effects." *Journal of Verbal Learning and Verbal Behavior*, 18, 1979, pp. 645–659.

[13] BADDELEY, A. *Working Memory*. Oxford: Oxford University Press, 1986.

[14] DEHAENE, S. In: FISCHER, K. e KATZIR, T. (Orgs.). *Creating Usable Knowledge in Mind, Brain, and Education*. Cambridge: Cambridge University Press1979.

[15] DEHAENE, S. *The Number Sense*. New York: Oxford University Press, 1997. DEHAENE, S.; DUHAMD, J. R.; AARBER, M.; ROZZOLATTI, G. *From Monkey Brain to Human Brain*. Cambridge, Massachusetts: MIT Press, 2003.

[16] DEHAENE, S.; LECLEC, H. G.; POLINE, J.; LEBIHAN, D.; COHEN, L. "The Visual Word Form Area: A Prelexical Representation of Visual Words in the Fusiform Gyrus." *Neuroreport*, 13(3), 2002, pp. 321–325.

[17] POLK, T. A. e FARAH, M. J. "A Simple Common Contexts Explanation for the Development of Abstract Letter Identities." *Neural Computation*, 9(6), 1997, pp. 1277–1289.

[18] SHATZ, C. "Emergence of Order in Visual System Development." In: JOHNSON, M. e MUNAKATA, Y. (Orgs.). *Brain Development and Cognition: A Reader*. Segunda edição. Malden, Massachusetts: Blackwell, 2003. SHATZ, C. J. "The Developing Brain.". In: *Scientific American*, 267(3), 1992, pp. 60–67.

[19] HEBB, D. *The Organization of Behavior*. New York: Wiley, 1949.

[20] *Idem*.

[21] Ver as discussões a respeito das representações mentais em PINKER, S. *How the Mind Works*. New York: Norton, 1997.

[22] KOSSLYN, S. M.; ALPERT, N. M.; THOMPSON, W. L.; MALJKOVIE, V.; WEISE, S. B.; CHABRIS, C. F.; HAMILTON, S. E.; RAUCH, S. L.; BUONANNO, F. S. "Visual Mental Imagery Activates Topographically Organized Visual Cortex: PET Investigations." *Journal of Cognitive Neuroscience*, 5(3), 1993, pp. 263-287.

[23] REWALD, J. *The History of Impressionism*. New York: Museum of Modern Art, 1973.

[24] DICKINSON, E. *The Complete Poems of Emily Dickinson*. Organização por T. J. Johnson. Boston, Mass.: Little, Brown, 1961.

[25] Ao longo deste livro apresentarei uma perspectiva muito particular a respeito da leitura. Há uma bibliografia crescente sobre múltiplos tipos de letramento que incorpora ampla gama de diferentes perspectivas sobre a leitura em formatos tecnológicos. Ver, por exemplo, KRESS, G. *Literacy in the New Media Age*. New York: Routledge, 2003. LEWIS, C. e FABOS, B. "Instant Messaging, Literacies, and Social Identities." *Reading Research Quarterly*, 40, 2005, pp. 470–501. LEU, D. J. "Literacy and Technology: Deictic Consequences for Literacy Education in Our Information Age." In: KAMIL, M.; MOSENTHAL, P. B.; PEARSON, P. D.; BARR, R. (Orgs.). *Handbook of Reading Research*. Mahwah, N.J.: Erlbaum, 2000, Vol. 3, pp. 743-770. REINKING, D.; MCKENNA, M.; LABBO, L.; KIEFFER, R. D. *Handbook of Literacy and Technology: Transformations in a Post-Typographic World*. Mahwah, N.J.: Erlbaum, 1998.

[26] Ver a bela discussão estabelecida em torno dessas palavras finais de Darwin no seu *A origem das espécies* (1859) em CARROLL, Sean. *Endless Forms Most Beautiful*. New York: Norton, 2005, pp. 281–283.

[27] BRUNER, J. S. *Beyond the Information Given*. New York: Norton, 1973.

[28] DARNTON, Robert. "A History of Reading." *Australian Journal of French Studies*, 23, 1986, pp. 5–30.

[29] Para além do escopo deste livro, há uma bibliografia extremamente rica e em expansão, abordando os aspectos culturais do ato de ler e das múltiplas formas de leitura existentes na atualidade. Enumero alguns exemplos a seguir, que fornecem, igualmente, referências adicionais. BRANDT, D. *Literacies in American Lives*. Cambridge: Cambridge University Press, 2000. GEE, J. *Sociolinguistics and Literacies: Ideology in Discourses*. New York: Falmer, 1996. LEMONNIER-SHALLERT, D. e WADE, S. "The Literacies of the Twentieth Century: Stories of Power and the Power of Stories in a Hypertextual World." *Reading Research Quarterly*, 40, 2005, pp. 520–529. SELFE, C. e HAWISHER, G. *Literate Lives in the Information Age: Narratives of Literacy from the United States*. Mahwah, N.J.: Erlbaum, 2004.

[30] PROUST, *On Reading*, p. 35.
[31] PINKER, S. "Foreword." In: McGUINNESS, D. *Why Our Children Can't Read – And What We Can Do about It: A Scientific Revolution in Reading*. New York: Simon and Schuster, 1997.
[32] CHOMSKY, C. "Stages in Language Development and Reading Exposure." *Harvard Educational Review*, 42, 1972, pp. 1-33. WHITEHURST, G. J.; LONIGAN, C. J. "Emergent Literacy: Development from Prereaders to Readers." In: NEUMAN, S. B.; DICKINSON, D. K. (Orgs.). *Handbook of Early Literacy Research*. New York: Guilford, 2001, pp. 11-29.
[33] HART, B. e RISLEY, T. *Meaningful Differences in the Everyday Experience of Young American Children*. Baltimore, Maryland: Brookes, 1995.
[34] DICKINSON, D.; WOLF, M.; STOTSKY, S. "Words Move: The Interwoven Development of Oral and Written Language in the School Years." In: BERKO-GLEASON, J. (Org.). *Language Development*. 3. ed. Columbus, Ohio: Merrill, 1993, pp. 369-420.
[35] GEE, J. *What Video Games Have to Teach Us about Learning and Literacy*. New York: Palgrave Macmillan, 2003. HENRY, L. A. "SEARCHing for an Answer: The Critical Role of New Literacies While Reading on the Internet." *Reading Teacher*, 59(7), 2006, pp. 614-627. LEWIS e FABOS, "Instant Messaging, Literacies, and Social Identities."
[36] TENNER, E. "Searching for Dummies." *New York Times*, 26 mar. 2006, p. 12.

COMO O CÉREBRO SE ADAPTOU PARA A LEITURA: OS PRIMEIROS SISTEMAS DE ESCRITA (p. 45-77)

[1] MANGUEL, A. *A History of Reading*. New York, Penguin, 1996, p. 22.
[2] TZENG, O. e WANG, W. "The First Two R's." *American Scientist*, 71(3), 1983, pp. 238-243.
[3] Don Hammill me alertou para este artigo: BALTER, M. "Oldest Art: From a Modern Human's Brow–or Doodling?" *Science*, 295(5553), 2002, pp. 247-249.
[4] DEACON, T. *The Symbolic Species*. New York: Norton, 2002, p. 23.
[5] OSTLER, N. *Empires of the Word*. New York: Harper, 2005, p. 129. Ver também as discussões históricas em FROMKIN, V. e RODMAN, R. *An Introduction to Language*. New York: Holt, Rinehart, and Winston, 1978, pp. 20-21.
[6] VANSTIPHOUT, H. "Memory and Literacy in Ancient Western Asia." In: SASSON, J. (Org.). *Civilizations of the Ancient Near East*. New York: Simon and Schuster, 1996, vol. 4.
[7] MANGUEL, *A History of Reading*, pp. 27-28.
[8] SCHMANDT-BESSERAT, D. "The Earliest Precursor of Writing." *Scientific American*, 1986, pp. 31-40. (Edição especial: Linguagem, Escrita e Computador).
[9] PETERSEN, S. E.; FOX, P.; POSNER, M.; MINTON, M.; RAICHLE, M. "Positronemission Tomographic Studies of the Processing of Single Words." In: *Journal of Cognitive Neuroscience*, 1, 1989, pp. 153-170. POSNER, M. e RAICHLE, M. *Images of Mind*. New York: Scientific American Library, 1994.
[10] PINKER, S. *How the Mind Works*. New York: Norton, 1997. (Pinker fornece excelentes descrições dessas representações).
[11] GESCHWIND, N. Conferência, Harvard Medical School, 1977.
[12] GESCHWIND, N. *Selected Papers on Language and the Brain*. Dordrecht, Netherlands: D. Reidel, 1974.
[13] DEMB, J.; POLDRACK, R.; GABRIELI, J. "Functional Neuroimaging of Word Processing in Normal and Dyslexic Readers." In: KLEIN, R. e MCMULLEN, P. (Orgs.). *Converging Methods for Understanding Reading and Dyslexia*. Cambridge, Massachusetts: MIT Press, 1999.
[14] HUGO, V. *France e Belgique. Alpes e Pyrénées. Voyages e Excursions*. SL: SE, 1910.
[15] MICHALOWSKI, P. "Mesopotamia Cuneiform: Origin." In: DANIELS, P. e BRIGHT, W. (Orgs.). *The World's Writing Systems*. New York: Oxford University Press, 1996, pp. 33-36.

[16] Um pesquisador, Pitor Michalowski, argumenta que os cuneiformes sumérios foram inventados "de uma só vez. . . [e que isso foi] algo sem precedentes." MICHALOWSKI, *Op. cit.*

[17] DEFRANCIS, J. *Visible Speech: The Diverse Oneness of Writing Systems*. Honolulu: University of Hawaii Press, 1989, p. 69.

[18] MICHALOWSKI, "Mesopotamian Cuneiform: Origin".

[19] DEHAENE, S. Apresentação nas comemorações pelo 400º Aniversário da Academia de Ciências do Vaticano, Cidade do Vaticano, 2004.

[20] POSNER, M. e RAICHLE, M., *Op. cit.*, 1994.

[21] DEFRANCIS, J. *Visible Speech: The Diverse Oneness of Writing Systems*. Honolulu: University of Hawaii Press, 1989.

[22] DEHAENE, S. e al. "The Visual Word Form Area: A Prelexical Representation of Visual Words in the Fusiform Gyrus." In: *Neuroreport*, 13 mar. 2022, pp. 321-325. MCCANDLISS, B.; COHEN, L.; DEHAENE, S. "The Visual Word Form Area: Expertise for Reading in the Fusiform Gyrus." *Trends in Cognitive Sciences*, 7, 2002, pp. 293-299.

[23] TAN, L- H.; SPINKS, J.; EDEN, G.; PERFETTI, C.; SIOK, W. "Reading Depends on Writing in Chinese." *PNAS*, 102, 2005, pp. 8781-8785.

[24] COHEN, Y. "The Transmission and Reception of Mesopotamian Scholarly Texts at the City of Emar." Harvard University (dissertação não publicada), 2003.

[25] Ver o abrangente trabalho de Lynne Meltzer, Bethani Roditi e Maureen Lovett a respeito da utilização contemporânea de estratégias metacognitivas para aprendizado. MELTZER, L.; POLLICA, L.; BARZILLAI, M. "Creating Strategic Classrooms: Embedding Strategy Instruction in the Classroom Curriculum to Enhance Executive Processes." In: MELTZER, L. (Org.). *Understanding Executive Functioning*. New York: Guilford, 2007. MELTZER, L. J.; KATZIR, T.; MILLER, L.; RODDY, R.; RODITI, B. "Academic Self Perceptions, Effort, and Strategy Use in Students with Learning Disabilities: Changes over Time." In: *Learning Disabilities Research and Practice*, 19(2), 2004, pp. 99-108. LOVETT, M.; BORDEN, S.; DELUCA, T.; LACERENZA, L.; BENSON, N.; BRACKSTONE, D. "Training the Core Defi cits of Developmental Dyslexia: Evidence of Transfer of Learning after Phonologically and Strategy- based Reading Training Programs." *Developmental Psychology*, 30 (6), 1994, pp. 805-822.

[26] Steven Pinker discute tais recursos criativos da linguagem e do pensamento, acrescentando outro recurso combinatório igualmente significativo: a recursividade. "Pelo fato de o pensamento humano ser combinatório (partes simples que se combinam) e recursivo (partes podem ser anexadas no interior de outras partes), expansões impressionantes do conhecimento puderam ser exploradas, mesmo com um inventário finito de ferramentas mentais." Cf. PINKER, S. *The Language Instinct*. New York: Morrow, 1994, p. 360.

[27] ARNOLD, K. e ZUBERBUHLER, K. "Language Evolution: Semantic Combinations in Primate Calls." *Nature*, 441(7091), 2006, pp. 303-305.

[28] WOLF, M.; MILLER, L.; DONNELLY, K. "RAVE- O: A Comprehensive Fluency- Based Reading Intervention Program." *Journal of Reading Disabilities*, 33, 2000 pp. 375-386. Edição Especial: The Double-Deficit Hypothesis (A hipótese da dupla deficiência).

[29] OSTLER, N. *Empires of the Word: A Language History of the World*. New York: HarperCollins, 2005.

[30] *Idem, Ibidem*, pp. 51-52.

[31] PRITCHARD, J. *Ancient Near East Texts Relating to the Old Testament*. Princeton, N.J.: Princeton University Press, 1969.

[32] OSTLER, *Empires of the Word*.

[33] ALTMANN, G. T. M. e ENZINGER, A. *The Ascent of Babel: An Exploration of Language, Mind, and Understanding*. New York: Oxford University Press, 1997.

[34] CHOMSKY, N. e HALLE, M. *The Sound Pattern of English.* New York: Harper and Row, 1968. CHOMSKY, C. "Stages in Language Development and Reading Exposure." *Harvard Educational Review*, 42, 1972, pp. 1-33.

[35] RAYNER, K.; FOORMAN, B. R.; PERFETTI, C. A.; PESETSKY, D.; SEIDENBERG, M. S. "How Psychological Science Informs the Teaching of Reading." In: *Psychological Science in the Public Interest*, 2, 2001, pp. 31-74.

[36] ZAUZICH, K. T. "Wir alle schreiben Hieroglyphen: Neue Ûberlegungen zur Herkunft des Alphabets." *Antike Welt*, 200, pp. 167-170.

[37] A sacralidade dos caracteres representa uma longa tradição que pode ser vista não apenas no Egito, na Suméria e na China, mas também nas tradições cabalistas do judaísmo e na escrita das orações islâmicas.

[38] DANIELS, P. e BRIGHT, W. (Orgs.). *The World's Writing Systems.* New York: Oxford University Press, 1996.

[39] COHEN, Y. Correspondência pessoal, 2003.

[40] VANSTIPHOUT, H. "Memory and Literacy in Ancient Western Asia." In: SASSON, J. (Org.). *Civilizations of the Ancient Near East.* Vol. 4. New York: Simon and Schuster Macmillan, 1996.

[41] PARPOLA, A. *Deciphering the Indus Script.* New York: Cambridge University Press, 1994.

[42] BENNETT, E. "Aegean Scripts." In: DANIELS, P. e BRIGHT, W. (Orgs.). *The World's Writing Systems.* New York: Oxford University Press, 1996, pp. 125–133.

[43] COE, M. *Breaking the Mayan Code.* New York: Thames and Hudson, 1992.

[44] QUILTER, J. e URTON, G. *Narrative Threads: Accounting and Recounting in Andean Khipu.* Austin: University of Texas Press, 2002.

[45] DEFRANCIS, *Visible Speech*, p. 93.

[46] Correspondência pessoal, março de 2004.

[47] SIMON, C. "Novel's Powerful Prose Brings History to Life." *Boston Globe*, 27 de julho de 2005.

O NASCIMENTO DE UM ALFABETO E OS PROTESTOS DE SÓCRATES (p. 79-113)

[1] DARNELL, J. e DARNELL , D. *Theban Desert Road Survey in the Egyptian Western Desert.* Chicago, Illinois: Oriental Institute of the University of Chicago, 2002. WILFORD, J. N. "Finds in Egypt Date Alphabet in Earlier Era." In: *New York Times*, 14 de novembro, 1999, seção 1, p. 1.

[2] WILFORD, J. N. *Op. cit.*

[3] Whitt, W. "The Story of the Semitic Alphabet." In: Sasson, J. (Org.). *Civilizations of the Ancient Near East.* New York: Simon and Schuster, Vol. 4, 1996.

[4] ROBINSON, A. *The story of Writing.* London: Thames and Hudson, 1995.

[5] DANIELS, P. e BRIGHT, W. (Orgs). *The World's Writing Systems.* New York: Oxford University Press, 1996.

[6] Em contraste, alguns especialistas em cultura clássica, como Eric Havelock, o consideram um silabário. O fato do ugarítico ser classificado de duas formas diferentes reflete uma ligação existente com ambos os sistemas, de forma semelhante à escrita Wadi el-Hol, anterior.

[7] COHEN, Yori. Correspondência pessoal, 9 de janeiro de 2000.

[8] KUGEL, J. *The God of Old: Inside the Lost World of the Bible.* New York: Free Press, 2003.

[9] MANN, T. "Das Gesetz". In: *Collected Stories of Thomas Mann (1943/1966).* MANN, Katia (Org.). *Sämmtliche Erzählungen, Band I.* Frankfurt, Alemanha: S. Fischer Verlag, pp. 329–395.

[10] HAVELOCK, E. *Origins of Western Literacy.* Ontario, Canada: Ontario Institute for Studies in Education, 1976.

[11] GELB , I. *A Study of Writing*. 2. ed. Chicago, Illinois: University of Chicago Press, 1963.
[12] COHEN, Y. Correspondência pessoal, 9 de janeiro de 2000.
[13] HIRSH, Steve. Correspondência pessoal, 2004. Ver também CHADWICK, J. *The Decipherment of Linear B*. Cambridge: Cambridge University Press, 1958.
[14] ONG, W. *Orality and Literacy*. London: Methuen, 1982. SCOTT, R. *The Gothic Enterprise*. Berkeley: University of California Press, 2003.
[15] Citado em ONG, *Orality and Literacy*.
[16] SCOTT, *The Gothic Enterprise*.
[17] HIRSCHFELD, L. e GELMAN, S. *Mapping the Mind: Domain Specificity in Cognition and Culture*. New York: Cambridge University Press, 1994.
[18] POWELL, B. *Homer and the Origin of the Greek Alphabet*. Cambridge: Cambridge University Press, 1991.
[19] SAMPSON, G. *Writing Systems*. London: Hutchinson, 1985.
[20] *Idem, ibidem*.
[21] ZAUZICH, K. T. "Wir alle schreiben Hieroglyphen: Neue Uberlegungen zur Herkunft des Alphabets." In: *Antike Welt*, 32 (44), 2001, pp. 167-170.
[22] TROPPER, J. "Entstehung und Fruhgeschichte des Alphabets." In: *Antike Welt*, 32(44), 2001, pp. 353-358.
[23] ZAUZICH, "Wir alle schreiben Hieroglyphen," p. 167.
[24] GRAVES, R. *Greek Myths*. New York: George Braziller, 1955.
[25] HAVELOCK, *Origins of Western Literacy*.
[26] DANIELS e BRIGHT, *The World's Writing Systems*.
[27] HAVELOCK, *Origins of Western Literacy*.
[28] BOLGER, D.; PERFETTI, C.; SCHNEIDER, W. "Cross-Cultural Effect on the Brain Revisited: Universal Structures Plus Writing System Variation." In: *Human Brain Mapping*, 25, 2005, pp. 92–104.
[29] LYMAN, R. S.; KWAN, S. T.; CHAO, W. H. "Left Occipito–Parietal Brain Tumor with Observations on Alexia and Agraphia in Chinese and in English." In: *Chinese Medical Journal*, 54, 1938, pp. 491-515.
[30] As semelhanças entre os cérebros leitores do silabário e do alfabeto tornam-se mais aparentes nas porções discretas dos lobos frontal e temporal. Tais áreas específicas encaminham processos fonológicos que vão desde a identificação do som em palavras como "espaguete" até a descoberta do padrão de acentuação em palavras como "déspota". Essas regiões são ativadas de forma mais evidente tanto no silabário como no leitor do alfabeto porque ambos os sistemas de escrita necessitam de muito tempo "antecipado" para processar fonemas minúsculos e sílabas maiores dentro das palavras. Como pode ser visto na Figura 1, uma região muito importante no lobo frontal chamada área de Broca também possui áreas específicas de especialização, que contribuem para a eficiência do cérebro; algumas delas, para fonemas em palavras, enquanto outras são para significados. Uma região análoga e multifuncional, localizada nos lobos temporais superiores e nos lobos parietais adjacentes inferiores também está, aparentemente, envolvida na análise sonora, bem como no significado das palavras. Mais uma vez, estas duas regiões para análise de som e significado mostram o processo de ativação bem mais expansivo nos cérebros que leem alfabetos e silabários do que nos leitores do chinês.
[31] NAKAMURA, K. e al. "Modulation of the Visual Word Retrieval System in Writing: A Functional MRI Study on the Japanese Orthographies." In: *Journal of Cognitive Neuroscience*, 14, 2002, pp. 104-115.
[32] FELDMAN, L. B. e TURVEY, M. T. "Words Written in Kana are Named Faster Than the Same Words Written in Kanji." In: *Language and Speech*, 23, 1980, pp. 141-147.

[33] BOLGER, D.; PERFETTI, C.; SCHNEIDER, W. "Cross-Cultural Effect on the Brain Revisited: Universal Structures Plus Writing System Variation." In: *Human Brain Mapping*, 25, 2005, pp. 92-104.

[34] *Idem, ibidem.*

[35] Como vimos antes, ao observar o cérebro leitor de logossilabário do chinês, o volume de tempo que os aprendizes no sumério antigo e no chinês moderno gastam ao desenhar cada um dos caracteres, para dessa forma compreendê-los, torna-se visivelmente refletido nos padrões de ativação cerebral de tais leitores. Leitores do chinês ativam áreas de memórias motoras do lobo frontal cada vez que realizam uma leitura.

[36] Segundo Whorf, línguas diferentes podem dispor de palavras que influenciam tão poderosamente a maneira como pensamos que os conceitos usados para nomeação das coisas em tal língua seriam incompreensíveis em outra; por exemplo, as várias palavras usadas para designar tipos específicos de neve na língua aleúte. Ver a excelente discussão em JACKENDOFF, R. *Foundations of Language*. Oxford: Oxford University Press, 2002, pp. 292-293.

[37] Filósofo alemão do início do século XX, Walter Benjamin teceu especulações de forma lírica a respeito do que essa diferença poderia significar: "O efeito de uma estrada rural é diferente quando se está caminhando por ela e quando se está sobrevoando-a de avião. Do mesmo modo, o efeito de um texto lido é diferente de quando o mesmo texto é copiado. O passageiro do avião distingue apenas como a estrada atravessa a paisagem, e se desdobra, acompanhando as mesmas leis do terreno que a rodeia. Apenas aquele que percorre a pé tal estrada compreende o efeito que ela causa e como, a partir do próprio cenário que para o aviador é apenas a planície estendida, ela invoca distâncias, mirantes, clareiras, perspectivas em cada uma de suas curvas, como um comandante posicionando soldados em um *front* de batalha. Somente o texto copiado tem efeito sobre a alma daquele que está ocupado com ele, ao passo que o simples leitor não é capaz de descobrir novos aspectos do seu eu interior abertos pelo texto, aquela estrada que corta a selva interior que se fecha para sempre atrás dele; pois o leitor segue o movimento de sua mente no voo livre do devaneio, enquanto o copiador a submete ao comando. A prática chinesa de copiar livros era, portanto, uma garantia incomparável de cultura literária." BENJAMIN, W. *Reflections*. New York: Harcourt Brace Jovanovich, 1978, p. 66.

[38] EDEN, G. Apresentação na conferência sobre fluência, *Dyslexia Research Foundation*, Creta, 2000.

[39] Para Havelock, a cultura oral "havia, até então, imposto severas limitações ao arranjo verbal do que poderia ser dito ou pensado. Mais do que isso, a necessidade de lembrar consumira um certo grau de capacidade cerebral – de energia psíquica – que doravante não seria mais necessária.. As energias mentais, liberadas dessa forma por tal economia de memória, foram provavelmente amplas, contribuindo para uma imensa expansão do conhecimento à disposição da mente humana." *Origins of Western Literacy*, p. 49.

[40] OLSON, D. "From Utterances to Text: The Bias of Language in Speech and Writing". In: *Harvard Educational Review*, 47(3), 1977, pp. 257-281.

[41] VYGOTSKY, L. *Thought and Language*. Cambridge, Mass.: MIT Press, 1962.

[42] YENI-KOMSHIAN, G. e BUNNELL, H. "Perceptual Evaluations of Spectral and Temporal Modifications of Deaf Speech." In: *Journal of the Acoustical Society of America*, 104(2), 1998, pp. 637-647. YENI-KOMSHIAN, G. "Speech Perception." In: GLEASON, J. B. e RATNER, N. (Orgs.). *Psycholinguistics*. New York: Harcourt, 1998.

[43] SWIGGERS, P. *Ancient Grammar: Content and Context*. Leuven, Bélgica: Peeters, 1996.

[44] THREATTE, L. "The Greek Alphabet." In: DANIELS, P. e BRIGHT, W. (Orgs.). *The World's Writing Systems*. New York: Oxford University Press, 1996, pp. 271-280.

[45] "Tal inovação estrutural foi um passo significativo na história da escrita: tornou possível a representação abrangente dos segmentos sonoros em sequências lineares, que constituíam a mensagem, além de permitir a leitura direta e contínua de qualquer texto, não exigindo informação gramatical a ser fornecida pelo leitor." SWIGGERS, *Ancient Grammar: Content and Context*, p. 265.

[46] HAVELOCK, *Origins of Western Literacy*.

[47] NUSSBAUM, M. *Cultivating Humanity: A Classical Defense of Reform in Liberal Education*. Cambridge, Mass.: Harvard University Press, 1997, p. 34.

[48] KENYON, F. G. *Books and Readers in Ancient Greece and Rome*. Oxford: Clarendon Press, 1932, p. 25.

[49] PLATÃO. "Apology." In: HAMILTON, E. e CAIRNS, H. (Orgs.) *The Collected Dialogues*. Princeton, N.J.: Princeton University Press, 1961, pp. 30E-31A.

[50] ONG, *Orality and Literacy*. KENYON, *Books and Readers in Ancient Greece and Rome*, p. 25.

[51] O questionamento de crenças tradicionais possui antecedentes em pensadores pré-socráticos e nos sofistas. Tais educadores da segunda metade do século V a.e.c. ensinavam retórica e lógica aos cidadãos abastados, assim como uma forma de pensar que buscava distinguir valores universais de crenças culturalmente criadas. Na comédia *As nuvens*, de Aristófanes, Sócrates é retratado sarcasticamente como um sofista descontrolado, caricatura desprezada pelo próprio Sócrates e por Platão.

[52] RICH, A. *The Dream of a Common Language*. New York: Norton, 1978.

[53] PLATÃO, "Apology," p. 38A.

[54] DUNNE, J. *Love's Mind: An Essay on Contemplative Life*. Notre Dame, Ind.: University of Notre Dame Press, 1993, p. 31.

[55] Filme de 1973, dirigido por James Bridges e lançado pela Twentieth Century Fox.

[56] VYGOTSKY, *Thought and Language*.

[57] OSTLER, N. *Empires of the Word: A Language History of the World*. New York: HarperCollins, 2005, p. 85.

[58] Esse trecho surge ao final de uma belíssima parábola, na qual Sócrates apresenta suas visões a respeito da preservação daquilo que a memória individual, em última instância, permite. É notável que, nessa passagem, Sócrates aglutinou vários aspectos da memória que estudiosos contemporâneos buscam, cuidadosamente, distinguir uns dos outros: o papel da memorização como ferramenta educacional, a preservação duradoura das capacidades da memória individual, a preservação de uma memória coletiva ou cultural em cada indivíduo singular. A passagem completa é instrutiva:
"Pois bem: ouvi uma vez contar que, na região de Náucratis, no Egipto, houve um velho deus deste país, deus a quem é consagrada a ave que chamam íbis, e a quem chamavam Thoth. Dizem que foi ele quem inventou os números e o cálculo, a geometria e a astronomia, bem como o jogo das damas e dos dados e, finalmente, os caracteres gráficos (escrita). Nesse tempo, todo o Egipto era governado por Tamuz, que residia no sul do país, numa grande cidade que os gregos designam por Tebas do Egipto, onde aquele deus era conhecido pelo nome de Ámon. Thoth encontrou-se com o monarca, a quem mostrou as suas artes, dizendo que era necessário dá-las a conhecer a todos os egípcios. Mas o monarca quis saber a utilidade de cada uma das artes, e enquanto o inventor as explicava, o monarca elogiava ou censurava, consoante as artes lhe pareciam boas ou más. Foram muitas, diz a lenda, as considerações que sobre cada arte Tamuz fez a Thoth, quer condenando, quer elogiando, e seria prolixo enumerar todas aquelas considerações. Mas, quando chegou a vez da invenção da escrita, exclamou Thoth: 'Eis, oh Rei, uma arte que tornará os egípcios mais sábios e os ajudará a fortalecer a memória, pois com a escrita descobri o remédio para a memória.

'Oh, Thoth, mestre incomparável, uma coisa é inventar uma arte, outra julgar os benefícios ou prejuízos que dela advirão para os outros! Tu, neste momento e como inventor da escrita, esperas dela, e com entusiasmo, todo o contrário do que ela pode vir a fazer! Ela tornará os homens mais esquecidos, pois que, sabendo escrever, deixarão de exercitar a memória, confiando apenas nas escrituras, e só se lembrarão de um assunto por força de motivos exteriores, por meio de sinais, e não dos assuntos em si mesmos. Por isso, não inventaste um remédio para a memória, mas sim para a rememoração."

[59] PLATÃO, "Protágoras," p. 329a.

[60] *Idem. Ibidem.*

[61] Agradeço a Steve Hirsh por me ajudar no entendimento de que havia humor intencional em muitos dos trechos que usei neste capítulo.

[62] RICH, *The Dream of a Common Language.*

[63] Esta é uma expressão que foi frequentemente usada, de forma carinhosa, pela falecida linguista infantil Mathilde Holzman, de Tufts.

PARTE II: COMO O CÉREBRO APRENDEU A LER AO LONGO DO TEMPO (p. 115)

[1] HESSE, H. "The Magic of the Book." In: GILBAR, S. (Org.). *Reading in Bed.* Jaffrey, N.H.: Godine, 1999. Publicado pela primeira vez em *Bücherei und Bildungspflege.* Stettin, 1931, p. 305.

OS INÍCIOS DO DESENVOLVIMENTO DA LEITURA, OU NÃO (p. 117-151)

[1] BARRIE, J. M. *Peter Pan.* New York: Scribner, 1904, p. 36.

[2] CHUKOVSKY, K. e MORTON, M. *From Two to Five.* Berkeley: University of California Press, 1963, p. 7.

[3] CHOMSKY, C. "Stages in Language Development and Reading Exposure." In: *Harvard Educational Review,* 42, 1972, pp. 1-33. SNOW, C.; GRIFFEN, P. e BURNS, M. S. (Orgs.). *Knowledge to Support the Teaching of Reading: Preparing Teachers for a Changing World.* San Francisco, Calif.: Jossey-Bass, 2005. WHITEHURST, G. J. e LONIGAN, C. J. "Emergent Literacy: Development from Prereaders to Readers." In: NEUMAN, S. B. e DICKINSON, D. K. (Orgs.). *Handbook of Early Literacy Research.* New York: Guilford, 2001, pp. 11-29.

[4] MCCARDLE, P.; COOPER, J.; HOULE, G.; KARP, N.; PAUL BROWN, D. "Emergent and Early Literacy: Current Status and Research Directions." In: *Learning Disabilities Research and Practice,* 16(4), 2001, edição especial. Ver também os seguintes títulos: HIRSCH, E. D. "Reading Comprehension Requires Knowledge of the Words and the World." In: *American Educator,* 27(10,12), 2003, pp. 1316-1322, 1328-1329, 1348. NEUMAN, S. "The Role of Knowledge in Early Literacy." In: *Reading Research Quarterly,* 36, 2001, pp. 468-475.

[5] FIELD, T. *Touch Therapy.* New York: Churchill Livingstone, 2000.

[6] *Three Men and a Baby* (1987). Dirigido por Leonard Nimoy, Touchstone Pictures.

[7] DICKINSON, D.; WOLF, M.; STOTSKY, S. "Words Move: The Interwoven Development of Oral and Written Language in the School Years." In: GLEASON, J. B. (Org.). *The Development of Language.* 3. ed. New York: Macmillan. R. New, 1992. "Early Literacy and Developmentally Appropriate Practice: Rethinking the Paradigm." In: NEUMAN, S. B. e DICKINSON, D. P. *Handbook of Early Literacy.* New York: Guilford, 2001, pp. 245-263. MCCARDLE, P. e CHHABRA, V. *The Voice of Evidence in Reading Research.* Baltimore, Md.: Brookes, 2004.

[8] OSTLER, N. *Empires of the Word: A Language History of the World.* New York: HarperCollins, 2005.

[9] PEASE, D. M.; GLEASON, J. B.; PAN, B. A. "Learning the Meaning of Words: Semantic Development and Beyond." "In: GLEASON, J. B. (Org.). *The Development of Language.* Terceira edição. New York: Macmillan, 1993.

[10] FRIJTERS, J.; BARRON, R.; BRUNELLO, M. "Child Interest and Home Literacy as Sources of Literacy Experience: Direct and Mediated Infl uences on Letter Name and Sounds Knowledge and Oral Vocabulary." In: *Journal of Educational Psychology*, 92(3), 2000, pp. 466-477. WHITEHURST, G. J. e LONIGAN, C. J. "Child Development and Emergent Literacy.". In: *Child Development*, 69(3), 1998, pp. 848-872.

[11] CAREY, S. "Bootstrapping and the Origin of Concepts." In: *Daedalus*, 133, 2004, pp. 59-68.

[12] CHUKOVSKY, K. e MORTON, M. *From Two to Five*. Berkeley: University of California Press, 1963.

[13] BRADY, S. "The Role of Working Memory in Reading Disability." In: BRADY, S. e SHANKWEILER, D. (Org.). *Phonological Processes in Literacy: A Tribute to Isabelle Liberman*. Hillsdale, N.J.: Lawrence Erlbaum, 1991, pp. 129-152.

[14] ANGLIN, J. "Vocabulary Development: A morphological analysis." In: *Monographs of the Society for Research in Child Development*, 58(10), 1993, pp. 1-166.

[15] CHARITY, A.; SCARBOROUGH, H.; GRIFFIN, P. "Familiarity with School English in African- American Children and Its Relation to Reading Achievement." In: *Child Development*, 75, 2003, pp. 1340-1356.

[16] BERKO, J. "The Child's Learning of English Morphology." *Word*, 14, 1958, pp. 150-177. BROWN, R. *A First Language: The Early Stages*. Cambridge, Mass.: Harvard University Press, 1973. DEVILLIERS, J. G. e DEVILLIERS, P. A. "A Cross- Sectional Study of the Acquisition of Grammatical Morphemes in Child Speech." In: *Journal of Psycholinguistic Research*, 2, 1973, pp. 267-278.

[17] GIDNEY, C. "The Child as Communicator." In: *Tufts Faculty of the Eliot Pearson Department of Child Development, Pro Active Parenting*. New York: Berkley, 2002, pp. 241-265. NINIO, A. S. e SNOW, C. E. *Pragmatic Development*. Boulder, Colo.: Westview, 1996.

[18] PIAGET, J. *The Language and Thought of the Child*. London: Routledge and Kegan Paul, 1926.

[29] Ver os trabalhos a seguir, que abordam a teoria da mente infantil: FLETCHER, P. C.; HAPPE, F.; FRITH, U.; BAKER, S. C.; DOLAN, R. J.; FRACKOWIAK, R. S.; FRITH, C. D. "Other Minds in the Brain: A Functional Imaging Study of 'Theory of Mind' in Story Comprehension." In: *Cognition*, 57(2), novembro de 1995, pp. 109-128. HAUSER, M. D. e SPELKE, E. "Evolutionary and Developmental Foundations of Human Knowledge." In: GAZZANIGA, M. (Org.). *The Cognitive Neurosciences*. Vol. 3. Cambridge, Mass.: MIT Press, 2004. BARON-COHEN, S.; TAGER-FLUSBERG, H.; COHEN, D. (Orgs.). *Understanding Other Minds*. Segunda edição. Oxford: Oxford University Press, 2000.

[20] MARSHALL, J. *George and Martha*. New York: Houghton Mifflin, 1972.

[21] PAPPAS, C. e BROWN, E. "Learning to Read by Reading: Learning How to Extend the Functional Potential of Language." In: *Research on the Teaching of English*, 21(2), 1987, pp. 160-177. PURCELL- GATES, V.; MCINTYRE, E.; FREPPON, P. "Learning Written Storybook Language in School: A Comparison of Low-SES Children in Skills Based and Whole-Language Classrooms." In: *American Educational Research Journal*, 32(3), 1995, pp. 659-685.

[22] BIEMILLER, A. "Relationship between Oral Reading Rate for Letters, Words, and Simple Text in the Development of Reading Achievement." In: *Reading Research Quarterly*, 13, 1977, pp. 223-253. BIEMILLER, A. *Language and Reading Success*. Cambridge, Mass.: Brookline, 1999. GLEASON, J. B. (Org.). *The Development of Language*. Terceira edição. New York: Macmillan, 1993.

[23] ANGLIN, "Vocabulary Development: A Morphological Analysis".

[24] PETERSON, C. e MCCABE, A. "On the Threshold of the Story Realm: Semantic versus Pragmatic Use of Connectives in Narratives." In: *Merrill-Palmer Quarterly*, 37(3), 1991, pp. 445-464.

[25] PURCELL-GATES, V. "Three Levels of Understanding about Written Language Acquired by Young Children Prior to Formal Instruction." In: NILES, J. e LALIK, R. (Orgs.). *Solving Problems in Literacy*. Rochester, N.Y.: National Reading Conference, 1986. PURCELL-GATES, V. "Lexical and Syntactic Knowledge of Written Narrative Held by Well-Read-To Kindergartners and Second-Graders." In: *Research in the Teaching of English*, 22(2), 1988, pp. 128-160.

[26] CHARITY, A.; SCARBOROUGH, H.; GRIFFIN, P. "Familiarity with School English in African- American Children and Its Relation to Reading Achievement." In: *Child Development*, 75(5), 2004, p. 1340-1356. SCARBOROUGH, H.; DOBRICH, W.; HAGER, M. "Preschool Literacy Experiences and Later Reading Achievement." In: *Journal of Learning Disabilities*, 24(8), 1991, pp. 508–511.

[27] GENTNER, D. e RATTERMANN, M. "Language and the Career of Similarity." In: GELMAN, A. e BYRNES, J. P. (Orgs.). *Perspectives on Language and Thought: Interrelations in Development*. Cambridge: Cambridge University Press, 1991, pp. 225-277.

[28] KINTSCH, W.; GREENE, E. "The Role of Culture-Specific Schemata in the Comprehension and Recall of Stories." In: *Discourse Processes*, 1(1), pp. 1-13.

[29] BIEMILLER, *Language and Reading Success*. Scarborough e al, "Preschool Literacy Experiences and Later Reading Achievement". FRIJTERS, J.; BARRON, R.; BRUNELLO, M. "Child Interest and Home Literacy as Sources of Literacy Experience: Direct and Mediated Influences on Letter Name and Sounds Knowledge and Oral Vocabulary." In: *Journal of Educational Psychology*, 92(3), 2000, pp. 466-477.

[30] Sim, são os mesmos caracteres.

[31] Bookheimer e seus colegas demonstraram que nomear objetos envolve um subconjunto de processos relacionados à leitura. Tal conclusão está correta, mas a diferença entre nomear objetos e nomear letras com outras letras mostra que existe ainda mais, nesse sentido. Ver minha discussão a respeito de tal questão no capítulo "O enigma da dislexia e o design do cérebro". BOOKHEIMER, S. Y.; ZEFFIRO, T. A.; BLAXTON, T.; GAILLARD, W.; THEODORE, W. "Regional Cerebral Blood Flow during Object Naming and Word Reading." In: *Human Brain Mapping*, 3(2), 2004, pp. 93-106.

[32] BENJAMIN, W. *Reflections*. Trad.: Edmund Jepheott, org.: de P. Demetz. New York: Harcourt and Brace, 1978.

[33] DICKINSON, D.; WOLF, M.; STOTSKY, S. "Words Move: The Interwoven Development of Oral and Written Language in the School Years." In: BERKO-GLEASON, J. (Org.). *Language Development*. Terceira edição. Columbus, Ohio: Merrill, 1993, pp. 369-420.

[34] EHRI, L. C. "Sight Word Learning in Normal Readers and Dyslexic." In: BLACHMAN, B. A. (Org.). *Foundations of Reading Acquisition and Dyslexia: Implications for Early Intervention*. Mahwah, N.J.: Lawrence Erlbaum, 1997, pp. 163-189.

[35] ELKIND, D. *The Hurried Child*. Boston, Mass.: Addison-Wesley, 1981.

[36] YAKOVLEV, P. e LECOURS, A. "The Myelogenetic Cycles of Regional Maturation of the Brain." In: MINKOWSKI, A. (Org.). *Regional Development of the Brain in Early Life*. Oxford: Blackwell Scientific, 1967. NELSON, C. A. e Luciana, M. (Orgs.). *Handbook of Developmental Cognitive Neuroscience*. Cambridge, Mass.: MIT Press, 2001.

[37] GESCHWIND, N. "Disconnexion Syndrome in Animals and Man (Parts 1 and 2)." In: *Brain*, 88, 1965, pp. 237-294.

[38] WOLF, M. e GOW, D. "A Longitudinal Investigation of Gender Differences in Language and Reading Development." In: *First Language*, 6, 1985, pp. 81-110.

[39] GOSWAMI, U. Comentários na conferência *Mind, Brain, and Education*. Universidade de Harvard, 2004.

[40] ELKIND, *The Hurried Child*.

[41] LEE, H. *To Kill a Mockingbird*. New York: Warner, 1960, pp. 17-18.

[42] FITZGERALD, P. "Schooldays." In: DOOLEY, T. (Org.). *Afterlife*. New York: Counterpoint, 2004. Citado em POWERS, Katharine "A Reading Life." In: *Boston Globe*, 16 de novembro de 2003, p. H9.

[43] BISSEX, G. L. *Gnys at Work: A Child Learns to Write and Read*. Cambridge, Mass.: Harvard University Press, 1980.

[44] DICKINSON e al., "Words Move: The Interwoven Development of Oral and Written Language in the School Years", pp. 369-420.

[45] CHOMSKY, "Stages in Language Development and Reading Exposure." READ, C. "Preschool Children's Knowledge of English Phonology." In: *Harvard Educational Review*, 41, 1971, pp. 1-54.

[46] DICKINSON e al, "Words Move".

[47] PRESSLEY, M. *Reading Instruction That Works: The Case for Balanced Teaching*. New York: Guilford, 1998.

[48] BURHANPURKAR, A. e BARRON, R. "Origins of Phonological Awareness Skill in Pre-Readers: Roles of Language, Memory, and Proto-Literacy". In: Artigo apresentado no encontro da Society for Research in Child Development, Washington, D.C., abril de 1997. BUS, A. e IJZENDOORN, M. "Phonological Awareness and Early Reading: A Meta-Analysis of Experimental Training Studies". In: *Journal of Educational Psychology*, 91(3), 1999, pp. 403-414. MOATS, L. C. *Speech to Print: Language Essentials for Teachers*. Baltimore, Md.: Brookes, 2000. SCARBOROUGH e al, "Preschool Literacy Experiences and Later Reading Achievement".

[49] BRADLEY, L. e BRYANT, P. E. "Categorizing Sounds and Learning to Read–A Causal Connection". In: *Nature*, 301, 1983, pp. 419-421. BRADLEY, L. e BRYANT, P. E. *Rhyme and Reason in Spelling*. Ann Arbor: University of Michigan Press, 1985. BRYANT, P. E.; MACLEAN, M.; BRADLEY, L. "Rhyme, Language, and Children's Reading". In: *Applied Psycholinguistics*, 11(3), 1990, pp. 237-252.

[50] BRADY, "The Role of Working Memory in Reading Disability." STACEY, R. *Thinking About Language: Helping Students Say What They Mean and Mean What They Say*. Cambridge, Mass.: Landmark School, 2003.

[51] OVERY, K. "Dyslexia and Music: From Timing Deficits to Musical Intervention". In: *Annals of the National Academy of Science*, 999, 2003, pp. 497-505. OVERY, K; NORTON, A. C.; CRONM, K. T.; GAAB, N.; ALSOP, D. C.; WINNER, E.; SCHLAUG; G. "Imaging Melody and Rhythm Processing in Young Children: Auditory and Vestibular Systems". In: *NeuroReport*, 15(11), agosto de 2004, pp. 1723-1726.

[52] MORITZ, C. "Relationships between Phonological Awareness and Musical Rhythm Subskills in Kindergarten Children". Dissertação de mestrado apresentada na Universidade Tufts, 2007.

[53] Os pesquisadores Marilyn Jager Adams, Susan Brady, Benita Blachman e Louisa Cook Moats forneceram orientações práticas e advertências sensatas a respeito das possibilidades de aplicação relacionadas a uma pesquisa crítica. Adams, em seu livro bastante completo, *Beginning to Read*, ajudou a inaugurar uma importante tendência: distribuir testes de consciência fonêmica a todos os alunos na educação infantil. Contudo, ela faz uma advertência: alguns educadores, equivocadamente, estariam retendo seus alunos, caso tivessem um desempenho ruim nesses testes. Uma vez que as habilidades relacionadas à consciência fonêmica levam algum tempo para se desenvolver, além de serem úteis ao aprendizado da leitura, reter uma criança tendo por base o desempenho de suas habilidades fonêmicas não faz qualquer sentido. Ver também outros trabalhos de Benita Blachman, Ed Kame'enui e Deborah Simmons, e a resenha de um programa em *Overcoming Dyslexia*, de Sally

Shaywitz. Uma outra fonte importante é o livro sobre jogos de linguagem, *Thinking About Language*, de Robbie Stacy.

[54] BLACHMAN, B.; BALL, E.; BLACK, R.; TANGEL, D. *Road to the Code*. Baltimore, Md.: Brookes, 2000. FOORMAN, B.; FRANCIS, D.; WINIKATES, D.; MEHTA, P.; SCHATSCHNEIDER, C.; FLETCHER, J. "Early Intervention for Children with Reading Disabilities". In: *Scientific Studies of Reading*, 1(3), 1997, pp. 255-276.

[55] MOATS, *Speech to Print: Language Essentials for Teachers*. MOATS, L. *LETRS. Language Essentials for Teachers of Reading and Spelling, Preliminary Version, Book 3, Modules 7, 8, 9: Foundations for Reading Instruction*. Longmont, Cdo.: Sopris West Educational Services, 2003.

[56] HART, B. e RISLEY, T. "The Early Catastrophe". In: *American Educator*, 27(4), 2003, pp. 6-9. RISLEY, T. e HART, B. *Meaningful Differences in the Everyday Experiences of Young American Children*. Baltimore, Md.: Brookes, 1995.

[57] MOATS, L. C. "Overcoming the Language Gap". In: *American Educator*, 2001, 25(5), pp. 8-9.

[58] SMITH, C.; CONSTANTINO, R.; KRASHEN, S. "Differences in Print Environment for Children in Beverly Hills, Compton, and Watts". In: *Emergency Librarian*, 24(4), 1997, pp. 8-9.

[69] BIEMILLER, *Language and Reading Success*.

[60] STANOVICH, K. "Matthew Effects in Reading: Some Consequences of Individual Differences in the Acquisition of Literacy". In: *Reading Research Quarterly*, 21(4), 1986, pp. 360-407. CUNNINGHAM, A. e STANOVICH, K. "Children's Literacy Environments and Early Word Recognition Subskills". In: *Reading and Writing: An Interdisciplinary Journal*, 5, 1993, pp. 193-204. CUNNINGHAM, A. e STANOVICH, K. "What Reading Does for the Mind". In: *American Educator*, 22, 1998, pp. 8-15.

[61] SNOW, C. Citado por ZERNIKE, Kate. "Declining Art of Table Talk a Key to Child's Literacy". In: *Boston Globe*, 1996, pp. 1, 30, 15 de janeiro de 1996.

[62] MCCARDLE, P. e CHHABRA, V. (Orgs.). *The Voice of Evidence in Reading Research*. Baltimore, Md.: Brookes, 2004.

[63] AUGUST, D. e HAKUTA, K. *Improving Schooling for Language-Minority Children*. Washington, D.C.: National Academies Press, 1997. Center for Applied Linguistics. "Development of English Literacy in Spanish- Speaking Children: A Biliteracy Research Initiative Sponsored by the National Institute of Child Health and Human Development and the Institute of Education Sciences of the Department of Education", disponível em www.cal.org/delss. FOORMAN, B. R.; GOLDENBERG, C.; CARLSON, C. D.; SAUNDERS, W.; POLLARD-DURODOLA, S. D. "How Teachers Allocate Time During Literacy Instruction in Primary-Grade English Language Learner Classrooms". In: MCCARDLE, P. e CHHABRA, V. (Org.). *The Voice of Evidence in Reading Research*. Baltimore, Md.: Brookes, 2004, pp. 289-328.

[64] CHALL, J. *Stages of Reading Development*. New York: McGraw-Hill, 1983. AUGUST e al, *Improving Schooling for Language-Minority Children*.

[65] JUEL, C. "The Impact of Early School Experiences on Initial Reading". In: DICKINSON, D. e NEUMAN, S. (Orgs.). *Handbook of Early Literacy Research*. New York: Guilford, 2005, Vol. 2.

[66] *Ibidem.*, p. 19.

[67] PETITTO, L- A. e DUNBAR, K. "New Findings from Educational Neuroscience on Bilingual Brains, Scientific Brains, and the Educated Mind". In: FISCHER, K. e KATZIR, T. (Orgs.). *Building Usable Knowledge in Mind, Brain, and Education*. Cambridge University Press, no prelo.

[68] COLLINS, "ESL Preschoolers' Vocabulary Acquisition from Storybook Reading".

A "HISTÓRIA NATURAL" DO DESENVOLVIMENTO DA LEITURA – A CONEXÃO ENTRE AS PARTES DO JOVEM CÉREBRO LEITOR (p. 153-185)

[1] RICH, Adrienne. "Transcendental Etude." In: *The Dream of a Common Language*. New York: Norton, 1978, pp. 43-50.

[2] CHALL, J. *Stages of Reading Development*. New York: McGraw-Hill, 1983, p. 16.

[3] BASHIR, A. e STROMINGER, A. "Children with Developmental Language Disorders: Outcomes, Persistence, and Change". In: SMITH, M. e DAMICO, J. (Orgs.). *Childhood Language Disorders*. New York: Thieme, 1996, pp. 119-140.

[4] Trecho citado em MOOREHEAD, C. *Iris Origo: Marchesa of Val d'Orcia*. Boston, Mass.: Godine, 2000.

[5] QUINDLEN, A. *How Reading Changed My Life*. New York: Ballantine, 1998, p. 6.

[6] KINCAID, J. *The Autobiography of My Mother*. New York: Farrar, Straus and Giroux., 1996,p. 12.

[7] BRADY, S. "The Role of Working Memory in Reading Disability". In: BRADY, S. e SHANKWEILER, D. (Orgs.). *Phonological Processes in Literacy: A Tribute to Isabelle Liberman*. Hillsdale, N.J.: Lawrence Erlbaum, 1991, pp. 129-152.

[8] CARSLISLE, J. F. e STONE, C. A. "Exploring the Role of Morphemes in Word Reading". In: *Reading Research Quarterly*, 2005, 40(4), pp. 428-449. Ver também BOWERS, P. "Gaining Meaning from Print: Making Sense of English Spelling". Manuscrito não publicado, 2006.

[9] RICH, "Transcendental Etude," p. 43.

[10] SARTRE, J.-P. *The Words*. New York: Vintage, 1981, p. 48.

[11] Minha conceptualização deve bastante a diversos teóricos, particularmente ao arcabouço proposto por Jeanne Chall em seu *The Stages of Reading Development* (Os estágios do desenvolvimento da leitura). Também estou em dívida com o trabalho de Kurt Fischer abordando os processos dinâmicos durante a leitura; também com Uta Frith e Linnea Ehri, que empregam outras estruturas como arcabouço de estudo. Finalmente, ao evitar alguns estágios formais, sigo um trajeto similar ao de Perfetti. No arcabouço empregado por Perfetti, em que não há estágios, "diversas formas de conhecimento são adquiridas gradualmente, tendo por base inúmeras experiências". Ver CHALL, *Stages of Reading Development*. EHRI, L. C. "Grapheme Phoneme Knowledge Is Essential for Learning to Read Words in English." In: METSALA, I. L. e EHRI, L. C. (Orgs.). *Word Recognition in Beginning Literacy*. Mahwah, N. J.: Lawrence Erlbaum, 1998, pp. 3-40. FRITH, U. "Beneath the Surface of Dyslexia". In: PATTERSON, K.; MARSHALL, J.; COLTHEART, M. (Orgs.). *Surface Dyslexia*. London: Erlbaum, 1985, pp. 301-330. FISCHER, K. e ROSE, L. T. "Webs of Skill: How Students Learn". In: *Educational Leadership*, 59(3), 2001, pp. 6-12. K. FISCHER, K. e ROSE, S. P. "Growth Cycles of Brain and Mind". In: *Educational Leadership*, 56(3), 1998, pp. 56-60. RAYNER, K.; FOORMAN, B.; PERFETTI, C.; PESETSKY, D.; SEIDENBERG, M. "How Psychological Science Informs the Teacher of Reading". In: *Psychological Science in the Public Interest*, 2, 2001, pp. 31-74.

[12] LEVINE, M. *All Kinds of Minds*. Cambridge, Mass.: Educators Publishing Services, 1993. LEVINE, M. *A Mind at a Time*. New York: Simon and Schuster, 2002.

[13] FITZGERALD, P. "Schooldays." In: DOOLEY, T. (Org.). *Afterlife*. New York: Counterpoint, 2004.

[14] COLLINS, B. "First Reader." In: *Sailing Alone around the Room*. New York: Random House, 2002, p. 39.

[15] PISCHA, Merryl. Correspondência pessoal, maio de 2001.

[16] DOWNING, J. *Reading and Reasoning*. New York: Springer Verlag, 1979.

[17] GOSWAMI, U. e BRYANT, P. *Phonological Skills and Learning to Read*. Hillsdale, N.J.: Lawrence Erlbaum, 1990. STANOVICH, K. "Matthew Effects in Reading: Some Consequences of Individual Differences in the Acquisition of Literacy." In: *Reading Research Quarterly*, 21(4), 1986, pp. 360-407.

[18] Ver discussões e resenhas a respeito da importância e dos limites das contribuições fonológicas para o início da leitura em: CASTLES, A. e COLTHEART, M. "Is There a Causal Link from Phonological Awareness to Success in Learning to Read?" In: *Cognition*, 91, 77–111, 2002; HULME, C.; SNOWLING, M.; CARAVOLAS, M.; CARROLL, J. "Phonological Skills Are (Probably) One Cause of Success in Learning to Read: A Comment on Castles and Coltheart." *Scientific Studies of Reading*, 9(4), 2005, pp. 351-365.

[19] RAYNER, K. e al. "How Psychological Science Informs the Teaching of Reading", 2001. TORGESEN, J.; WAGNER, R.; RASHOTTE, C. "Longitudinal Studies of Phonological Processing and Reading." In: *Journal of Learning Disabilities*, 27(10), 1994, pp. 276-286.

[20] JUEL, C. "The Impact of Early School Experiences on Initial Reading." In: DICKINSON, D. e NEUMAN, S. (Orgs.). *Handbook of Early Literacy Research*. New York: Guilford, 2005, Vol. 2, pp. 410-426.

[21] CURETON, G. *Action-Reading*. Boston: Allyn and Bacon, 1973.

[22] BRYANT, P. E.; MACLEAN, M.; BRADLEY, L. "Rhyme, Language, and Children's reading." In: *Applied Psycholinguistics*, 11(3), 1990, pp. 237-252.

[23] EHRI, "Grapheme-Phoneme Knowledge Is Essential for Learning to Read Words in English".

[24] Como descrito exaustivamente pelo psicólogo da Universidade de Haifa, David Share, o autodidatismo envolvido na atividade de ler em voz alta impulsiona o desenvolvimento da leitura por vários motivos. Através dele, as crianças pequenas obtêm representações das palavras de alta qualidade, rápida e adequadamente, contribuindo assim para que um número cada vez maior de palavras de seus livros se torne parte do seu acervo familiar. O processo exato pelo qual as crianças passam da leitura visual nas fases iniciais (quando estão, basicamente, memorizando a forma visual de uma palavra como PARE) para esse momento no qual já estão formando conexões entre letras e pronúncias tem sido uma questão que vem recebendo uma quantidade considerável de estudos nas últimas duas décadas. Linnea Ehri descreve este processo nos termos de várias fases. Durante uma fase pré-alfabética, os leitores identificam palavras usando dicas visuais (Uta Frith chamou esse período de *fase logográfica* da criança). Durante a fase alfabética parcial de Ehri, as crianças aprendem a fazer "conexões parciais" entre as letras de uma palavra e sua pronúncia. Consolidar essas conexões parciais é uma tarefa importante para o leitor iniciante e difere no caso de cada criança específica. Ver SHARE, D. "Phonological Recording and Self-Teaching: Sine Qua Non of Reading Acquisition." In: *Cognition*, 55(2), 1995, pp. 151-218. SHARE, D. "Phonological Recording and Orthographic Learning: A Direct Test of the Self-Teaching Hypothesis." In: *Journal of Experimental Child Psychology*, 72(2), 1999, pp. 95-129.

[25] CLAY, M. *What Did I Write?* Portsmouth, N.H.: Heinemann, 1975. CLAY, M. *Becoming Literate: The Construction of Inner Control*. Portsmouth, N.H.: Heinemann, 1991a. CLAY, M. "Introducing a New Storybook to Young Readers." In: *Reading Teacher*, 45, 1991b, pp. 264-273. CLAY, M. *Reading Recovery: A Guidebook for Teachers in Training*. Portsmouth, N.H.: Heinemann, 1993.

[26] PINNELL, G. e FOUNTAS, I. *Word Matters*. Portsmouth, N.H.: Heinemann, 1998. FOUNTAS, I. C. e PINNELL, G. *Guided Reading*. Portsmouth, N.H.: Heinemann, 1996.

[27] BIEMILLER, A. "The Development of the Use of Graphic and Contextual Information as Children Learn to Read." In: *Reading Research Quarterly*, 6, 1970, pp. 75-96.

[28] MCGUINESS, D. *Why Our Children Can't Read and What We Can Do about It*. New York: Simon and Schuster, 1997.

[29] BERNINGER, V. *Reading and Writing Acquisition*. Madison, Wis.: Brown and Benchmark, 1994.

[30] MOATS, L. C. *Speech to Print: Language Essentials for Teachers*. Baltimore, Md.: Brookes, 2000.

[31] JUEL, "The Impact of Early School Experiences on Initial Reading".

[32] OUELLETTE, G. P. "What's Meaning Got to Do with It? The Role of Vocabulary in Word Reading and Reading Comprehension." In: *Journal of Educational Psychology*, 98(3), 2006, pp. 554-566.

[33] WOLF, M. e KENNEDY, R. "How the Origins of Written Language Instruct Us to Teach: A Response to Steven Strauss." In: *Educational Researcher*, 32, 2003, pp. 26-30.

[34] NAGY, W. E. e ANDERSON, R. C. "How Many Words Are There in Printed School English?" In: *Reading Research Quarterly*, 19(3), 1984, pp. 304-330.

[35] Em seu primeiro dia na escola, crianças do primeiro ano de alto *status* socioeconômico conheciam de duas a quatro vezes mais palavras que, em média, crianças com níveis mais baixos. MOATS, L. C. "Overcoming the Language Gap." In: *American Educator*, 25(5), 2001, pp. 8-9.

[36] GRAVES, R. e SLATER, W. "Development of Reading Vocabularies in Rural Disadvantaged Students, Intercity Disadvantaged Students, and Middle Class Suburban Students." Texto apresentado no *Annual Meeting of the American Educational Research Association*, New York, 1987. KAME'ENUI, E. J.; DIXON, R. C.; CARNINE, D. W. "Issues in the Design of Vocabulary Instruction." In: MCKEOWN, M. G. e CURTIS, M. E. (Orgs.). *The Nature of Vocabulary Acquisition*. Hillsdale, N.J.: Erlbaum, 1987, pp. 129-145.

[37] Este esboço, necessariamente abrangente, representa uma compilação de pesquisas, em particular trabalhos sobre diferenças relacionadas à idade no cérebro leitor. Para descrições mais específicas deste trabalho, ver: BERNINGER, V. e RICHARDS, T. L. *Brain Literacy for Educators and Psychologists*. San Diego, Calif.: Academic, 2002. BOOTH, J. R.; BURMAN, D. D.; MEYER, J. R.; LEI, Z.; TROMMER, B. L.; DAVENPORT, N. D. "Neural Development of Selective Attention and Response Inhibition." In: *NeuroImage*, 20, 2003, pp. 737-751. PALMER, E. D.; BROWN, T. T.; PETERSEN, S. E.; SCHLAGGAR, B. L. "Investigation of the Functional Neuroanatomy of Single Word Reading and Its Development." In: *Scientific Studies of Reading*, 8(3), 2004, pp. 203-223. PUGH, K. R.; MENCL, W. E.; JENNER, A. R.; KATZ, L.; FROST, S. J.; LEE, J. R. "Neurobiological Studies of Reading and Reading Disability." In: *Journal of Communication Disorders*, 34, 2001, pp. 479-492. PUGH, K. R.; SHAYWITZ, B. A.; SHAYWITZ, S. E.; CONSTABLE, R. T.; SKUDLARSKI, P.; FULBRIGHT, R. K. "Cerebral Organization of Component Processes in Reading." In: *Brain*, 119, 1996, pp. 1221-1238. SANDAK, R.; MENCL, W. E.; FROST, S. J.; PUGH, K. R. "The Neurobiological Basis of Skilled and Impaired Reading: Recent Findings and New Directions." In: *Scientific Studies of Reading*, 8(3), 2004, pp. 273-292. SCHLAGGAR, B. L.; BROWN, T. T.; LUGAR, H. M.; VISSCHER, K. M.; MEIZIN, F. M.; PETERSEN, S. E. "Functional Neuroanatomical Differences between Adults and School-Age Children in the Processing of Single Words." In: *Science*, 296, 2002, pp. 1476-1479. SCHLAGGAR, B. L.; LUGAR, H. M.; BROWN, T. T.; COALSON, R. S.; PETERSEN, S. E. "fMRI Reveals Age Related Differences in the Development of Single Word Reading." In: *Society for Neuroscience Abstracts*, 2003. SHAYWITZ, B. A.; SHAYWITZ, S. E.; PUGH, K. R.; MENCL, W. E.; FULBRIGHT, R. K.; SJUDLARSKI, P. "Disruption of Posterior Brain Systems for Reading in Children with Developmental Dyslexia." In: *Biological Psychiatry*, 52, 2002, pp. 101-110. SIMOS, P.; BREIER, J.; FLETCHER, J.; FOORMAN, B.; MOUZAKI, A.; PAPANICOLAOU, A. "Age-Related Change in Regional Brain Activation during Phonological Decoding and Printed Word Recognition." In: *Developmental Neuropsychology*, 19(2), 2001, pp. 191-210. TURKELTAUB, P. E.; GAREAU, L.; FLOWERS, D. L.; ZEFFIRO, T. A.; EDEN, G. F. "Developmental of Neural Mechanisms for Reading." In: *Nature Neuroscience*, 6, 2003, pp. 767-773.

[38] CHURCH, J. A.; PETERSEN, S. E.; SCHLAGGER, B. L. "Regions Showing Developmental Effects in Reading Studies Show Length and Lexicality Effects in Adults." Pôster apresentado na Society for Neurosciences, 2006.
[39] PALMER et al., "Investigation of the Functional Neuranatomy of Single Word Reading and Its Development".
[40] IVRY, R. B.; JUSTUS, T. C.; MIDDLETON, C. "The Cerebellum, Timing, and Language: Implications for the Study of Dyslexia." In: WOLF, M. (Org.). *Dyslexia, Fluency, and the Brain*. Timonium, Md.: York, 2001, pp. 189-211. SCOTT, R. B.; STOODLEY, C. J.; ANSLOW, P.; PAUL, C.; STEIN, J. F.; SUGDEN, E. M.; MITCHELL, C. D. "Lateralized Cognitive Deficits in Children Following Cerebellar Lesions." In: *Developmental Medicine and Child Neurology*, 43, 2001, pp. 685-691.
[41] NAGY e ANDERSON, "How Many Words Are There in Printed School English?".
[42] STANOVICH, K. "Matthew Effects in Reading: Some Consequences of Individual Differences in the Acquisition of Literacy." In: *Reading Research Quarterly*, 21(4), 1986, pp. 360-407.
[43] KAME'ENUI et al., "Issues in the Design of Vocabulary Instruction".
[44] MOATS, "Overcoming the Language Gap".
[45] BECK, I.; MCKEOWN, M.; KUCAN, L. *Bringing Words to Life: Robust Vocabulary Instruction*. New York: Guildford, 2002.
[46] CARLISLE e STONE, "Exploring the Role of Morphemes in Word Reading".
[47] HENRY, M. *Unlocking Literacy: Effective Decoding and Spelling Instruction*. Baltimore, Md.: Brookes, 2003.
[48] MANN, V. e SINGSON, M. "Linking Morphological Knowledge to English Decoding Ability: Large Effects of Little Suffixes." In: ASSINK, E. M. H. e SANDRA, D. (Orgs.). *Reading Complex Words: Cross-Language Studies*. New York: Kluwer, 2003, pp. 1-25. REICHLE, E. D. e PERFETTI, C. A. "Morphology in Word Identification: A Word Experience Model That Accounts for Morpheme Frequency Effects." In: *Scientific Studies of Reading*, 7, 2003, pp. 219-237.
[49] GREENE, G. *The Lost Childhood and Other Essays*. New York: Viking, 1969, p. 13.
[50] WOLF, M. e KATZIR-COHEN, T. "Reading Fluency and Its Intervention." In: *Scientific Studies of Reading*, 5, 2001, pp. 211-238. (Edição especial). Minha ex-aluna e agora colega na Universidade de Haifa, Tami Katzir, e eu sugerimos, de forma específica, a seguinte definição que servirá, à sua maneira, como um esboço do que necessita acontecer nas fases iniciais da leitura. No princípio, a fluência da leitura é produto do desenvolvimento inicial da precisão e do desenvolvimento subsequente da automatização dos processos sublexicais subjacentes, dos processos lexicais e de sua integração na leitura de uma única palavra e no texto conectado. Nesse caso, estão incluídos processos perceptivos, fonológicos, ortográficos e morfológicos nos níveis da letra, do padrão da letra e da palavra, bem como processos semânticos e sintáticos no nível da palavra e no nível do texto conectado. Depois de totalmente desenvolvida, a fluência de leitura passa sua referência para um nível de precisão e velocidade em que a decodificação é relativamente fácil, a leitura oral é suave e precisa, com a prosódia correta, e a atenção pode ser alocada para a compreensão.
[51] MEYER, M. e FELTON, R. "Repeated Reading to Enhance Fluency: Old Approaches and New Directions." In: *Annals of Dyslexia*, 49, 1999, pp. 83-306. ALLINGTON, R. "Fluency: The Neglected Reading Goal." In: *Reading Teacher*, 36(6), 1982, pp. 556-561.
[52] CUTTING, L. e SCARBOROUGH, H. "Prediction of Reading Comprehension: Relative Contribution of Word Recognition, Language Proficiency, and Other Cognitive Skills Can Depend on How Comprehension Is Measured." In: Scientific Studies of Reading, 10(3), 2005, pp. 277-299.
[53] BADDELEY, A. *Working Memory*, Oxford: Clarendon, 1986.

[54] É preciso destacar que uma das formas que ajudaram na compreensão dessas relações foi o estudo de crianças com dificuldades de entendimento. Ver, por exemplo, os seguintes trabalhos: NATION, K. e SNOWLING, M. "Semantic processing and the development of word recognition skills: Evidence from children with reading comprehension difficulties." In: *Journal of Memory and Language* 39, 1998, 85-101; OAKHILL, J. e YUILL, I. "Higher Order Factors in Comprehension Disability: Processes and Remediation." In: CORNALDI, C. e OAKHILL, J. (Org.). *Reading Comprehension Difficulties: Processes and Intervention*. Mahwah, N.J.: Erlbaum, 1996. SHANKWEILER, D. e CRAIN, S. "Language Mechanisms and Reading Disorder: A Modular Approach." In: *Cognition*, 24(1–2), 1986, 139-168. Swanson, L. e Alexander, J. "Cognitive Processes as Predictors of Word Recognition and Reading Comprehension in Learning- Disabled and Skilled Readers: Revisiting the Specificity Hypothesis." In: *Journal of Educational Psychology*, 89(1), 1997, pp. 128-158.

[55] BRUNER, J. *Beyond the Information Given*. New York: Norton, 1973.

[56] LOVETT, M.; BORDEN, S.; DELUCA, T.; LACERENZA, L.; BENSON, N.; BRACKSTONE, D. "Treating the Core Deficits of Developmental Dyslexia: Evidence of Transfer-of- Learning Following Phonologically-and-Strategy-Based Reading Training Programs." In: *Developmental Psychology*, 30(6), 1994, pp. 805-822. LOVETT, M. "Remediating the Core Deficits of Developmental Reading Disability: A Double-Deficit Perspective." In: *Journal of Learning Disabilities*, 33(4), 2000, pp. 334-358.

A HISTÓRIA SEM FIM DO DESENVOLVIMENTO DA LEITURA (p. 187-219)

[1] BOWEN, E. "Out of a Book." In: *Collected Impressions*. New York: Knopf, 1950, p. 267.

[2] DEENEY, T.; WOLF, M.; O'ROURKE, A. "I Like To Take My Own Sweet Time: Case Study of a Child with Naming-Speed Deficits and Reading Disabilities." In: *Journal of Special Education*, 35(3), 1999, pp. 145–155.

[3] *Ibidem*.

[4] MCCARDLE, P. "Emergent and Early Literacy: Current Status and Research Directions." In: *Learning Disabilities Research and Practice*, 16(4), 2001, (edição especial).

[5] National Center for Education Statistics, NCES. *The Nation's Report Card: National Assessment of Educational Progress*. Washington, D.C.: U.S. Department of Education, diversos anos. National Institute of Child Health and Human Development, NICHD. *Report of the National Reading Panel. Teaching Children to Read: An Evidence-Based Assessment of the Scientific Research Literature on Reading and Its Implications for Reading Instruction. Reports of the Subgroups*. (NIH Publication No.00-4754.) Washington, D.C.: U.S. Government Printing Office, 2000.

[6] SCHWARTZ, L. S. "The Confessions of a Reader." In: GILBAR, S. *Reading in Bed*. Jaffrey, N.H.: Godine, 1992, p. 61.

[7] WINNER, E. *The Point of Words: Children's Understanding of Metaphor and Irony*. Cambridge, Mass.: Harvard University Press, 1988.

[8] TWAIN, M. *The Adventures of Huckleberry Finn*. New York: Harper and Row, 1965, pp. 81-82.

[9] VACCA, R. "From Efficient Decoders to Strategic Readers." In: *Reading and Writing in the Content Area*, 60(3), 2002, pp. 6-11.

[10] PRESSLEY, M. *Reading Instruction That Works: The Case for Balanced Teaching*. New York: Guilford, 2002.

[11] Ver as recomendações a seguir. PALINCSAR, A. S. e BROWN, A. L. "'Reciprocal Teaching' of Comprehension-Fostering and Comprehension-Monitoring Activities." In: *Cognition and Instruction*, 1, 1984, pp. 117-175. PALINCSAR, A. S. e HERRENKOHL, L. R. "Designing Collaborative Learning Contexts." In: *Theory into Practice*, 41(1),

2002, pp. 26-32. National Reading Council *Strategic Education Research Partnership*. Washington, D.C.: National Academies Press, 2003.

[12] ZAFON, C. R. *The Shadow of the Wind*. Trad.: Lucia Graves. New York: Penguin, 2001, pp. 5-6.

[13] ROSE, D. "Learning in a Digital Age." In: FISCHER, K. e KATZIR, T. *Usable Knowledge*. Cambridge: Cambridge University Press, no prelo.

[14] SANDAK, R. e al. "The Neurobiological Basis of Skilled and Impaired Reading: Recent Findings and New Directions." In: *Scientific Studies of Reading*, 8(3), 2004, pp. 273-292. SHAYWITZ, B. A. et al. "Disruption of Posterior Brain Systems for Reading in Children with Developmental Dyslexia." In: *Biological Psychiatry*, 52, 2002, pp. 101-110. TURKELTAUB, P. E.; GAREAU, L.; FLOWERS, D. L.; ZETTIRO, T. A.; EDEN, G. F. "Development of Neural Mechanisms for reading." In: *Nature Neuroscience*, 6, 2003, pp. 767-773.

[15] HUEY, E. B. *The Psychology and Pedagogy of Reading*. Cambridge, Mass.: MIT Press, 1908, p. 6.

[16] POSNER, M. I. e MCCANDLISS, B. D. "Brain Circuitry during Reading." In: KLEIN, R. M. e MCMULLEN, P. A. (Orgs.). *Converging Methods for Understanding Reading and Dyslexia*. Cambridge, Mass.: MIT Press, 1999, pp. 305-337; ver p. 316. POSNER, M. I. e PAVESE, A. "Anatomy of Word and Sentence Meaning." In: *Proceedings of the National Academy, of Sciences*, 95, 1998, pp. 899–905.

[17] POSNER, M. e RAICHLE, M. *Images of Mind*. New York: Scientific American Library, 1994. Algumas das melhores descrições da rede executiva, bem como da base cognitiva e neuroanatômica da leitura para leigos podem ser encontradas em BERNINGER, V. e RICHARDS, T. *Brain Literacy for Educators and Psychologists*. San Diego, Calif.: Academic Press, 2002. Ver também seu trabalho anterior: BERNINGER, V. *Reading and Writing Acquisition*. Madison, Wisc.: Brown & Benchmark, 1994.

[18] BADDELEY, A. *Working Memory*. Oxford: Oxford University Press, 1986. CARPENTER, P. A.; JUST, M. A.; REICHLE, E. D. "Working Memory and Executive Function: Evidence from Neuroimaging." In: *Current Opinion in Neurobiology*, 102, 2000, pp. 195-199. LYON, G. R. e KRASNEGOR, N. A. (Orgs.). *Attention, Memory, and Executive Function*. Baltimore, Md.: Brookes, 1996. SCHACTER, D. L. "Understanding Implicit Memory: A Cognitive Neuroscience Approach." In: COLLINS, A. F.; GATHERCOLE, S. E.; CONWAY, M. A.; MORRIS, P. E. (Orgs.). *Theories of Memory*. HILLSDALE, N.J.: Lawrence Erlbaum, 1993. SCHACTER, D. *Searching for Memory: The Brain, the Mind, and the Past*. New York: Basic Books, 1996. SCHACTER, D. *The Seven Sins of Memory: How the Mind Forgets and Remembers*. Boston, Mass.: Houghton Mifflin, 2001.

[19] TULVING, E. "Episodic and Semantic Memory: Where Should We Go from Here?" In: *Behavioral and Brain Sciences*, 9(3), 1986, pp. 573-577.

[20] SQUIRE, L. R. "Declarative and Nondeclarative Memory: Multiple Brain Systems Supporting Learning and Memory." In: SCHACTER, D. L. e TULVING, E. (Orgs.). *Memory Systems*. Cambridge, Mass.: MIT Press, 1994, pp. 203-231.

[21] BADDELEY, *Working Memory*.

[22] CARR, T. H. "Trying to Understand Reading and Dyslexia: Mental Chronometry, Individual Differences, Cognitive Neuroscience, and the Impact of Instruction as Converging Sources of Evidence." In: KLEIN, R. M. e MCMULLEN, P. A. (Orgs.). *Converging Methods for Understanding Reading and Dyslexia*. Cambridge, Mass.: MIT Press, 1999, pp. 459-491.

[23] HEBB, D. *The Organization of Behavior*. New York: Wiley, 1949.

[24] RAYNER, K. "What Have We Learned about Eye Movements during Reading?" In: KLEIN, R. e MCMULLEN, P. A. (Orgs.). *Converging Methods for Understanding Reading and Dyslexia*. Cambridge, Mass.: MIT Press, 1999.

[25] *Ibidem*.

[26] POSNER e MCCANDLISS, "Brain Circuitry during Reading".
[27] MCCANDLISS, B.; COHEN, L.; DEHAENE, S. "The Visual Word Form Area: Expertise for Reading in the Fusiform Gyrus." In: *Trends in Cognitive Science*, 7, 2003, pp. 293-299.
[28] CARR, "Trying to Understand Reading and Dyslexia".
[29] PAMMER, K.; HANSEN, P.; KRINGELBACH, M. I.; HOLLIDAY, I.; BARNES, G.; HILLEBRAND, A.; SINGH, K. D.; CORNELISSEN, P. I. "Visual Word Recognition: The First Half Second." In: *Neuroimage*, 22, 2004, pp. 1819-1825.
[30] MORAIS, J. e al. "Does Awareness of Speech as a Sequence of Phones Arise Spontaneously?" In: *Cognition*, 7, 1979, pp. 323-331.
[31] PETERSON, K. M.; REIS, A.; INGVAR, M. "Cognitive Processing in Literate and Illiterate Subjects: A Review of Some Recent Behavioral and Functional Neuroimaging Data." In: *Scandinavian Journal of Psychology*, 42(3), 2001, pp. 251–267.
[32] Como já mencionado, há mais pesquisas realizadas tendo por base imagens dos processos fonológicos do que de qualquer outro processo. Para visões gerais e perspectivas diferentes a respeito de quão variados podem ser os fatores e sistemas de linguagem que afetam tal ativação, ver as seguintes referências. BREZNITZ, Z. *Fluency in Reading*. MAHWAH, N.J.: ERLBAUM, 2006. COLTHEART, M.; CURTIS, B.; ATKINS, P.; HALLER, M. "Models of Reading Aloud: Dual Route and Parallel Distributed Processing Approach." In: *Psychological Review*, 100(4), 1993, pp. 589-608. FIEZ, J. A.; BALOTA, D. A.; RAICHLE, M. E.; PETERSEN, S. E. "Effects of Lexicality, Frequency, and Spelling-to-Sound Consistency on the Functional Anatomy of Reading." In: *Neuron*, 24, 1999, pp. 205-218. PERFETTI, C. A. e BOLGER, D. J. "The Brain Might Read That Way." In: *Scientific Studies of Reading*, 8(4), 2004, pp. 293-304. SANDAK e al. "The Neurobiological Basis of Skilled and Impaired Reading: Recent Findings and New Directions." PUGH, K. R. e al. "Predicting Reading Performance from Neuroimaging Profiles: The Cerebral Basis of Phonological Effects in Printed Word Identification." In: *Journal of Experimental Psychology: Human Perception and Performance*, 2, 1997, pp. 1-20. TAN, L. H. et al. "Reading Depends on Writing, in Chinese." In: *Proceedings of the National Academy of Sciences*, 102(24), 2005, pp. 8781-8785; POLDRACK, R. A.; WAGNER, A. D.; PRULL, M. W.; DESMOND, J. E.; GLOVER, G. H.; GABRIELI, J. D. "Functional Specialization for Semantic and Phonological Processing in the Left Inferior Prefrontal Cortex." In: *NeuroImage*, 1999, 10, pp. 15–35.
[33] WIMMER, H. e GOSWAMI, U. "The Influence of Orthographic Consistency on Reading Development: Word Recognition in English and German Children." In: *Cognition*, 51(1), 1994, pp. 91-103.
[34] PAULESU, E.; DEMONET, J. F.; FAZIO, F.; MCCRORY, F.; CHANOINE, V.; BRUNSWICK; N. "Dyslexia: Cultural Diversity and Biological Unity." In: *Science*, 291, 16 de março, 2001, pp. 2165-2167. PAULESU, E.; MCCRORY, E.; FAZIO, F.; MENONCELLO, L.; BRUNSWICK, N.; CAPPA, S. F.; COTELLI, M.; COSSU, G.; CORTE, F.; LORUSSO, M.; PESENTI, S.; GALLAGHER, A.; PERANI, D.; PRICE, C.; FRITH, C.; FRITH, U. "A Cultural Effect on Brain Function." In: *Nature Neuroscience*, 3, 2000, pp. 91-96.
[35] TAN et al. "Reading depends on Writing, in Chinese." KOBAYASHI, M. S.; HAYES, C. W.; MACARUSO, P.; HOOK, P. E.; KATO, J. "Effects of Mora Deletion, Nonword Repetition, Rapid Naming, and Visual Search Performance on Beginning Reading in Japanese." In: *Annals of Dyslexia*, 55(1), 2005, pp. 105–125.
[36] HOLCOMB, P. "Semantic Priming and Stimulus Degradation: Implications for the Role of the N400 in Language Processing." In: *Psychophysiology*, 30, 1993, pp. 47-61. HOLCOMB, P. "Automatic and Attentional Processing: An Event-Related Brain Potential Analysis of Semantic Priming." In: *Brain and Language*, 35, 1988, pp. 66-85. DITMAN, T.; HOLCOMB, P. J.; KUPERBERG, G. R. "The Contributions of Lexic Semantic and Discourse Information to the Resolution of Ambiguous Categorical Anaphors." *Language and Cognition Processes*, no prelo.

[37] PERFETTI, C. A. *Reading Ability*. New York: Oxford University Press, 1985. BECK, I. L.; PERFETTI, C. A.; MCKEOWN, M. G. "Effects of Long-Term Vocabulary Instruction on Lexical Access and Reading Comprehension." In: *Journal of Educational Psychology*, 74(4), 1982, pp. 506-521.

[38] FADIMAN, A. *Confessions of a Common Reader*. New York: Farrar, Straus, and Giroux, 1998.

[39] SALMELIN, R. e HELENIUS, P. "Functional Neuro-Anatomy of Impaired Reading in Dyslexia." In: *Scientific Studies of Reading*, 8(4), 2004, pp. 257-272.

[40] LOCKER Jr., L.; SIMPSON, G. B.; YATES, M. "Semantic Neighborhood Effects on the Recognition of Ambiguous Words." In: *Memory and Cognition*, 31(4), 2003, pp. 505-515.

[41] OSTERHOUT, L. e HOLCOMB, P. "Event-Related Brain Potentials Elicited by Syntactic Anomalies." In: *Journal of Memory and Language*, 31, 1992, pp. 285-806.

[42] Ver a discussão sobre as relações entre os processos sintáticos e semânticos em JACKENDOFF, R. *Foundations of Language*. Oxford: Oxford University Press, 2002.

[43] Essa ilustração, como a linha do tempo, é uma composição a partir de muitos trabalhos realizados por diversos laboratórios de pesquisa, particularmente aqueles citados nas referências a seguir: DEMB, J. B.; POLDRACK, R. A.; GABRIELI, J. D. "Functional Neuroimaging of Word Processing in Normal and Dyslexic Readers." In: KLEIN, R. M. e MCMULLEN, P. A. (Orgs.). *Converging Methods for Understanding Reading and Dyslexia*. Cambridge, Mass.: MIT Press, 1999. SIMOS, P. G.; FLETCHER, J. M.; FOORMAN, B. R.; FRANCIS, D. J.; CASTILLO, E. M.; DAVIS, R. N.; FITZGERALD, M.; MATHES, P. G.; DENTON, C.; PAPANICOLAOU, A. C. "Brain Activation Profiles During the Early States of Reading Acquisition.", no prelo. PALMER, E. D.; BROWN, T. T.; PETERSEN, S. E.; SCHLAGGAR, B. L. "Investigation of the Functional Neuroanatomy of Single Word Reading and Its Development." In: *Scientific Studies of Reading*, 8(3), 2004, pp. 203-223. SIMOS, P.; BREIER, J.; FLETCHER, J.; FOORMAN, B.; MOUZAKI, A.; PAPANICOLAOU, A. "Age-Related Change in Regional Brain Activation during Phonological Decoding and Printed Word Recognition." In: *Developmental Neuropsychology*, 19(2), 2001, pp. 191-210. PAMMER, K.; HANSEN, P. C.; KRINGELBACH, M. L.; HOLLIDAY, I.; BARNES, G.; HILLEBRAND, A.; SINGH, K. D.; CORNELISSEN, P. L. "Visual Word Recognition: The First Half Second." In: *Neuroimage*, 22, 2004, pp. 1819-1825.

[44] CARROLL, S. *Endless Forms Most Beautful*. New York: W.W. Norton, 2005.

[45] EPSTEIN, J. "The Noblest Distraction." In: *Plausible Prejudices: Essays on American Writing*. London: Norton, 1985, p. 395.

[46] HESSE, H. "The Magic of the Book." Trad.: D. Lindley. Citado em GILBAR, S. (Org.). *Reading in Bed*. Jaffrey, N.H.: Godine, 1974, p. 53.

[47] ELIOT, G. *Middlemarch*. New York: Penguin, 2000, p. 51. Romance publicado originalmente em 1871.

[48] *Ibidem*.

[49] DOSTOYEVSKY, F. *The Brothers Karamazov*. Trad.: Ignat Avsey. Oxford: Oxford University Press, 1994, pp. 318-319.

[50] MASON, R. e JUST,. M. "How the Brain Processes Causal Inferences in Text: A Theoretical Account of Generation and Integration Component Processes Utilizing Both Cerebral Hemispheres." In: *Psychological Science*, 15(1), 2004, pp. 1-7. KELLER, T.; CARPENTER, P.; JUST, M. "The Neural Bases of Sentence Comprehension: A fMRI Examination of Syntactic and Lexical Processes." In: *Cerebral Cortex*, 11(3), 2001, pp. 223-237.

[51] CAPLAN, D. "Functional Neuroimaging Studies of Written Sentence Comprehension." In: *Scientific Studies of Reading*, 8(3), 2004, pp. 225-240.

[52] HELENIUS, P.; SALMOLIN, R.; SERVICE, E.; CONNOLLY, J. F. "Distinct Time Course of Word and Sentence Comprehension in the Left Temporal Cortex." In: *Brain*, 121, 1998, pp. 1133-1142.

[53] RICH, A. "Cartographies of Silence." In: *The Dream of a Common Language*. New York: Norton, 1977, p. 20.

PARTE III: QUANDO O CÉREBRO NÃO CONSEGUE APRENDER A LER (p. 221)

[1] PLATO. "Laws." In: HAMILTON, E. e CAIRNS, E. (Orgs.). *The Collected Dialogues*. Princeton, N. J.: Princeton University Press, 1961, p. 810B.

O ENIGMA DA DISLEXIA E O DESIGN DO CÉREBRO (p. 223-263)

[1] STEINBECK, J. *East of Eden*. New York: Putnam Penguin, 1952, pp. 270-271.

[2] ADAMS, M. J. *Beginning to Read: Thinking and Learning about Print*. Cambridge, Mass.: MIT Press, 1990, p. 5. Citado por Juel, C. "Learning to Read and Write: a Longitudinal Study of 54 Children from First through Fourth Grade." In: *Journal of Educational Psychology*, 80, 1988, pp. 437-447.

[3] STEWART, J. Apresentação para a British Dyslexia Associations, Sheffield, Inglaterra, 2001.

[4] Primeiro, consideremos a definição da British Psychological Society: "A dislexia é evidente quando a leitura e/ou ortografia precisa e fluente das palavras se desenvolve de forma muito incompleta ou com grande dificuldade". British Psychological Society. *Dyslexia, Literacy, and Psychological Assessment*. Leicester: BPS, 1999, p. 18.

A International Dyslexia Association utiliza uma definição mais específica: "A dislexia é uma dificuldade de aprendizagem de origem neurológica. É caracterizada por dificuldades no reconhecimento preciso e/ou fluente de palavras e por habilidades deficientes de ortografia e decodificação. Essas dificuldades resultam, de forma típica, em um déficit no componente fonológico da linguagem, que é muitas vezes inesperado em relação a outras capacidades cognitivas e à oferta de um ensino eficaz na sala de aula. As consequências secundárias podem incluir problemas na compreensão do que é lido e redução da experiência de leitura, que podem impedir o crescimento do vocabulário e do conhecimento prévio."

A questão sobre o que se constitui a dislexia e sobre qual seria sua causa está longe de ser resolvida. Ver LYON, R.; SHAYWITZ, S.; SHAYWITZ, B. "A Definition of Dyslexia." *Annals of Dyslexia*, 2003, pp. 1-14. Uma controvérsia na definição de dislexia diz respeito ao nível de leitura da criança – se seria ou não compatível com seu QI. Algumas definições anteriores especificavam que os problemas de leitura não seriam resultado de um ambiente empobrecido, de condições emocionais, neurológicas ou do nível de inteligência – tais elementos eram citados como critérios de exclusão. Durante algum tempo, a dislexia só era diagnosticada se houvesse uma discrepância cuidadosamente definida entre o nível de leitura e o QI, algo inexplicável por esses critérios.

O uso da "discrepância de QI" na definição e diagnóstico da dislexia tornou-se alvo de uma longa série de críticas por parte de muitos eminentes pesquisadores da leitura. Tais pesquisadores levantaram muitas questões. Por exemplo, com que precisão poderia um teste de QI medir as competências verbais de crianças provenientes de ambientes linguisticamente empobrecidos? Se uma discrepância entre leitura e QI é uma informação valiosa, deveria basear-se na pontuação total do QI (que inclui o impacto da dislexia) ou em pontuações especiais e individuais, não linguísticas, do QI, ou em uma discrepância entre pontuações verbais e de desempenho? Se os métodos de ensino a serem usados em crianças com dislexia forem os mesmos usados para crianças com outros problemas de leitura não baseados em discrepâncias, por que usar essa discrepância em primeiro lugar? As crianças com problemas de leitura que não sejam baseados em discrepâncias deveriam receber intervenção linguística intensiva para melhorar o seu vocabulário, juntamente com intervenção de leitura? Se o uso da "discrepância de QI" fosse simplesmente abandonada, o que aconteceria com os casos de "discrepância clássica"? Essas crianças, que estão dois ou mais anos abaixo do seu potencial real, normalmente conseguem (com grande esforço invisível) ler ao nível de seu ano escolar e, portanto, não têm necessidade "documentável" de atendimento. Abandonar a discrepância como definição penalizará as crianças que têm uma discrepância de "dislexia clássica"? Essas questões levaram a um esforço coletivo para encontrar melhores formas de definir os vários tipos de crianças com dificuldades de leitura. Mas ainda não chegamos lá.

Outra questão é a resposta a intervenções de crianças com dificuldades de leitura. Em algumas escolas, o diagnóstico depende da falta de resposta a uma intervenção que, de outra forma, seria adequada. Ver FUCHS, L. e FUCHS, D. "Treatment Validity: A Simplifying Concept for Reconceptualizing the Identifi cation." *Learning Disabilities Research and Practice*, 4, 1998, pp 204-219.

Há ainda outro tópico, enfatizado neste livro, que diz respeito às origens neurobiológicas da dislexia. Ver MCCANDLISS, B. et NOBLE, K. "The Development of Reading Impairment." In: *Mental Retardation and Developmental Disabilities*, 9, 2003, pp. 196-203.

[5] ELLIS, A. "On Problems in Developing Culturally Transmitted Cognitive Modules." In: *Mind and Language*, 2(3), 1987, pp. 242-251.

[6] Ver as resenhas a seguir. HABIB, M. "The Neurological Basis of Developmental Dyslexia: An Overview and Working Hypothesis." In: *Brain*, 123, 2000, pp. 2373-2399. HEIM, S. e KEIL, A. "Large- Scale Neural Correlates of Developmental Dyslexia." In: *European Child and Adolescent Psychiatry*, 13, 2004, pp. 125-140. MCCANDLISS e NOBLE. "The Development of Reading Impairment." Os livros a seguir podem ser úteis, nesse sentido: BERNINGER, V. e RICHARDS, T. *Brain Literacy for Educators and Psychologists*. New York: Academic Press, 2002. SHAYWITZ, S. A. *Overcoming Dyslexia*. New York: Knopf, 2003. SNOWLING, M. J. "Reading Development and Dyslexia." In: GOSWAMI, U. C. (Org.). *Handbook of Cognitive Development*. Oxford: Blackwell, 2002, pp. 394-411.

[7] KUSSMAUL, A. *Die Störungen der Sprache: Versuch einer Pathologie der Sprache*. Leipzig: F. C. W. Vogel, 1877.

[8] DÉJERINE, J. "Contribution à l'étude anatomo-pathologique e clinique des différentes variétés de cécité verbalè." *Mém. Soc. Biol.*, 4, 1892, p. 61. Tal artigo converteu-se em tópico central de GESCHWIND, N. "The Anatomy of Acquired Disorders of Reading." In: *Selected Papers*. Dordrecht- Holland: Reidel, 1962–1974, pp. 4-19.

[9] GESCHWIND, N. "Disconnexion Syndromes in Animals and Man." In: *Brain*, 27, 1965, pp. 237-294, 585-644.

[10] FILDES, L. "A Psychological Inquiry into the Nature of the Condition known as Congenital Word Blindness." In: *Brain*, 44, 1921, pp. 286-307.

[11] SCHILDER, P. "Congenital Alexia and Its relation to Optic Perception." In: *Journal of Genetic Psychology*, 65, 1944, pp. 67-88.

[12] Durante os anos 1960, esse conjunto de habilidades foi chamada "análise auditiva" por Jerome Rosner e Dorothea Simon, que criaram o Teste de Análise Auditiva.

[13] KAVANAGH, J. e MATTINGLY, I. (Orgs.). *Language by Ear and by Eye: The Relationship between Speech and Reading*. Cambridge, Mass.: MIT Press, 1972. Ver, em especial, as referências a seguir. SHANKWEILER, D. e LIBERMAN, I. "Misreading: A Search for Causes," pp. 293-317. POSNER, M.; LEWIS, J.; CONRAD, C. "Component Processes in Reading: A Performance Analysis," pp. 159–204. GOUGH, P. "One Second of Reading," pp. 331-358.

[14] HANSON, V.; LIBERMAN, I.; SHANKWEILER, D. "Linguistic Coding by Deaf Children in Relation to Beginning Reading Success." *Haskins Laboratories Status Report on Speech Research*, 73, 1983.

[15] LIBERMAN, I. Y. e al. "Phonetic Segmentation and Recoding in the Beginning Reader." In: REBER, A. S. e SCARBOROUGH, D. L. (Orgs.). *Toward a Theory of Reading: The Proceedings of the CUNY Conference*. HILLSDALE, N.J.: Erlbaum, 1977. HIRSH-PASEK, K. A. "Phonics without Sounds: Reading Acquisition in the Congenitally Deaf." Tese de doutorado não publicada, Universidade da Pensilvânia, 1981. KATZ, R. B.; SHANKWEILER, D.; LIBERMAN, I. Y. "Memory for Item Order and Phonetic Recording in the Beginning Reader." In: *Journal of Experimental Child Psychology*, 32, 1981 pp. 474-484.

[16] VELLUTINO, F. R. *Dyslexia: Theory and Research*. Cambridge, Mass.: MIT Press, 1979. VELLUTINO, F. R. "Alternative Conceptualizations of Dyslexia: Evidence in Support of a Verbal-Deficit Hypothesis." In: WOLF, M.; MCQUILLAN, M. K.; RADWIN, E.

(Orgs.). *Thought and Language/Language and Reading*. Cambridge, Mass.: Harvard Educational Review, 1980, pp. 567–587. VELLUTINO, F. R. e SCANLON, D. "Phonological Coding, Phonological Awareness, and Reading Ability: Evidence from a Longitudinal and Experimental Study." In: *Merrill-Palmer Quarterly*, 33, 1987, pp. 321-363.

[17] Um exemplo: GOSWAMI, U. et al. "Amplitude Envelope Onsets and Developmental Dyslexia: A New Hypothesis." In: *Proceedings of the National Academy of Science*, 99, 2002, pp. 10911-10916.

[18] SHAYWITZ, *Overcoming Dyslexia*.

[19] TORGESEN, J. K. "Phonologically Based Reading Disabilities: Toward a Coherent Theory of One Kind of Learning Disability." In: STERNBERG, R. J. e SPEAR-SWERLING, L. (Orgs.). *Perspectives on Learning Disabilities*. New Haven, Conn.: Westview, 1999, pp. 231–262. TORGESEN, J. K.; RASHOTTE, C. A.; ALEXANDER, A. "Principles of Fluency Instruction in Reading: Relationships with Established Empirical Outcomes." In: WOLF, M. (Org.). *Dyslexia, Fluency, and the Brain*. Timonium, Md.: York, 2001, pp. 333-355. TORGESEN, J. K. et al. "Preventing Reading Failure in Young Children with Phonological Disabilities: Group and Individual Responses to Instruction." In: *Journal of Educational Psychology*, 91, 1999, pp. 579-593. TORGESEN, J. K. "Lessons Learned from Research on Interventions for Students who Have Difficulty Learning to Read." In MCCARDLE, P. e CHABRA, V. (Orgs.). *The Voice of Evidence in Reading Research*. Baltimore, Md.: Brookes, 2004, pp. 355-38.

[20] LOVETT, M. W.; LACERENZA, L.; BORDEN, S. L.; FRIJTERS, J. C.; STEINBACH, K. A.; DEPALMA, M. "Components of Effective Remediation for Developmental Reading Disabilities: Combining Phonologically and Strategy-Based Instruction to Improve Outcomes." In: *Journal of Educational Psychology*, 92, 2000, pp. 263-283. National Institute of Child Health and Human Developments, NICHD. *Report of the National Reading Panel. Teaching Children to Read: An Evidence-Based Assessment of the Scientific Research Literature on Reading and Its Implications for Reading Instruction–Reports of the Subgroups*. (NIH Publication No.00-4754.) Washington, D.C.: U.S. Government Printing Office, 2000. OLSON, R. K.; WISE, B.; JOHNSON, M.; RING, J. "The Etiology and Remediation of Phonologically Based Word Recognition and Spelling Disabilities: Are Phonological Deficits the 'whole' story?" In: BLACHMAN, B. (Org.). *Foundations of Reading Acquisition and Dyslexia: Implications for Early Intervention.* Mahwah, N.J.: Lawrence Erlbaum, 1997. RAMUS, F. "Outstanding Questions about Phonological Processing in Dyslexia." In: *Dyslexia*, 7, 2001, pp. 197-216. SHAYWITZ, *Overcoming Dyslexia*. SIMOS, P.; BREIER, J.; FLETCHER, J.; FOORMAN, B.; MOUZAKI, A.; PAPANICOLAOU, A. "Age Related Changes in Regional Brain Activation during Phonological Decoding and Printed Word Recognition." In: *Developmental Neuropsychology*, 19(2), 2001, pp. 191-210. SIMOS, P. G.; BREIER, J.; FLETCHER, J.; FOORMAN, B.; BERGMAN, E.; FISHBECK, K.; PAPANICOLAOU, A. "Brain Activation Profiles in Dyslexic Children during Non-Word Reading: A Magnetic Source Imagery Study." In: *Neuroscience Letters*, 290, 2000, pp. 61-65. SNOWLING, "Reading Development and Dyslexia." WISE, B. W.; RING, J.; OLSON, R. K. "Training Phonological Awareness with and without Explicit Attention to Articulation." In: *Journal of Experimental Child Psychology*, 72, 1999, pp. 271-304.

[21] BERNINGER, V. e RICHARDS, T. *Brain Literacy for Educators and Psychologists*. New York: Academic Press, 2002. BERNINGER, V.; ABBOTT, R.; THOMASON, J.; WAGNER, R.; SWANSON, H. L.; WIJSMAN, E.; RASKIND, W. "Modeling Developmental Phonological Core Deficits within a Working-Memory Architecture in Children and Adults with Developmental Dyslexia." In: *Scientific Studies in Reading*, 10, 2006, pp. 165-198.

[22] SWANSON, H. L. "Working Memory, Short Term Memory, Speech Rate, Word Recognition, and Reading Comprehension in Learning Disabled Readers: Does the Executive System Have a Role?" *Intelligence*, 28, 2000, pp. 1-30. GUNTER, T.; WAGNER,

S.; Friederici, A. "Working Memory and Lexical Ambiguity Resolution as Revealed by ERPS: A Difficult Case for Activation Theories." In: *Journal of Cognitive Neuroscience*, 15, 2003, pp. 43-65.

[23] BOLGER, D.; PERFETTI, C.; SCHNEIDER, W. "Cross-Cultural Effect on the Brain Revisited: Universal Structures Plus Writing System Variation." In: *Human Brain Mapping*, 25, 2005, pp. 92-104.

[24] Para uma discussão mais elaborada, ver: LABERGE, D. e SAMUELS, J. "Toward a Theory of Automatic Information Processing in Reading." In: *Cognitive Psychology*, 1974, 6, pp. 293-323; PERFETTI, C. *Reading Ability*. New York: Oxford University Press, 1985. WOLF, M. e KATZIR-COHEN, T. "Reading Fluency and Its Interventions." In: *Scientific Studies of Reading*, 5, 2001, pp. 211–238. (Edição especial).

[25] BREITMEYER, B. G. "Unmasking Visual Masking: A Look at the 'Why' Behind the Veil of 'How.'" In: *Psychological Review*, 87(1), 1980, pp. 52-69; LOVEGROVE, W. J. e WILLIAMS, M. C. *Visual Processes in Reading and Reading Disabilities*. HILLSDALE, N.J.: Lawrence Erlbaum, 1993.

[26] TALLAL, P. e PIERCY, M. "Developmental Aphasia: Impaired Rate of Nonverbal Processing as a Function of Sensory Modality." In: *Neuropsychologia*, 11, 1973, pp. 389-398.

[27] Ver, por exemplo, STOODLEY, C.; HILL, P.; STEIN, J.; BISHOP, D. "Do Auditory Event-Related Potentials Differ in Dyslexics Even When Auditory Discrimination Is Normal?" Pôster de apresentação na sociedade de neurociências, 2006.

[28] GOSWAMI, U. "How to Beat Dyslexia." In: *Psychologist*, 16(9), 2003, pp. 462-465.

[29] WOLFF, P. "Impaired Temporal Resolution in Developmental Dyslexia." In: TALLAL, P.; GALABURDA, A. M.; LLINAS, R. R.; VON EULER, C. (Orgs.). "Temporal Information Processing in the Neurons System: Special References to Dyslexia and Dysphasia." In: *Annals of the New York Academy of Sciences*, 682, 1993, p. 101.

[30] Praticamente todos os muitos estudos de Breznitz foram sintetizados em BREZNITZ, Z. *Fluency in Reading*. MAHWAH, N.J.: Lawrence Erlbaum, 2006.

[31] Isso é o que Charles Perfetti descreveu como "processamento de texto assíncrono, a deficiência no processamento de eventos que foram concluídos a tempo para que os eventos subsequentes possam utilizar essa saída". Em outras palavras, se houver uma assincronia ou incompatibilidade no tempo em que a informação visual é integrada às representações fonológicas, a integração automática grafema-fonema, cerne do princípio alfabético, não será alcançada. Será como o jogador de primeira base que não está sincronizado com o arremessador. Uma possível consequência psicológica é a hipoativação do giro angular esquerdo, como visto em alguns estudos.

[32] DENCKLA, M. B. e RUDEL, G. "Rapid Automatized Naming (RAN): Dyslexia Differentiated from Other Leaning Disabilities." In: *Neuropsychologia*, 14(4), 1976, pp. 471-479. DENCKLA, M. B. "Color- Naming Defects in Dyslexic Boys." In: *Cortex*, 8, 1972, pp. 164-176. DENCKLA, M. B. e RUDEL, R. "Naming of Object Drawings by Dyslexia and Other Learning-Disabled Children." In: *Brain and Language*, 3, 1976, pp. 1-16.

[33] AMTMANN, D.; ABBOTT, R. D.; BERNINGER, V. W. "Mixture Growth Models of RAN and RAS Row by Row: Insight into the Reading System at Work across Time." In: *Reading and Writing, an Interdisciplinary Journal*, no prelo. CUTTING, L. e DENCKLA, M. B. "The Relationship of Rapid Serial Naming and Word Reading in Normally Developing Readers: An Exploratory Model." In: *Reading and Writing*, 14, 2001, 673-705. ECKERT, M. A.; LEONARD, C. M.; RICHARD, T. L.; AYLWARD, E. H.; THOMAS, J.; BERNINGER, V. W. "Anatomical Correlates of Dyslexia: Frontal and Cerebellar Findings." In: *Brain*, 126 (2), 2003, pp. 482-494. HEMPENSTALL, K. "Beyond Phonemic Awareness." *Australian Journal of Learning Disabilities*, 9, 2004, pp. 3-12. HO, C.; CHAN, D. W.; LEE, S.; TSANG, S.; LUAN, V. "Cognitive Profiling and Preliminary Subtyping in Chinese Developmental Dyslexia." In: *Cognition*, 91, 2004, 43–75. HYND, G. W.; HOOPER, S. R.; TAKAHASHI,

T. "Dyslexia and Language- Based Disabilities." In: COFFEY, C. E. e BRUMBACK, R. A. (Orgs.). *Textbook of Pediatric Neuropsychiatrists*. Washington, D.C.: American Psychiatric Press, 1998, pp. 691-718. KOBAYASHI, M.; HAYNES, C.; MACARUSO, P.; HOOK, P.; KATO, J. "Effects of Mora Deletion, Nonword Repetition, Rapid Naming, and Visual Search Performance on Beginning Reading in Japanese." In: *Annals of Dyslexia*, 55, 2005, pp. 105-128. KORHONEN, T. "The Persistence of Rapid Naming Problems in Children with Reading Disabilities: A Nine-Year Follow-Up." In: *Journal of Learning Disabilities*, 28, 1995, pp. 232-239. LYYTINEN, H. Presentation of Finnish Longitudinal Study Data, International Dyslexia Association, Philadelphia, PA., outubro de 2003. MANIS, F. R.; SEIDENBERG, M. S.; DOI, L. M. "See Dick RAN: Rapid Naming and the Longitudinal Prediction of Reading Subskills in First-and Second-Graders." In: *Scientific Studies of Reading*, 3, 1999, pp. 129-157. MCBRIDE-CHANG, C. e MANIS, F. "Structural Invariance in the Associations of Naming Speed, Phonological Awareness, and Verbal Reasoning in Good and Poor Readers: A Test of the Double- Deficit Hypothesis." In: *Reading and Writing*, 8, 1996, pp. 323-339. NICOLSON, R. I.; FAWCETT, A. J.; DEAN, P. "Time Estimation Deficits in Developmental Dyslexia: Evidence of Cerebellar Involvement." In: *Proceedings: Biological Sciences*, 259 (1354), 1995, pp. 43-47. NICOLSON, R. I. e FAWCETT, A. J. "Automaticity: A New Framework for Dyslexia Research?" In: *Cognition*, 35 (2), 1990, pp. 159-182. SWANSON, H.; TRAINEN, G.; NECOECHEA, D.; HAMMILL, D. "Rapid Naming, Phonological Awareness, and Reading: A Meta-analysis of the Correlation Literature." In: *Review of Educational Research*, 73, 2003, pp. 407-440. TAN, L-H.; SPINKS, J.; EDEN, G.; PERFETTI, C.; SIOK, W. T. "Reading Depends on Writing in Chinese." In: *PNAS*, 102, 2005, pp. 8781-8785. VAN DEN BOS, K. P.; ZIJLSTRA, B. J. H.; LUTJE SPELBERG, H. C. "Life-Span Data on Continuous-Naming Speeds, of Numbers, Letters, Colors, and Pictures Objects, and Word-Reading Speed." In: *Scientific Studies of Reading*, 6, 2002, pp. 25-49. De JONG, P. F. e VAN DER LEIJ, A. "Specific Contributions of Phonological Abilities to Early Reading Acquisition: Results from a Dutch Latent-Variable Longitudinal Study." In: *Journal of Educational Psychology*, 91, 1999, pp. 450-476. WABER, D. "Aberrations in Timing in Children with Impaired Reading: Cause, Effect, or Correlate?" In: WOLF, M. (Org.). *Dyslexia, Fluency, and the Brain. Extraordinary Brain Series*. Baltimore, Md.: York Press, 2001, p. 103. WIMMER, H. e H. MAYRINGER. "Dysfluent Reading in the Absence of Spelling Difficulties: A Specific Disability in Regular Orthographies." In: *Journal of Educational Psychology*, 94, 2002, pp. 272-277. WOLF, M. e BOWERS, P. "The 'Double-Deficit Hypothesis' for the Developmental Dyslexias." In: *Journal of Educational Psychology*, 91, 1999, pp. 1-24. Wolf, M; BOWERS, P. G.; BIDDLE, K. "Naming-Speed Processes, Timing, and Reading: A Conceptual Review." In: *Journal of Learning Disabilities*, 3, 2000, pp. 387-407, edição especial.

[34] Anos atrás, meu colega do estado da Geórgia, Robin Morris, a educadora suíça Heidi Bally e eu iniciamos uma pesquisa longitudinal de cinco anos a partir dos desdobramentos da velocidade de nomeação em crianças com e sem dislexia de desenvolvimento. Ao estudar essas crianças até o quarto ano e depois olhar para trás para ver como se saíram as crianças com dislexia, tivemos várias surpresas. Para o caso das crianças que, mais tarde, teriam dificuldades de leitura, as diferenças na velocidade de nomeação estavam bem evidentes desde os primeiros dias da educação infantil. Tais crianças não conseguiam nomear símbolos rapidamente. Qualquer símbolo, mas especialmente cartas. A maioria das crianças com dificuldades graves de leitura entrou na escola com algum problema de velocidade da recuperação (geralmente não detectado no discurso oral) e uma dificuldade particular na velocidade de processamento de letras e na tarefa de nomeação em velocidade mais alta, diante de tarefas com troca de conjuntos (RAS), mais exigentes do ponto de vista cognitivo. O teste RAS foi altamente preditivo para as crianças que enfrentaram mais dificuldades na educação infantil, pois elas não conseguiram completar a tarefa RAS de troca de conjunto,

embora pudessem nomear suas letras e números individualmente. Sabemos agora, por intermédio de muitos pesquisadores, que essas diferenças na velocidade de nomeação ou recuperação são encontradas durante a infância e continuam na idade adulta. Também sabemos que a capacidade geral de nomeação em crianças a partir dos 3 anos de idade pode indicar algumas formas de dificuldades de leitura posteriores, além de outras dificuldades de aprendizagem, como a perturbação do déficit de atenção. Veja, por exemplo, o excelente trabalho de Rosemary Tannock a respeito das intrigantes diferenças na cor e na nomenclatura de objetos, apresentados por crianças que possuem apenas problemas de atenção: TANNOCK, R.; MARTINUSSEN, R.; FRIJTERS, J. "Naming Speed Performance and Stimulant Effects Indicate Effortful, Semantic Processing, Deficits in Attention Deficit/Hyperactivity Disorder." In: *Journal of the American Academy of child and Adolescent Psychiatry*, 28, 2000, pp. 237-252. Ver também WOLF, M. "Rapid Alternating Stimulus (R.A.S.) Naming: A Longitudinal Study in Average and Impaired Readers." In: *Brain and Language*, 27, 1986, pp. 360-379; WOLF, M. e DENCKLA, M. *RAN/RAS Tests (Rapid Automatized Naming and Rapid Alternating Stimulus Test)*. Austin, Tex.: Pro-Ed, 2005.

[35] GESCHWIND, N. "Disconnexion Syndromes in Animals and Man.", 1965.

[36] MISRA, M.; KATZIR, T.; WOLF, M.; POLDRACK, R.; POLDRACK, A. "Neural Systems for Rapid Automatized Naming in Skilled Readers: Unraveling the RAN- Reading Relationship." In: *Scientific Studies in Reading*, 8(3), 2004, pp. 241-256.

[37] MCCANDLISS, B.; COHEN, L.; DEHAENE, S. "Visual word form area: Expertise for reading in the fusiform gyrus." In: *Trends in Cognitive Science*, 7, 2003, pp. 293-299.

[38] DIFILIPPO, G.; BRIZZOLARA, D.; CHILOSI, A.; DELUCA, M.; JUDICA, A.; PECINI, C.; SPINELL, D.; ZOCCOLOTTI, P. "Naming Speed and Visual Search Deficits in Disabled Readers: Evidence from an Orthographically Regular Language", no prelo; ver também NÄRHI, V.; AHONEN, T.; ARO, M.; LEPPÄSAARI, T.; KORHONEN, T.; TOLVANEN, A.; LYYTINEN, H. "Rapid Serial Naming: Relations between Different Stimuli and Neuropsychological Factors." In: *Brain and Language*, 92, 2005, pp. 45-57.

[39] ACKERMAN, P. T.; DYKMAN, R. A.; GARDNER, M. Y. "Counting Rate, Naming Speed, Phonological Sensitivity, and Memory Span: Major Factors in Dyslexia." In: *Journal of Learning Disabilities*, 23, 1990, pp. 325-337. AMTMANN, D.; ABBOTT, R.; BERNINGER, V. "Mixture Growth Models of RAN and RAS Row by Row: Insight into the Reading System at Work across Time." In: *Reading and Writing*, no prelo. BADIAN, N. "Predicting Reading Ability over the Long Term: The Changing Roles of Letter Naming, Phonological Awareness, and Orthographic Knowledge." In: *Annals of Dyslexia*, 45, 1995, pp. 79–86. COMPTON, D. "Modeling the Relationship between Growth in Rapid Naming Speed and Growth in Decoding Skill in First Grade Children." In: *Journal of Educational Psychology*, 95, 2000, pp. 225-239. DIFILIPPO et al. "Naming Speed and Visual Search Deficits in Disabled Readers." GOSWAMI, U. et al. "Amplitude Envelope Onsets and Developmental Dyslexia: A New Hypothesis." In: *PNAS*, 99, 2002, pp. 10911-10916. KIRBY, J.; PARILLA, R.; PFEIFFER, S. "Naming Speed and Phonological Awareness as Predictors of Reading Development." In: *Journal of Educational Psychology*, 95(3), 2003, pp. 453-464. PAMMER, K.; HANSON, P.; KRINGLEBACH, M.; HOLLIDAY, I.; BARNES, G.; HILLEBRAND, A.; SINGH, K.; CORNELISSEN, P. "Visual Word Recognition: The First Half Second." In: *Neuroimaging*, 22, 2004, pp. 1819-1825. SWANSON, H.; TRAINEN, G.; NECOECHEA, D.; HAMMILL, D. "Rapid Naming, Phonological Awareness, and Reading: A Meta-Analysis of the Correlation Literature." In: *Review of Educational Research*, 73, 2003, pp. 407-440. WOLF, M.; BALLY, H.; MORRIS, R. "Automaticity, Retrieval Processes, and Reading: A Longitudinal Study in Average and Impaired Readers." In: *Child Development*, 57, 1986, pp. 988-1000.

[40] GESCHWIND, "Disconnexion Syndromes in Animals and Man".
[41] BLANK, M. e BRIDGER, W. H. "Cross-Modal Transfer in Nursery School Children." In: *Journal of Comparative and Physiological Psychology*, 58, 1964, pp. 277-282. BIRCH, H. e BELMONT, L. "Auditory-Visual Integration in Normal and Retarded Readers." In: *American Journal of Orthopsychiatry*, 34, 1964, pp. 852-861.
[42] Ver, por exemplo, PUGH, K. e al. "The Angular Gyrus in Developmental Dyslexia: Task Specific Differences in Functional Connectivity in Posterior Cortex." In: *Psychological Science*, 11, 2000, pp. 51-59.
[43] PAULESU, E.; FRITH, U.; SNOWLING, M.; GALLAGHER, A.; MORTON, J.; FRACKOWIAK, R. S. J. "Is Developmental Dyslexia a Disconnection Syndrome? Evidence from PET Scanning." In: *Brain*, 119, 1996, pp. 143-157. PAULESU, E.; DEMONET, J.; FAZIO, F.; MCCRORY, E.; CHANOINE, V.; BRUNSWICK, N.; CAPPA, S.; COSSU, G.; HABIB, M.; FRITH, C.; FRITH, U. "Dyslexia: Cultural Diversity and Biological Unity." In: *Science*, 291, 2001, pp. 2165-2167.
[44] PAULESU, E. et al. "Is Developmental Dyslexia a Disconnection Syndrome?"
[45] SHAYWITZ, S.; SHAYWITZ, B.; MENCL, W. E.; FULBRIGHT, R. K. SKUDLARSKI, P.; CONSTABLE, R. T.; PUGH, K.; HOLAHAN, J.; MARCHIONE, K.; FLETCHER, J.; LYONE, G. R.; GORE, J. "Disruption of Posterior Brain Systems for Reading in Children with Developmental Dyslexia." In: *Biological Psychiatry*, 52, 2003, pp. 101-110.
[46] Ver a discussão a respeito da conectividade funcional em SANDAK, R.; MENCL, W. E.; FROST, S. J.; PUGH, K. R. "The Neurological Basis of Skilled and Impaired Reading: Recent Findings and New Directions." In: *Scientific Studies of Reading*, 8(3), 2004, pp. 273-292.
[47] HORWITZ, B.; RUMSEY, J.; DONOHUE, B. "Functional Connectivity of the Angular Gyrus in Normal Reading and Dyslexia." In: *Proceedings of the National Academy of Sciences*, 95, 1998, pp. 8939-8944.
[48] SIMOS, P. G.; BREIER, J.; FLETCHER, J.; FOORMAN, B.; BERGMAN, E.; FISHBECK, K.; PAPANICOLAOU, A. "Brain Activation Profiles in Dyslexic Children during Non-Word Reading. A Magnetic Source Imagery Study." In: *Neuroscience Letters*, 290, 2000, pp. 61-65.
[49] GABRIELI, J. D. E.; POLDRACK, R. A.; DESMOND, J. E. "The Role of Left Prefrontal Cortex in Language and Memory." In: *Proceedings of National Academy of Sciences*, 95(3), 1998, pp. 906-913.
[50] ORTON, S. "Specific Reading Disability–Strephosymbolia." In: *Journal of the American Medical Association*, 90, 1928, pp. 1095-1099.
[51] BRYDEN, M. P. "Laterality Effects in Dichotic Listening: Relations with Handedness and Reading Ability in Children." In: *Neuropsychologia*, 8, 1970, pp. 443-450.
[52] ZURIF, E. B. e. CARSON, G. "Dyslexia in Relation to Cerebral Dominance and Temporal Analysis." Neuropsychologia, 8, pp. 351–361.
[53] RAYNER, K. e PIROZZOLO, F. "Hemisphere Specialization in Reading and Word Recognition." In: *Brain and Language*, 4(2), 1977, pp. 248-261. RAYNER, K. e PIROZZOLO, F. "Cerebral Organization and Reading Disability." In: *Neuropsychologia*, 17(5), 1979, pp. 485-491.
[54] KOMSHIAN YENI, G.; ISENBERG, D.; GOLDBERG, H. "Cerebral Dominance and Reading Disability: Lateral Visual Field Deficit in Poor Readers." In: *Neuropsychologia*, 13, 1975, pp. 83-94.
[55] TURKELTAUB, P.; GAREAU, L.; FLOWERS, L.; ZEFFIRO, T.; EDEN, G. "Development of Neural Mechanisms for Reading." In: *Nature Neuroscience*, 6, 2003, pp. 767-773.
[56] SHAYWITZ, S.; SHAYWITZ, B.; PUGH, K.; MENCL, W. e al. (1998). "Functional disruption in the organization of the brain for reading in dyslexia." Proceedings of the National Academy of Sciences, USA, 95, pp. 2636–2641. S. Shaywitz (2003). Overcoming Dyslexia.
[57] SHAYWITZ, S.; SHAYWITZ, B.; MENCL, W. E; FULBRIGHT, R. K.; SKUDLARSKI, P.; CONSTABLE, R. T.; PUGH, K.; HOLAHAN, J.; MARCHIONE, K.; FLETCHER, J.;

LYON, G. R.; GORE, J. "Disruption of Posterior Brain Systems for Reading in Children with Developmental Dyslexia." In: *Biological Psychiatry*, 52, 2003, pp. 101-110.

[58] DEMB, J. B.; POLDRACK, R. A.; GABRIELI, J. D. E. "Functional Neuroimaging of Word Processing in Normal and Dyslexic Readers." In: KLEIN, R. M. e MCMULLEN, P. A. (Orgs.). *Converging Methods for Understanding Reading and Dyslexia*. Cambridge, Mass.: MIT Press, 1999. Habib. "The Neurological Basis of Developmental Dyslexia." LEPPANEN, P. H. T. e LYYTINEN, H. "Auditory Event-Related Potentials in the Study of Developmental Language Related Disorders." In: *Auditory and Neuro-Otology*, 2, 1997, pp. 308-340. LYYTINEN, H. Apresentação dos dados de estudo longitudinal em finlandês, International Dyslexia Association: Philadelphia, PA., outubro de 2003. PAMMER e al. "Visual Word Recognition: The First Half Second." RUMSEY, J. M. "Orthographic Components of Word Recognition: A PET- rCBF Study." In: *Brain*, 120, 1997, pp. 739-759. SALMELIN, R. e HELENIUS, P. "Functional Neuro-Anatomy of Impaired Reading in Dyslexia." In: *Scientific Studies of Reading*, 8(4), 2004, pp. 257-272. SANDAK et al. "The Neurobiological Basis of Skilled and Impaired Reading: Recent Findings and New Directions." SIMOS et al. "Age-Related Changes in Regional Brain Activation during Phonological Decoding and Printed Word Recognition." TURKELTAUB e al. "Developmental of Neural Mechanisms for Reading."

[59] TZENG, O. e WANG, W. S-Y. "Search for a Common Neurocognitive Mechanism for Language and Movements." In: *American Journal of Physiology*, 246, 1982, pp. 904-911. TZENG, O. e WANG, W. S-Y. "The First Two R's." In: *American Scientist*, 71, 1983, pp. 238-243.

[60] Guinevere Eden e a sua equipe de investigação resumiram algumas das possíveis hipóteses não exclusivas sobre aquilo que está subjacente às dificuldades fonológicas na dislexia: uma desconexão nos circuitos do hemisfério esquerdo, entre as regiões frontais e posteriores; deficiências nas regiões frontais da esquerda; diferenças e falhas de desenvolvimento nas regiões parietais-temporais da esquerda, particularmente áreas ao redor do giro angular; reorganização do hemisfério direito para compensar as deficiências do hemisfério esquerdo. Na verdade, as deficiências posteriores podem fazer com que as crianças com dislexia se apoiem excessivamente nas áreas frontais bilaterais para compensar aquilo que suas estruturas posteriores na esquerda não são capazes de fazer com facilidade ou rapidez. E as deficiências posteriores no hemisfério esquerdo também poderiam ajudar a explicar por que as regiões do hemisfério direito inicialmente se tornam mais desenvolvidas. Na leitura típica, a informação visual é direcionada para áreas occipitais em ambos os hemisférios e, em seguida, a informação que está em áreas visuais da direita é enviada, através do corpo caloso, para regiões visuais na esquerda, sendo assim integrada às operações ortográficas e linguísticas lateralizadas no lado esquerda. Na dislexia, as deficiências posteriores na esquerda seriam responsáveis por reorganizar essa direção de entrada. Como sublinha o grupo de Shaywitz, tal subativação posterior resultaria em estratégias de leitura menos eficientes e com utilização intensiva de memória.

[61] PAMMER et al. "Visual Word Recognition: The First Second Half."

[62] DOEHRING, D.; HOSHKO, I. M.; BRYANS, M. "Statistical Classification of Children with Reading Problems." In: *Journal of Clinical Neuropsychology*, 1, 1979, pp. 5-16. MORRIS, R. "The Developmental Classification of Leaning Disabled Children Using Cluster Analysis." Dissertação, Universidade da Flórida, 1982.

[63] WOLF, M. e BOWERS, P. "The Question of Naming-Speed Deficits in Developmental Reading Disability: An Introduction to the Double-Deficit Hypothesis." In: *Journal of Learning Disabilities*, 33, 2000, pp. 322-324, edição especial. WOLF e BOWERS, "The 'Double- Deficit Hypothesis' for the Developmental Dyslexias." BOWERS, P. G. e WOLF, M. "Theoretical Links among Naming Speed, Precise Timing Mechanisms, and Orthographic Skill in Dyslexia." In: *Reading and Writing*, 5, 1993, pp. 69-85.

[64] WOLF, M. e BOWERS, P. G. "The Double-Deficit Hypothesis for the Developmental Dyslexias." In: *Journal of Educational Psychology*, 91, 1999, pp. 415-438.

[65] Ver trabalhos específicos nessas línguas: WIMMER, H.; MAYRINGER, H.; LANDERL, K. "The Double-Deficit Hypothesis and Difficulties in Learning to Read Regular Orthography." In: *Journal of Educational Psychology*, 92, 2000, pp. 668-680. ESCRIBANO, C. "The Double-Deficit Hypothesis: Comparing the Subtypes of Children in a Regular Orthography.".

[66] LOVETT, M. W. K.; STEINBACH, A. e FRIJTERS, J. C. (2000). "Remediating the Core Deficits of Developmental Reading Disability: A Double- Deficit Perspective." *Journal of Learning Disabilities*, 33(4), pp. 334-358.

[67] Ver o trabalho de Bruce Pennington, psicólogo cognitivo e genético da Universidade de Denver, que mais se aproxima da visão de base desenvolvimentista e de processos múltiplos para o desenvolvimento e fracasso da leitura descrita aqui. Na sua visão do "déficit cognitivo múltiplo", podem existir diversas fontes e manifestações possíveis do fracasso na leitura e, dependendo do tempo e da intervenção, estas podem tomar formas diferentes ao longo do tempo. PENNINGTON, B. F. "From Single to Multiple Deficit Models of Developmental Disorders." In: *Cognition*, 101(2), 2006, pp. 385-413.

[68] MORRIS, R.; STUEBING, K.; FLETCHER, J.; SHAYWITZ, S.; LYON, G. R.; SHANKWEILER, D. et al. "Subtypes of Reading Disability: Variability around a Phonological Core." In: *Journal of Educational Psychology*, 90, 1998, pp. 347-373.

[69] DEENEY, Theresa; GIDNEY, Calvin; WOLF, Maryanne; MORRIS, Robin. "Phonological Skills of African American Reading-Disabled Children." Artigo apresentado para a Society for the Scientific Studies of Reading, 1998.

[70] LANDERL, K.; WIMMER, H.; FRITH, U. "The Impact of Orthographic Consistency on Dyslexia: A German-English Comparison." In: *Cognition*, 63(3), 1997, pp. 315-334.

[71] PUGH, K.; SANDAK, R.; FROST, S.; MOORE, D.; MENCL, E. "Examining Reading Development and Reading Disability in English Language Learners: Potential Contributions from Functional Neuroimaging." In: *Learning Disabilities Research and Practice*, 20, 2005, pp. 24-30. TAN, L. H.; SPINKS, J.; EDEN, G.; PERFETTI, D.; SICK, W. "Reading Depends on Writing in Chinese." In: *Proceedings of National Academy of Sciences*, 102, 2005, pp. 8781-8785.

[72] HO, C.; GHEN, D. W.; LEE, S.; TAANG, S.; Luan. "Cognitive Profiling and Preliminary Subtyping in Chinese Developmental Dyslexia." In: *Cognition*, 91, 2004, pp. 43-75.

[73] ESCRIBANO. "The Double-Deficit Hypothesis."

[74] KATZIR, T.; SHAUL, S.; BREZNITZ, Z.; WOLF, M. "Universal and Unique Characteristics of Dyslexia: A Cross Linguistic Comparison of English-and Hebrew-Speaking Children." (Pesquisa não publicada).

[75] ESCRIBANO. "The Double-Deficit Hypothesis." Katzir e al. "Universal and Unique characteristics of Dyslexia." Landerl e al. "The Impact of Orthographic Consistency on dyslexia." PAULESU et al. "Dyslexia: Cultural Diversity and Biological unity."

[76] KLEBER, Albert (OSB, STD). *Ferdinand, Indiana, 1840–1940: A Bit of Cultural History*. Saint Meinrad, Ind., 1940, p. 67.

[77] Veja nota sobre *rapid automatized naming*, RAN (nota 35, p. 330).

GENES, DÁDIVAS E DISLEXIA (p. 265-281)

[1] WHYTE, D. "The Faces at Braga." In: *Where Many Rivers Meet*. Langley, Wash.: Many Rivers, 1990.

[2] AARON, P. G. e CLOUSE, R. G. "Freud's Psychohistory of Leonardo da Vinci: A Matter of Being Right or Left." In: *Journal of Interdisciplinary History*, 13(1), 1982, pp. 1-16.

[3] EINSTEIN, A. Carta para Sybille Bintoff, 21 de maio de 1954. Citada em Folsing, A. *Albert Einstein*. New York: Penguin, 1997.

[4] WITELSON, S. F.; KIGAR, D. L.; HARVEY, T. "The Exceptional Brain of Albert Einstein." In: *Lancet*, 353, 1999, pp. 2149-2153.
[5] *Ibidem*.
[6] Uma visão discordante pode ser encontrada em GALABURDA, A. "Albert Einstein's Brain." In: *Lancet*, 354, 1999, p. 1821.
[7] WITELSON et al. "The Exceptional Brain of Albert Einstein."
[8] GALABURDA, A. M. Correspondência pessoal, 27 de novembro, 2005.
[9] ORTON, S. "Specific Reading Disability–Strephosymbolia." In: *Journal of the American Medical Association*, 90, 1928, pp. 1095-1099.
[10] GESCHWIND, N. "Why Orton Was Right." In: *Annals of Dyslexia*, 32, 1982, pp. 13-28.
[11] Ibid., pp. 21-22.
[12] GALABURDA, A. "Neuroanatomical Basis of Developmental Dyslexia." In: *Neurological Clinical*, 11, 1993, pp. 161-173. GALABURDA, A.; COSIGLIA, J.; ROSEN, G.; SHERMAN, G. "Planum Temporale Asymmetry: Reappraisal since Geschwind and Levitsky." In: *Neuropsychologia*, 25, 1987, 853-868.
[13] George Hynd, Lynn Flowers e seu grupo replicaram o resultado de um plano RH maior em um grupo de indivíduos com dislexia, mas John Gabrieli e seu grupo, pesquisadores de Stanford, não o fizeram. O último grupo especulou que essa diferença de RH poderia estar presente apenas em um subgrupo de dislexia, um *leitmotiv* em muitas pesquisas sobre dislexia. A pesquisadora Pauline Filipek revisou uma série de estudos sobre assimetria e concluiu que as evidências de apoio eram muito poucas, em parte devido às discrepâncias de mapeamento entre os estudos (ou seja, diferenças sobre onde uma região começa e a outra termina), conclusão também sugerida pelo grupo de Stanford. FILIPEK, P. A. "Neurobiologic Correlates of Developmental Dyslexia: How do Dyslexics' Brains Differ from Those of Normal Readers?" In: *Journal of Child Neurology*, 10(1), 1995, pp. 62-69. GALABURDA, "Neuroanatomical Basis of Developmental Dyslexia." HYND, G. W.; SEMRUD-CLIKEMAN, M.; LERYS, A. R.; NOVEY, E. S.; ELIOPULOS, D. "Brain Morphology in Developmental Dyslexia and Attention Deficit Disorder/Hyperactivity." In: *Archives of Neurology*, 47, 1990; pp. 919-926.
[14] GALABURDA, A. "Dyslexia: Advances in Cross-Level Research." In: ROSEN, G. (Org.). *The Dyslexic Brain*. Mahwah, N.J.: Erlbaum, 2006. JENNER, A. R.; ROSEN, G. D.; GALABURDA, A. M. "Neuronal Asymmetries in Primary Visual Cortex of Dyslexic and Nondyslexic Brains." In: *Annals of Neurology*, 46, 1999, pp. 189–196.
[15] JENNER et al., "Neuronal Asymmetries in Primary Visual Cortex of Dyslexic and Nondyslexic Brains." Ver também GREATREX, J. C. e DRASDO, N. "The Magnocellular Deficit Hypothesis in Dyslexia: A Review of Reported Evidence." In: *Opthalmic and Physiological Optics*, 15(5), 1995, pp. 501-506.
[16] ROSEN, G. (Org.). *The Dyslexic Brain: New Pathways in Neuroscience Discovery*. MAHWAH, N.J.: Lawrence Erlbaum, 2005. ROSEN, G. D. e al. "Animal Models of Developmental Dyslexia: Is There a Link between Neocortical Malformations and Defects in Fast Auditory Processing?" In: WOLF, M. (Org.). *Dyslexia, Fluency, and the Brain*. Timonium, Md.: York, 2001, pp. 129-157.
[17] Por analogia, seres humanos que possuam anomalias de base genética semelhantes às dos ratos de Glenn teriam dificuldades sempre que fossem obrigados a processar informações acústicas e de nível fonêmico apresentadas rapidamente, que é o caso da fala. Se suas anomalias envolverem áreas visuais, teria problemas no processamento de informações visuais apresentadas rapidamente, como na visualização de textos.
[18] CHANG, B.; KATZIR, T.; WALSH, C. et al. "A Structural Basis for Reading Fluency: Cortico-Cortical Fiber Tract Disruptions Are Associated with Reading Impairment in a Neuronal Migration Disorder."
[19] WOLF, M. e KATZIR-COHEN, T. "Reading Fluency and Its Intervention." In: *Scientific Studies of Reading*, 5, 2001, pp. 211-238, edição especial.

[20] PETRILL, S. "Introduction to This Special Issue: Genes, Environment, and the Development of Reading Skills." In: *Scientific Studies of Reading*, 9, 2005, pp. 189-196.

[21] GRIGORENKO, E. "A Conservative Meta-Analysis of Linkage and Linkage-Association Studies of Developmental Dyslexia." In: *Scientific Studies of Reading*, 9(3), 2005, pp. 285-316.

[22] PENNINGTON, B. F. "From Single to Multiple Deficit Models of Developmental Disorders." In: *Cognition*, 101(2), 2006, pp. 385-413.

[23] HANNULA-JOUPPI, K.; KAMINEN-AHOLA, N.; TAIPALE, M.; EKLUND, P.; NOPOLA-HOMMI, J.; KAARIAINEN, H.; KERE, J. "The Axon Guidance Receptor Gene ROBO1 Is a Candidate Gene for Developmental Dyslexia." In: *PLOS Genetics*, 1(4), 2005, pp. 467-474.

[24] MENG, H.; SMITH, S. D.; HAGER, K.; HELD, M.; LIU, L.; OLSON, R. K.; PENNINGTON, B. F.; DEFRIES, J. C.; GELERNTER; O'REILLY-POL, T.; SEMLO, S.; SKUDLARSKI; SHAYWITZ, S. E.; SHAYWITZ, B. A.; MARCHIENE, K.; WANG, Y.; PARAMASIVAM, M.; LETUREE, J. J.; PAGE, G. P.; GRUEN. "DCDC2 Is Associated with Reading Disability and Modulates Neuronal Development in the Brain." In: *Proceedings of National Academy of Sciences*, 102(47), 2005, pp. 17053-17058.

[25] HANNULA-JOUPPI, K.; KAMINON-AHOLA, N.; TAIPALE, M.; EKLUND, R.; NOPOLA HEMMI, J.; KAARIAINEN, H.; KERE, J. "The Axon Guidance Receptor Gene ROBO1 Is a Candidate Gene for Developmental Dyslexia.", 2005. NOPOLA HEMMI, J.; MYLLYLUEMA, B.; VOUTILAINEN, A.; LEINONEN, S.; KERE, J. "Familial Dyslexia: Neurocognitive and Genetic Correlation in a Large Finnish Family." In: *Developmental and Medical Child Neurology*, 44, 2002, pp. 580-586.

[26] OLSON, R. K. "SSSR, Environment, and Genes." In: *Scientific Studies of Reading*, 8(2), 2004, pp. 111-124. BYRNE, B.; DELALAND, C.; FIELDING BARNSLEY, R.; QUAIN, P.; SUMELSSON, S.; HOIEN, T. "Longitudinal Twin Study of Early Reading Developmental in Three Countries: Preliminary Results." In: *Annals of Dyslexia*, 52, 2002, pp. 49-74.

[27] GOULD, Stephen Jay. *The Panda's Thumb: More Reflections in Natural History*. New York: Norton, 1980.

[28] LYON, R. "Measuring Success: Using Assessment and Accountability to Raise Student Achievement." In: *Statement to the Subcommittee on Education Reform*. U.S. House of Representatives, 2001.

[29] WOLF, M.; MILLER, L.; DONNELLY, K. "RAVE- O: A Comprehensive Fluency-Based Reading Intervention Program." In: Journal of Learning Disabilities, 33, pp. 375–386, edição especial, 2000. MORRIS, R.; LOVETT, M.; WOLF, M. "The Case for Multiple Component Remediation of Reading Disabilities: A Controlled Factorial Evaluation of the Influence of IQ, Socioeconomic Status, and Race on Outcomes", enviado para publicação em 2006.

CONCLUSÕES – DO CÉREBRO LEITOR AO "QUE VEM A SEGUIR" (p. 283-304)

[1] RILKE, R. M. "The Seventh Elegy." In: *Duino Elegies*. New York: Norton, 1939, p. 63.

[2] CARROLL, J. "America's Bookstores: Shrines to the Truth." In: *Boston Globe*, p. A11, 30 de janeiro de 2001.

[3] KELLY, K. "Scan This Book!" In: *New York Times Magazine*, Section 6, p. 43, 14 de maio de 2006.

[4] KURZWEIL, R. *The Singular Is Near*. New York: Penguin, 2006, pp. 197-198; "How can we," p. 487.

[5] Ibid., p. 589. Kurzweil 3000 Reading System, da Kurzweil Educatitonal Systems.

[6] TAN, L-H e al. "Brain Activation in the Processing of Chinese Characters and Words: A Functional MRI Study." In: *Human Brain Mapping*, 10(1), 2000, pp. 16-27. TAN, L-H e al. "Neural Systems of Second Language Reading Are Shaped by Native Language." In: *Human Brain Mapping*, 18(3), 2003, pp. 158-166.

[7] HAVELOCK, E. *Origins of Western Literacy*. Ontario, Canada: Ontario Institute for Studies in Education, 1976.
[8] POSNER, M. I. e MCCANDLISS, B. D. "Brain Circuitry during Reading." In: KLEIN, R. e MCMULLEN, P. (Orgs.). *Converging Methods for Understanding Reading and Dyslexia*. Cambridge, Mass.: MIT Press, 1999.
[9] ONG, W. *Orality and Literacy*. London: Methuen, 1982, p. 178.
[10] MCENEANEY, J. "Agent-Based Literacy Theory." In: *Reading Research Quarterly*, 41, 2006, pp. 352-371.
[11] ROSE, D. "Learning in a Digital Age." In: FISCHER, K. e KATZIR, T. (Orgs.). *Usable Knowledge*. Cambridge: Cambridge University Press, no prelo.
[12] TENNER, E. "Searching for Dummies." In: *New York Times*, Section 4, p. 12, 26 de março de 2006.
[13] WHITEHURST, G. J. e LONIGAN, C. J. "Child Development and Emergent Literacy." In: *Child Development*, 69(3), 1998, pp. 848-872. WHITEHURST, G. J. e al. "A Picture Book Reading Intervention in Day Care and Home for Children from Low-Income Families." In: *Developmental Psychology*, 30, 1994, pp. 679-689. WHITEHURST, G. J. e LONIGAN, C. J. "Emergent Literacy: Development from Prereaders to Readers." In: NEUMAN, S. B. e DICKINSON, D. K. (Orgs.). *Handbook of Early Literacy Research*. New York: Guilford, 2001, pp. 11-29.
[14] STANOVICH, K. "Matthew Effects in Reading: Some Consequences of Individual Differences in the Acquisition of Literacy." In: *Reading Research Quarterly*, 21(4), 1986, pp. 360-407.
[15] JUST, M. A.; CARPENTER, P. A.; KELLER, T. A.; EDDY, W. F.; THULBORN, K. R. "Brain Activation Modulated by Sentence Comprehension." In: *Science*, 274(5284), 1996, pp. 912-913.
[16] KAHN, David S. "How Low Can They Go?" In: *Wall Street Journal*, p. W11, 26 de maio de 2006.
[17] GESCHWIND, N. "Why Orton Was Right." In: *Annals of Dyslexia*, 32, 1982, pp. 13-28.
[18] Intervenções baseadas nesse conhecimento, tais como nosso programa RAVE- O, o programa PHAST de Lovett, o Thinking Reader de Rose e os programas de aceleração de Breznitz's são o início modesto, mas encorajador modelo para o que será a intervenção no futuro. Ver descrições dos programas RAVE- O e PHAST nas referências a seguir. WOLF, M.; MILLER, L.; DONNELLY, K. "RAVE- O: A Comprehensive Fluency-Based Reading Intervention Program." In: *Journal of Learning Disabilities*, 33, 2000, pp. 375-386, edição especial. MORRIS, R. e al. "The Case for Multiple Component Remediation of Reading Disabilities: A Controlled Factorial Evaluation of the Influence of IQ, Socioeconomic Status, and Race on Outcomes." Rose, "Learning in a Digital Age." BREZNITZ, Z. "The Effect of Accelerated Reading Rate on Memory for Text among Dyslexic Readers." In: *Journal of Educational Psychology*, 89, 1997, pp. 287-299.
[19] NOAM, G. e HERMAN, C. "Where Education and Mental Health Meet: Developmental Prevention and Early Intervention in Schools." In: *Development and Psychopathology*, 14, 2002, pp. 861-875. RECKLITIS, C. e NOAM, G. "Clinical and Developmental Perspectives on Adolescent Coping." In: *Child Psychiatry and Human Development*, 30, 1999, pp. 87-101.

A AUTORA

Maryanne Wolf é neurocientista, pesquisadora, professora e defensora de crianças e do letramento ao redor do mundo. Ela é diretora do Center for Dyslexia, Diverse Learners, and Social Justice na UCLA Graduate School of Education and Information Studies. Foi titular da cátedra John DiBiaggio of Citizenship and Public Service e diretora do Center for Reading and Language Research no Eliot-Pearson Department of Child Study and Human Development da Universidade Tufts. Autora de mais de 170 publicações científicas, pela Editora Contexto publicou também *O cérebro no mundo digital: os desafios da leitura na nossa era*.

AGRADECIMENTOS

Foram necessários sete anos, além de cem amigos e colegas, para terminar este livro. Durante esse período, nasceram mais de 12 crianças maravilhosas (algumas ainda estão chegando) de membros ligados ao Center for Reading and Language Research, para nossa imensa alegria. Ao mesmo tempo, perdemos oito amigos, tendo todos contribuído para este livro de maneiras muito diferentes: David Swinney, eminente cientista cognitivo e amigo de longa data; Michael Pressley e Steve Stahl, psicólogos, humanistas e educadores dedicados; Jane Johnson, bela e incansável defensora das pessoas com dificuldades de aprendizagem; Rebecca Sandak, jovem neurocientista de grande talento; Merryl Pisha, que foi uma das melhores professoras de leitura em Boston; Harold Goodglass, um dos melhores neuropsicólogos do século XX; Ken Sokoloff, economista brilhante e meu querido amigo. Gostaria de destacar cada uma de suas contribuições para suas respectivas áreas e para mim.

Minha gratidão pessoal começa no Center for Reading and Language Research, que dirigi durante a última década na Universidade Tufts. Trata-se de um lar em evolução para um grupo de colegas incrivelmente comprometidos, que ensinaram, orientaram e testaram mais de mil crianças e que conduziram pesquisas sobre os mais diversos temas, desde intervenção para crianças com dislexia até imagens cerebrais, descrevendo processos relacionados à nomeação de letras. É o melhor grupo de pessoas com o qual já trabalhei. Em vários momentos, esse grupo incluiu: Katherine Donnelly Adams, Maya Alivasatos, Mirit Barzillai, Surina Basho, Terry Joffe Benaryeh, Alexis Berry, Kathleen Biddle, Kim Boglarksi,

Ellen Boiselle, Joanna Christodoulou, Colleen Cunningham, Terry Deeney, Caroline Donelan, Wendy Galante , Yvonne Gill, Stephanie Gottwald (coordenadora de pesquisa), Alana Harrison, Jane Hill, Julie Jeffery, Manon Jones, Tami Katzir, Rebecca Kennedy, Anne Knight, Kirsten Kortz, Cynthia Krug, Jill Ludmar, Emily McNamara, Larina Mehta, Maya Misra, Lynne Tomer Miller (assistente de direção), Kiran Montague, Cathy Moritz, Elizabeth Norton, Beth O'Brien, Alyssa O'Rourke, Margaret Pierce, Connie Scanlon, Erika Simmons, Catherine Stoodley, Laura Vanderberg, Kim Walls e Sasha Yampolsky.

Os membros honorários do centro de pesquisa incluem Pat Bowers e Zvia Breznitz, que passaram períodos sabáticos conosco, além de Ginger Berninger – amigos de toda a vida. Muitas pessoas no Centro ajudaram a realizar "coisas" ligadas a este livro, pelas quais serei eternamente grata. Permissões: Pascale Boucicaut e Andrea Marquant. Referências: Kirsten Kortz (que merece asas) e Katherine Donnelly Adams. Revisão: meus alunos do seminário, Mirit Barzillai, Cathy Moritz e Elizabeth Norton. Percepções conceituais: minha ex-aluna e agora estimada colega em Haifa, Tami Katzir. Ajuda técnica: nossa incrível feiticeira de palavras, Stephanie Gottwald. As ilustrações originais do cérebro são obra da ex-aluna Catherine Stoodley, neurocientista talentosa e também artista talentosa da Universidade de Oxford. Acima de tudo, quero agradecer à coordenadora do programa de nosso centro, Wendy Galante, cuja ajuda e suporte contínuos, incansáveis, foram inestimáveis para a produção deste manuscrito. Nunca poderia ter escrito este livro sem ela.

Em seguida, quero agradecer a dois grupos de colegas com quem trabalhei ao longo de 15 anos em diferentes atribuições: Patricia Bowers, cujo trabalho sobre a hipótese do duplo déficit, além de suas muitas percepções e gentilezas, contribuíram imensamente para o meu conhecimento; minhas maravilhosas colegas Maureen Lovett e Robin Morris, com quem trabalhei durante dez anos em intervenções para crianças com dislexia. Não poderia ser mais grata pelo nível imenso de camaradagem intelectual e pessoal que nós e todos os membros dos nossos três centros partilhamos nesses projetos. Foi algo que definitivamente alterou minha rota acadêmica.

Com imensa e contínua gratidão, gostaria de agradecer às fundações e agências governamentais que financiaram vários aspectos da minha investigação ao longo dos últimos anos e tornaram possíveis muitas das ideias contidas neste livro: National Institute for Child Health and Human Development; Institute for Education Sciences; Haan Foundation for Children; Dyslexia Research Foundation; Virginia Piper Foundation; Recording for the Blind and Dyslexic; Alden Trust Fund; Stratford Foundation; bolsas de pesquisa Tufts Faculty Research; Tisch College for Citizenship and Public Service. Também gostaria de agradecer aos membros do meu departamento, ao Eliot-Pearson Department of Child Development e aos antigos e atuais administradores da Tufts University, particularmente Lawrence Bacow, Sol Gittleman, John DiBiaggio, Robert Sternberg, Rob Hollister e, mais particularmente, Wayne Bouchard, pelo apoio extraordinário e generoso que prestaram às pesquisas de meu centro. O apoio coletivo de minha universidade e de tais agências governamentais e fundações permitiu ao meu grupo transformar um centro de pesquisa em local onde pais, famílias e escolas de nossas comunidades poderiam interagir, impulsionar e materializar nosso trabalho diariamente. Nesse contexto, gostaria de agradecer a Anne e Paul Marcus e à sua fundação pelas diversas formas, sempre maravilhosas e criativas, como ajudaram nosso centro a prosperar e a se tornar um lugar onde crianças, pais e acadêmicos são igualmente bem-vindos.

Ninguém foi mais solidário e generoso com a missão do nosso centro e sua pesquisa do que Barbara Evans, ex-professora, formada pelo Eliot-Pearson Department of Child Development. Ela e seu marido, Brad Evans, ajudaram a garantir que a direção da pesquisa e sua aplicação na comunidade prosseguissem, através de nossa bolsa acadêmica e também pelo trabalho presente e futuro do Evans Literacy Fellows, um novo grupo de estudantes de pós-graduação no departamento, aplicado na pesquisa em leitura e linguagem. O livro nunca poderia ter sido concluído neste ano sem o apoio pessoal e a gentileza de Barbara Evans e sua família.

O mesmo se aplica a Anne Edelstein, minha agente literária, cuja visão mais ampla deste projeto foi além de qualquer relação de trabalho. Ninguém poderia ter dado mais apoio ao longo de sete anos – profissionalmente, conceitualmente e pessoalmente. Sua fé inabalável em mim e na contribuição potencial do livro impulsionou e sustentou meu ânimo, ao longo de cada ano e do rascunho do manuscrito. Da mesma forma, agradeço ao meu editor, Peter Guzzardi, cuja sabedoria e conhecimento sobre livros e sobre o que há de mais importante na vida me ajudaram a editar este livro de forma a não perder nem a ciência nem o espírito de meu trabalho. Se Peter foi o Virgílio moderno do projeto, Gail Winston, da HarperCollins, ocupou o lugar de Beatriz intelectual do livro, das frases até a estrutura mais abrangente. Ela viu o que estava lá e não ficou satisfeita até que todos também pudessem ver. Sou muito grata, igualmente, à excelente e erudita edição de Susan Gamer e David Koral, e a todo o departamento de produção da HarperCollins.

Cada capítulo foi lido por um grupo diferente de pesquisadores, e desejo expressar minha gratidão a cada um deles, mas sem responsabilizá-los por nada. Meus agradecimentos a:

- Ao linguista Ray Jackendoff, pela cuidadosa ajuda no primeiro capítulo (e em um capítulo dedicado a questões linguísticas que desapareceu deste livro, mas aparecerá em outro).
- David, Amy Abrams e seus filhos, Daniel e Michael, por ouvirem minha primeira leitura do primeiro capítulo e por se livrarem de Phineas Gage!

- Barbara Evans, por *insights* apontados que ninguém mais percebeu no primeiro capítulo.
- Meu colega na Tufts, o especialista em cultura clássica Steve Hirsch, por me fornecer tutorial de quase um semestre sobre a seção de História Antiga, e por suas edições perspicazes nos capítulos 2 e 3.
- Yori Cohen, estudioso e assiriologista da Universidade de Tel Aviv, por sua edição generosa e sua ajuda na compreensão do trabalho sobre a pedagogia suméria.
- Ao estudioso suíço Hans Dahn, por sua ajuda com os estudos alemães sobre alfabetos.
- Pat Bowers e Tami Katzir, pelos comentários úteis por todo o livro, especialmente nos capítulos sobre dislexia e desenvolvimento.
- Aos neurologistas Al Galaburda e Susana Campasano, pelas importantes edições nas seções de pesquisa neurológica e genética dos capítulos 1 e 8; e à geneticista Elena Grigorenko pelos comentários sobre o capítulo 8.

Nas páginas deste livro, brilha a influência contínua de todos os meus professores e da minha família; das freiras dedicadas da minha pequena escola primária, as irmãs Salesia, John Vincent e Rose Margaret, e a querida irmã Ignatius; e Doris Camp, no ensino médio; ao padre John Dunne, Elizabeth Noel e irmã Franzita Kane em St. Mary's e Notre Dame; e a Carol Chomsky, Helen Popp, Courtney Cazden, Jeanne Chall, Norman Geschwind e Martha Denckla da Universidade de Harvard. Sou especialmente grata a Jeanne Chall – diretora do Harvard Reading Laboratory, já falecida, minha mentora e a pessoa que, em primeiro lugar, me presenteou com o lindo livro de Proust, *On Reading*, que me forneceu os pensamentos germinativos para este livro aqui.

Pelo menos um desses ex-professores surge de alguma forma, visível ou invisível, em cada capítulo. Eles foram os melhores professores que alguém poderia ter na vida. E os melhores de todos os meus professores foram e são meus pais, Frank e Mary Wolf, de Eldorado, Illinois. Sua maneira de viver todos os dias com virtude inabalável e generosidade silenciosa forneceu para mim e para meus amados irmãos, Karen, Joe e Greg, um alicerce duradouro em toda nossa existência. Nunca vou deixar de agradecer a eles.

Por fim, quero agradecer aos meus amigos, aos meus filhos e ao meu marido. Este último ano e meio foi um grande teste em minha vida em muitos níveis, e foi somente por causa de meus amigos e familiares que finalmente consegui recuperar a saúde plena e retornar a este livro. Em particular, quatro amigas – minha irmã, Karen Wolf-Smith; Heidi Bally; Cinthia Coletti Haan; Lynne Tomer Miller – se tornaram o equivalente humano dos anjos enquanto me protegiam, confortavam e me guiavam de volta ao bem-estar. Agradeço a elas e a cada um dos meus amigos, nomeados e não nomeados, de coração. Ao meu marido, Gil, e aos meus filhos, Ben e David, reservo minha mais profunda gratidão. Ben e David inspiraram diariamente minha escrita – com histórias recentes e com as razões pelas quais este livro teve de ser escrito por mim, sua mãe-pesquisadora. Eles são, em todos os sentidos, a melhor luz da minha vida. E Gil, cujo nome significa "alegria" em hebraico, que o final deste livro traga tanta alegria (e alívio) para você quanto me ofertou enquanto o escrevia! Obrigada por todos os dias.

A Editora Contexto agradece a Raquel Santana Santos,
Celso Ferrarezi Jr., Paula Cobucci e Mônica Correia Baptista
pela consultoria técnica.

LEIA TAMBÉM

É ASSIM QUE PENSAMOS

como o cérebro trabalha para tomarmos consciência do mundo

Stanislas Dehaene

De onde vêm nossos pensamentos, sentimentos e sonhos? Uma pergunta aparentemente simples tem intrigado cientistas e filósofos por milênios. O renomado neurocientista francês Stanislas Dehaene e sua equipe de pesquisadores têm trabalhado por décadas para tratar desse enigma em laboratório. Aqui, em detalhes fascinantes, estão suas descobertas. O que emerge é uma hipótese surpreendentemente simples: a consciência é um processo de compartilhamento de informações por todo o cérebro. Mas como o nosso cérebro gera um pensamento consciente? E por que tanto do nosso conhecimento permanece inconsciente? Graças a experimentos psicológicos e de imagem cerebral, os cientistas estão mais perto do que nunca de desvendar essa questão. Três ingredientes foram fundamentais para transformar um mistério filosófico em um fenômeno de laboratório: uma definição melhor de consciência, a descoberta de que a consciência pode ser manipulada experimentalmente e um novo respeito pelos fenômenos subjetivos.

GRÁFICA PAYM
Tel. [11] 4392-3344
paym@graficapaym.com.br